W0258998

Additional material to this book can be downloaded from http://extras.springer.com.

ISBN 978-3-662-23560-7 ISBN 978-3-662-25637-4 (eBook)
DOI 10.1007/978-3-662-25637-4

Softcover reprint of the hardcover 1st edition 1932

Die Bodenkartierung.

Von H. STREMME, Danzig-Langfuhr.

Mit 7 Karten auf 4 Tafeln.

Allgemeines über Bodenkartierung.

Bodenkarten sind die planimetrische Darstellung des Bodens[1]. In ihnen ist die Darstellung der Fläche oder des Geländes — deren Herstellung in der Regel Aufgabe des Landmessers ist — von der kartographischen Eintragung des Bodens zu trennen. Um mit M. ECKERT[2] zu sprechen, herrscht bei der Aufnahme der Flächenkarte zunächst die „dingliche Erfüllung der Erdoberfläche" vor, von da ab tritt die bodenkundliche Idee in den Kreis der Bodenkarte, die sich an die Definition des Begriffs „Boden" knüpft. Es gibt etwa 30 Bestimmungen desselben, darunter solche, für die der Boden nur etwas Physikalisches und Chemisches, ohne Erkenntnis des natürlichen Vorkommens und seiner flächenhaften Verbreitung ist, bis zu solchen, bei denen unter Außerachtlassung des Physikalischen und Chemischen das Vorkommen und die Verbreitung die Hauptrolle spielen. Es ist daher kein Wunder, daß in der Bodenkartierung eine große, fast chaotisch anmutende Vielheit herrscht.

Hierin besteht ein Unterschied gegenüber der geologischen Karte, die in den weitaus meisten Fällen auf der ganzen Erde die historisch-geologische Zugehörigkeit der Schichtgesteine zu dem allgemein anerkannten (wenn auch naturgemäß in steter Weiterentwicklung begriffenen) Schema der Formationsgliederung und die petrographische Einteilung der Eruptivgesteine und der kristallinen Schiefer zur Grundlage hat. Bei den Bodenkarten gibt es eine überwältigende Fülle ganz verschiedener Typen, von denen manche kaum miteinander in Beziehung zu bringen sind. Dennoch heben sich 2 Arten der Bodenkarten aus der Zahl der übrigen durch ihre weite Verbreitung heraus, und zwar hauptsächlich in der älteren Zeit, als man auf die Genese der Bodengesteinsarten aus den geologischen Schichten und Gesteinen den Hauptwert legte, es ist dies die Bodenkarte auf geologischer Grundlage, wogegen andererseits in der neueren Zeit mehr die Karte der Bodenentstehungstypen im Sinne der russischen Schule hervortritt. Aber daneben gibt es Bodenkarten auf wirtschaftlich-statistischer, auf historischer, auf pflanzengeographischer, auf pflanzenbaulicher, auf petrographischer, auf physikalischer, auf meteorologischer, chemischer und hydrologischer Grundlage oder Anlehnung, auch Übergänge aus den einzelnen Systemen sind zahlreich vorhanden.

Nicht die wissenschaftlichen Erfordernisse der Bodenlehre allein haben die große Zahl der Bodenkarten geschaffen, sondern mehr noch die praktischen der Land-, der Forstwirtschaft, kolonisatorischer und Siedlungsbestrebungen, bis-

[1] BLANCK, E.: Über die Bedeutung der Bodenkarte für Bodenkunde und Landwirtschaft. Fühlings Landw. Z. 60, 121—145 (1911).

[2] ECKERT, M.: Die Kartenwissenschaft 2, 223. Berlin und Leipzig 1925.

weilen auch Wünsche aus geographischen und geologischen Nachbarwissenschaften. Von der Praxis aus ist immer wieder die Kritik an den bestehenden Darstellungsweisen und der Wunsch nach Besserem laut geworden. Wiederholt sind durch die Entwicklung der Landwirtschaftslehre und Änderungen in der Auffassung des Wertes landwirtschaftlich-praktischer Methoden Kartierungsarbeiten, darunter solche von großem Ausmaße mit Hunderten von Aufnahmen, zum Erliegen gekommen.

In einigen Ländern, wie den Vereinigten Staaten von Amerika, Rußland (mehrere Anstalten), Finnland, Österreich (2 Stellen), Tschechoslowakei (mehrere Stellen), Polen (mehrere Stellen), Japan sind besondere staatliche Landesanstalten für die Bodenkartierung oder wenigstens staatliche bodenkundliche Institute vorhanden, die sich neben der Lehrtätigkeit hauptsächlich mit der von öffentlichen Körperschaften ermöglichten Bodenkartierung befassen. In anderen, wie den Bundesstaaten des Deutschen Reiches, in Ungarn, Rumänien, Schweden, z. T. Dänemark, Irland, wird sie von den geologischen Landesanstalten mit betrieben. In den meisten übrigen, wie auch in den vorgenannten Ländern befassen sich einzelne wissenschaftliche Institute, geologische, bodenkundliche, kulturtechnische, agrikulturchemische, landwirtschaftliche, forstliche Versuchsstationen, z. T. infolge staatlichen Auftrags, zumeist jedoch auf die Initiative ihres Leiters hin mit derselben. Auch hierin steht die geologische Kartierung einheitlicher da. Sie wird von den zahlreichen geologischen Landesanstalten oder Kommissionen betrieben, von denen sich viele, wie die von Österreich, Frankreich, Belgien, Großbritannien, Norwegen, der Niederlande, Schweiz, von Italien, Polen, Kanada, den Vereinigten Staaten, den südamerikanischen Staaten, Südafrika und Japan mit der Bodenkartierung nicht (oder nicht mehr) beschäftigen. Daneben sind fast nur noch Geologen der wissenschaftlichen Lehrinstitute und privater praktischer Anstalten mit geologischen Kartierungen beschäftigt, so daß sie also in fachlicher Beziehung viel einheitlicher dasteht. Während es wohl kein geologisches Lehrinstitut gibt, das nicht die geologische Kartierung in irgendeiner Weise betreibt, sind dagegen zahlreiche bodenkundliche Institute vorhanden, die der Kartierung fern stehen. In ihnen überwiegt die physikalische und chemische Richtung der bodenkundlichen Forschung.

Dementsprechend gibt es auch Lehrbücher der Bodenkunde, die die Bodenkartierung nicht oder kaum erwähnen. In den umfassenderen nimmt sie einen mehr oder weniger breiten Raum ein. Auch manche geologischen und geographischen Lehrbücher beschäftigen sich mit ihr. Einige neuere Werke haben sie zum Hauptgegenstand[1]. Ganz besonders wertvoll ist als Einblick in die Bodenkartierung fast aller Länder ein Werk[2] G. MURGOCIS.

Die Methoden der Kartenaufnahmen.

Entsprechend dem überaus weitgespannten Rahmen der Bodenkartierung ist die Zahl der Methoden zur Kartengewinnung nicht gering. Es werden Bodenkarten hergestellt auf Grund wirtschaftlich statistischer, historischer, pflanzengeographischer, pflanzenbaulicher, physikalischer, chemischer, dynamisch-geogra-

---

[1] TILL, A.: Die Bodenkartierung und ihre Grundlagen. Wien 1923. — STREMME, H.: Grundzüge der praktischen Bodenkunde. Berlin 1926. — KRISCHE, P.: Bodenkarten und andere kartographische Darstellungen der Faktoren der landwirtschaftlichen Produktion verschiedener Länder. Berlin 1928.

[2] MURGOCI, G.: État de l'étude et de la cartographie des sols dans divers pays de l'Europe, Amérique du Nord, Afrique et Asie. Com. intern. de pédologie. Ve Comm.: Cartographie des sols. Bukarest 1924.

phischer, meteorologischer, hydrologischer, geologischer, petrographischer, bodenmorphologischer Aufnahmen[1].

Die wirtschaftlich-statistischen Karten werden durch Befragen der Landwirte oder der Forstleute gewonnen und geben die Roherträge in den verschiedenen Frucht- (bzw. Baum-) Arten, die zu den bekannten Ertragsstatistiken führen, wieder. Meist werden die Angaben kartenmäßig nach politischen Einheiten (Regierungsbezirken, Kreisen, Gemeinden usw.) oder mit Hilfe eines Punktsystems verwertet. Auf Grund solcher Angaben sind Bodenkarten gezeichnet worden, auf denen zwischen ertragreichen, ertragarmen, guten, geringen, günstigen, ungünstigen Böden, guten, geringen Nährflächen usw. unterschieden wird. Diese Richtung faßt den Boden nicht als ein Objekt naturwissenschaftlicher, sondern wirtschaftlicher Betrachtung auf. Die in der Natur oder im Laboratorium festzustellenden Eigenschaften sind ihr gleichgültig. Oft findet man die wirtschaftliche Betrachtungsweise auch im Zusammenhang mit der naturwissenschaftlichen. Teils wird auf Grund der naturwissenschaftlichen Methode und allgemeiner wirtschaftstheoretischer Betrachtungen ohne Heranziehung der Ertragsstatistiken von guten, geringen usw. Böden gesprochen, teils benutzt man die Ertragsstatistiken als weitere wichtige Kennzeichen von voraufgehend auf naturwissenschaftlichem Wege untersuchten Böden. Dazu ist es notwendig, die nach politischen Einheiten aufgestellten Statistiken durch eingehenderes Befragen der Landwirte und möglichst auch eigenes Beobachten des Saatenstandes, der Erträge usw. auf die Böden zu übertragen. Höchstens zum Vergleich mit Übersichts- oder Generalbodenkarten in kleinen Maßstäben kann man die Kreis- oder Gemeindestatistiken ungeteilt verwerten. Aber auch dort helfen sie nur in den extremeren Fällen.

Vorhistorische und historische Siedlungsforschungen können ebenfalls zu Bodenkarten führen. So sind die Siedlungskarten von O. SCHLÜTER geeignet, ursprünglich und von Natur waldarme Gebiete von waldreichen, später gerodeten unterscheiden zu lassen. Die von Natur waldarmen Gebiete sind auf ebenem Gelände in der Hauptsache oder wenigstens z. T. mit Steppenböden bedeckt. Wichtig sind auch historische Studien über Zeit und Art der Waldbedekkung für die Auffassung der Bodenflächen. So ist im Danziger Weichseldelta der natürliche Pflanzenbestand des Jahres 1300 n. Chr. auf Grund historischer und sprachlicher Feststellungen kartenmäßig dargestellt und daraus für die Bodenkarte gewisse Benennungen der Böden entnommen worden: z. B. braune Waldböden, z. T. steppenartig verändert, Bruchwaldböden usw., obwohl gegenwärtig auf beiden Bodentypen kein Wald mehr steht.

Eine allgemeine Bodenkarte mit dynamisch-geographischer Grundlage ist C. ROHRBACHS Grund- und Bodenkarte der Erde in H. BERGHAUS' physikalischem Atlas, mit welcher versucht wurde, F. v. RICHTHOFENS Ideen über die Bodenbildung und -verbreitung kartographisch auszuführen. Die fünf Hauptgruppen der Karte sind die Eluvialregionen, die Gebiete mit überwiegender Denudation, die Gebiete mit überwiegender Aufschüttung, die Gebiete mit Ebenmaß von Zerstörung und Fortschaffung und die Gebiete mit erodierter äolischer Aufschüttung. An sich sind hier gewisse bodenbildende Hauptfaktoren wie die Wirkung des Reliefs und des Klimas berührt worden, aber die Darstellung geht von dynamisch-geographischen Vorstellungen aus, der Boden selbst kommt erst in zweiter Linie in Betracht, es sind auch keine bodenkundlichen Einteilungsprinzipien verwendet worden.

---

[1] In der nachfolgenden Übersicht werden, auch wenn Verfassernamen genannt sind, keine Literaturzitate angegeben; diese folgen bei der Übersicht über die Länder.

Die pflanzengeographischen Feststellungen sind insbesondere mit den bodengenetischen auf das innigste verknüpft. Dies kommt schon in Bezeichnungen wie Steppenböden, Waldböden, Heideböden, Wiesenböden, Moorböden usw. zum Ausdruck. Ihre Eigenart hängt geradezu von den Besonderheiten der auf ihnen wachsenden Pflanzen ab, die sie gebildet oder umgebildet haben. Manche bodengenetische Karten, wie die von P. TREITZ, stellen pflanzengeographische Oberbezeichnungen der eigentlichen bodenkundlichen Einteilung voran. In ebenem Gelände ist es bis zu einem gewissen Grade möglich, aus pflanzengeographischen Karten bodengenetische, allerdings ohne Angabe der Bodengesteinsarten herzustellen, obwohl dabei erhebliche Fehler mit unterlaufen zu pflegen. In manchen Ländern ist man geneigt, die Laubwaldböden für weniger podsoliert, ausgelaugt und durchgeschwemmt zu halten als die Nadelwaldböden; daraus auf derartige Unterschiede generell zu schließen, wäre falsch. Es spricht dabei die Beschaffenheit der Unterflora, wie sie in CAJANDERS Waldtypenforschung zur Geltung kommt, stark mit. Vergraste Wälder pflegen — gleichgültig, ob aus Laub- oder Nadelholz — weit weniger oder gar nicht podsoliert und ausgelaugt zu sein als solche mit Heide- und Beersträuchern. In den Steppen ist wieder die Solodierung, d. i. eine der Podsolierung sehr ähnliche Ausbleichung, mit ihrer völligen Bodenveränderung eigentlich nicht auf Pflanzenwirkung, sondern auf die der zeitweiligen Wasseransammlung in flachen Hohlformen zurückzuführen. Der Prozentsatz an solodierten Stellen ist in Flächen mit Steppenböden für deren Eigenart und auch Nutzungswert kennzeichnend.

Während die pflanzengeographischen Vorarbeiten sich mit dem natürlichen Pflanzenbestand beschäftigen, haben die pflanzenbaulichen die Nutzpflanzen zum Gegenstande. Seit alters her werden die Böden nach den Pflanzen, deren Anbau sie zulassen, als Weizen-, Gersten-, Hafer-, Roggen-, Rüben-, Kartoffel-, kleefähige Böden und im Waldbau als Tannen-, Fichten-, Kiefern, Birken-, Erlen-, Weidenböden usw. bezeichnet. J. HAZARD hat diese pflanzenbauliche Bezeichnungsweise sogar zur Grundlage seiner Bodeneinteilung gemacht, auf die er seine bedeutsame praktische Bodenkartierung aufbaut. Das von ihm in die Kartierung hineingebrachte neue Moment ist die systematische Nutzung der Böden nach ihrer pflanzenbaulichen Eignung, und zwar bei den Ackerböden sogar auf Grund von kartenmäßig festgelegten Fruchtfolgen. Das methodisch Wichtige ist der kartenmäßige Ausdruck seiner praktischen Vorschläge. Ein anderes bei der Land- und Wirtschaftsschätzung seit jeher viel benutztes Moment ist das Verhältnis von Ackerland zu Grünland, das E. OSTENDORFF im Danziger Weichseldelta kartenmäßig festgelegt und mit den Böden verglichen hat. Es ergab sich eine sehr weitgehende Übereinstimmung zwischen diesem Verhältnis und der Verteilung der Bodenentstehungstypen, während die Bodengesteinsarten dort von geringerer Bedeutung sind.

Die Einteilung der Bodenarten nach der Korngröße pflegt man nach A. THAERS Vorgang die physikalische zu nennen. Die Bezeichnungen Kies-, Sand-, Feinsand-, Schluff-, Staub-, Tonböden und ihre Mischungen liegen vielen Bodenkarten zugrunde. J. KOPECKY nennt sogar seine darauf gerichtete Kartierungsweise eine agrophysikalische. Bei dieser und ähnlichen werden auch andere physikalische Untersuchungsmethoden wie die der Wasserkapazität, Luftkapazität, des spezifischen und des Volumgewichtes, der Hygroskopizität, der Benetzungswärme, der ATTERBERGschen Konsistenzfeststellungen u. a. zur Charakteristik der Böden mit herangezogen. Angaben, wie die Bindigkeit und die Durchlüftung der Böden, die auf vielen Karten auftreten und sie manchmal beherrschen, sind ebenfalls physikalischer Natur, selbst wenn sie nicht mit Instrumenten festgestellt, sondern nur geschätzt werden. Auch die Kartierung nach Böden, welche mit Farbnamen benannt sind, muß im Grunde als physikalisch angesehen werden.

In ähnlicher Weise dienen der Kartenherstellung chemische Analysen. Eine der älteren Bodenkarten, die der Umgebung von Paris, von DELESSE im Jahre 1862 veröffentlicht, hat als Obereinteilung den Kalkgehalt der Böden, der auch auf vielen anderen Karten eine Rolle spielt. Oft ist sogar der prozentische Anteil zahlenmäßig in die Karten eingetragen. R. HEINRICH hat auf seinen mecklenburgischen Karten den analytisch festgestellten Gehalt der Böden an den löslichen Pflanzennährstoffen K, P, N angegeben, und auch auf anderen früheren und späteren Karten ist ähnliches geschehen. Die gegenwärtig sehr verbreiteten Reaktionskarten mit genauen Angaben der p_H-Werte oder auch mit den allgemeineren Bezeichnungen sauer, neutral, alkalisch und ihren Abstufungen sind ebenfalls chemische Bodenkarten. Bei der russischen Bodenkartierung werden seit A. J. NABOKICHS Vorgang zahlreiche chemische Einzelheiten in besonderen Kartogrammen dargestellt, die somit Teilbodenkarten sind.

Meteorologisch-klimatologische Begriffe sind einerseits von E. W. HILGARD, andererseits durch V. DOKUTSCHAJEW in die Bodenkartierung eingeführt worden. E. RAMANN hat seiner Bodenskizze Europas die HILGARDsche Obereinteilung humid und arid gegeben, die auch in die Skizze selbst eingetragen ist. Auf manchen, namentlich russischen Bodenkarten werden die Linien gleicher Jahresniederschläge und Jahresmitteltemperaturen angegeben. Karten, wie die des NS.-Quotienten von A. MEYER und des Regenfaktors nach R. LANG, haben nur Sinn im Zusammenhang mit den bodenkundlichen Verhältnissen, für deren Benutzung sie gedacht sind.

Hydrologische Grundlagen haben Bodenkarten, bei welchen Naßböden von Trockenböden unterschieden werden. Diese Hauptunterscheidung kann noch dadurch vertieft werden, daß die Naßböden nach dem Vorkommen des Wassers in den verschiedenen Horizonten eingeteilt werden, bei welchen die Böden, in denen das Wasser über den A-Horizonten steht, die Moorböden sind. Für die besondere Art der Zersetzung und für die Unterscheidung der Moorböden sind von O. TAMM und C. MALMSTRÖM Karten angefertigt worden, auf welchen die Bewegung des Wassers in Moorböden und auch das Vorkommen stehenden Wassers angegeben sind. Bei der Danziger geologisch-bodenkundlichen Landesaufnahme werden neben vielen anderen auch hydrologische Karten ausgeführt, die in enger Beziehung zur Bodenkarte stehen.

Groß ist die Zahl der Bodenkarten, die eine geologische Grundlage besitzt. Das bedeutsame Kartenwerk der geologisch-agronomischen Kartierung, wie es A. ORTH erdacht hat und die deutschen und viele anderen geologischen Landesanstalten durchführen, beruht hierauf. Auch Übersichtskarten bedienen sich oft der geologischen Grundlagen, nicht nur in der älteren Zeit, sondern auch noch kürzlich hat G. DE ANGELIS D'OSSAT eine solche von Italien entworfen, wobei er ausdrücklich hervorhebt, daß er eine Bodenkarte ohne diese Grundlage ablehne. Ganz allgemein wird man bei bodenkundlichen Aufnahmen eine vorhandene geologische Karte mit Nutzen heranziehen können, wenn man die Bodenarten und gewisse sich als durchschlagend erweisende petrographische Eigenschaften darstellen muß. Z. B. hat P. F. VON HUENE bei der Bodenkartierung der deutschen Mittelgebirge die Bodengrenzen bisweilen von den geologischen Karten übernommen, namentlich dann, wenn Gesteine mit Eigenschaften, welche sich bei der Bodenbildung als durchschlagend erweisen, wie Kalkstein, Dolomit, Gips, vorhanden sind.

Die petrographischen Eigenschaften sind zwar an sich z. T. mit den geologischen unlösbar verbunden, so daß das für diese Gesagte auch z. T. für jene gilt. Aber wie schon erwähnt, werden die Eruptivgesteine und kristallinen Schiefer auch auf der geologischen Karte rein petrographisch behandelt. Karten, wie die Generalbodenkarte Österreichs von J. R. LORENZ sind an sich petrographisch gedacht. Es wird das Muttergestein der Böden angegeben. Allerdings kommen auch einige geologische Bezeichnungen, wie Leithakalk, Jungtertiär, Diluvium, Alluvium und eine bodenmorphologische wie Schwarzerde (falls man sie nicht der Farbbezeichnung wegen als physikalische ansehen will) vor. Ganz allgemein sind auf Bodenkarten petrographische Einteilungsprinzipien häufig, weil namentlich früher die Vorstellung der Entstehung der Bodenarten aus den Muttergesteinen als die gesetzmäßige Grundlage der Bodenverbreitung galt. Ebenso wie oben die Einteilung der Böden in Kies-, Sand-, Tonböden nach A. THAER als physikalisch bezeichnet wurde, kann man sie auch als petrographisch ansehen, denn abgesehen von den Korngrößenunterschieden bestehen hier auch petrographische. Sand pflegt zum großen Teil oder sogar überwiegend aus Quarz, Ton aus den Tonmineralien zu bestehen. Die Eigenheiten dieser Mineralien und nicht nur die der Korngröße, bedingen die Unterschiede der aus ihnen entstandenen Böden.

Bodenmorphologische Aufnahmen pflegen manche Kreise der Bodenforscher als die eigentlich bodenkundlichen anzusehen. Sie bedienen sich in der Tat einer der Bodenforschung eigenen Methode, indem sie Bodeneinschnitte bis zum Muttergestein ausführen und das Bodenprofil einer genauen Beschreibung unterziehen. Dabei ist auf petrographische, geologische, hydrologische, meteorologische, chemische, physikalische, pflanzenbauliche, pflanzengeographische, orographische und tierkundliche Verhältnisse zu achten, denn alle diese dienen mit zur Bildung des Bodens, und ihre Wirkung drückt sich im Boden selbst und in der Ausbildung des Bodenprofils auf das genaueste aus. Das Ergebnis der bodenmorphologischen Aufnahmen ist die Feststellung des Bodenentstehungstypus.

Diese Art der Bodenaufnahme soll als die eigentlich bodenkundliche und universellste einer näheren Beschreibung unterzogen werden, alle übrigen sind mehr oder weniger stark durch die genannten Nachbarwissenschaften und ihre Methoden mit bestimmt.

Ganz gleichgültig, ob man eine Übersichtskarte oder eine Detailkarte ausführt, stets ist es notwendig, sich zunächst über ein größeres Gebiet zu unterrichten. Ohne das findet man nur schwer den richtigen Zusammenhang und bleibt in Einzelheiten stecken. Nach einer topographischen Karte in Übersichtsmaßstäben wird dabei ein Gebiet durchstreift, in welchem man sich mit dem Spaten je nach den Änderungen des Reliefs, des Pflanzenwuchses, der Bodenart (eventuell des Gesteins) und der Feuchtigkeit vergewissert, wie das Profil darauf reagiert. Dies gilt in gleicher Weise für kultiviertes und für unbebautes Gelände. Durch die Feststellung der Profiländerungen je nach den genannten Hauptfaktoren erhält man eine Übersicht über den Generalcharakter der Bodengebiete, der eventuell auch vom Klima oder der Dauer der Bodenbildungsvorgänge bedingt sein kann. Diese beiden unsichtbaren und nur mittelbar wirkenden Faktoren in den Kreis der Betrachtung zu ziehen, ist zwar leicht, aber eine Beweisführung zu ihren Gunsten überaus schwierig. Zuverlässig läßt es sich in der Regel nur nach sehr umfangreichen und oft unsicheren Vergleichen durchführen. Nach einer solchen ersten Übersichtsgewinnung ist es notwendig, im Rahmen des der Kartierung zugrunde gelegten Maßstabes die Bodenaufgrabungen zu häufen. Je größer der Maßstab und die Kartengenauigkeit sein soll, desto größer wird ihre

Zahl sein müssen. Ja, bei Detailkartierungen von etwa 1 : 25000 an, bei denen 1 mm des Kartenblattes 25 m in der Natur entspricht, kommt man mit Aufgrabungen allein nicht mehr aus, sondern man muß zur Feststellung der Grenzen zwischen den Böden die Sondiernadel zu Hilfe nehmen, da die Aufgrabungen zu zahlreich und dadurch die Arbeiten in der Regel zu langwierig sein müßten. Im Zusammenhange mit den Aufgrabungen ist die Verwendung des Handbohrers bei der Bodenkartierung gut zu heißen und zu empfehlen, nicht dagegen als hauptsächliche oder alleinige Aufschlußmethode, wie sie z. B. bei der geologisch-agronomischen Kartierung verwendet wird, denn dabei geht zuviel von den wichtigsten morphologischen Eigenschaften des Bodens verloren. Mit Hilfe der Aufgrabungen, von kleinen Handbohrungen, der Beobachtung oberflächiger Bodenverschiedenheiten, des Pflanzenwuchses, des Auftretens von Feuchtigkeit, des Reliefs, eventuell auch der Art und Weise, wie sich der Boden beackern läßt, ist das Kartenblatt im Rahmen des zugrunde liegenden Maßstabes zu füllen, so daß praktisch jeder Teil der dargestellten Fläche untersucht sein muß. Um Zahlen für die Dauer der Kartierung und die Leistung des Kartierenden zu nennen, sei darauf hingewiesen, daß die genaue Spezialkartierung von Feldversuchen im Maßstabe 1 : 100 naturgemäß besonders lange dauert. Auf die Versuchsfläche von 1000 qm wird bei zwei bis drei Aufgrabungen und bei reichlicher Verwendung des Bohrers 1—2 Tage zu rechnen sein. Die Gutskartierung im Maßstabe 1 : 2500 bis 1 : 3000 erfordert für 250 ha eine Zeit von wenigen Tagen bis zu etwa 3—4 Monaten, wobei 1—2 Arbeiter zur Verfügung stehen müssen. Bei der geologischen und bodenkundlichen Landesaufnahme der Freien Stadt Danzig leistet ein Kartierender, dem ein Arbeiter zum Graben und Bohren zur Seite steht, monatlich etwa 750 ha im Maßstabe 1 : 10000. Diese Zahl gibt den Durchschnitt für die Aufnahmezeit von April bis Oktober an, im Hochsommer ist sie größer, vorher und nachher kleiner. Die bodenkundliche Aufnahme der 1900 qkm der Freien Stadt Danzig im Maßstabe 1 : 100000 hat etwa 4 Monate unter Benutzung eines Fahrrades erfordert. Je nach der Kompliziertheit der Bodenbildungen kann man in diesem Maßstab während einer Arbeitszeit von einem Monat 200 bis 500 qkm kartieren. Bei der bodenkundlichen Übersichtskartierung des Deutschen Reiches wird zur Beförderung ein Automobil benutzt, das monatlich etwa 4000 km zu fahren hat. Der Aufnehmende, der allein ist und zugleich das Automobil bedient, bringt monatlich etwa 20000 qkm für den Maßstab 1 : 500000 zustande, mit dem Fahrrad dauert es viermal so lange. Diese Feldaufnahmen liefern noch nicht die fertigen Karten, sondern diese müssen in oft monatelanger weiterer Arbeit aus den Feldergebnissen zusammengestellt werden.

Eine Erleichterung bei der Aufnahme, besonders bei der Spezialkartierung, gewährt unter Umständen ein Notizbuch mit vorgedruckten Spalten, in die nach vorgedruckter Reihenfolge die einzelnen Bodeneigenschaften einzuschreiben sind. G. Murgocis „Etat de l'étude et de la cartographie des sols" enthält zwei solcher Vordrucke für die Bodenuntersuchung im Tschernosem- und im Waldsteppengebiet. Ersterer rührt von A. Nabokich her und ist von N. Florov und G. Murgoci, letzterer von N. Florov bearbeitet.

Die Methoden der Kartendarstellung.

Während das geschlossene System der geologischen Kartierung die Darstellung in der Weise erleichert, daß im allgemeinen Farben für die Wiedergabe der einzelnen geologischen Formationen gewählt worden sind und bei der internationalen geologischen Karte von Europa auch die einzelnen Formationen ganz bestimmte Farben zugeteilt erhalten haben, die in vielen Ländern auch eingehalten werden, und innerhalb welcher Farben dann Schraffuren die Untergliederung durchzuführen erlauben, herrscht in der bodenkundlichen Kartendarstellung auch in dieser Beziehung wieder ein Chaos. Man verwendet je nach dem System der Aufnahmen ganz verschiedene Darstellungsmethoden. Die geologisch-agronomische Aufnahme hat die Formationen zur geologischen Grundlage, die agronomischen Verhältnisse kommen dadurch zur Wiedergabe, daß für jede geologische Zeichenerklärung (Farbe, Schraffur, Buchstabe) eine besondere Übertragung erfolgt. Außerdem wird mit besonderen Buchstaben das Bodenprofil, und zwar der petrographische oder physikalische Zustand desselben, bis zu 2 m Tiefe mit Angabe der Mächtigkeit der Schichten in Dezimetern eingetragen. Eine profilmäßige Darstellung einzelner Schraffuren findet sich am Rande der Karte. Hier entwickelt sich also das Bodenprofil auf der geologischen Grundlage von unten nach oben.

Trotz ziemlich weitgehender Ähnlichkeit der Aufnahme — früher Bodenartenprofil auf geologischer Grundlage, jetzt allerdings auch Bodentypen- bzw. Horizontfeststellung — ist doch die Darstellungsweise der Karten des U. S. Soil Survey völlig von der der geologisch-agronomischen verschieden. Es werden nur „Bodeneinheiten" wiedergegeben, die aus dem Kennwort für die „Bodenserie" — in der Regel der Name des Ortes, an dem die Serie zuerst festgestellt wurde und an dem sie besonders verbreitet ist — und der Bodenart (texture im amerikanischen Sinne, Korngröße) bestehen. Die Karten sind infolgedessen überaus einfach gehalten, wenn auch die Zahl der Bodeneinheiten recht bedeutend ist. Für den Außenstehenden ist die Karte schwer zu gebrauchen, eine wissenschaftliche Bedeutung hat sie an sich nur in Verbindung mit der Erläuterung, deren Angaben man auf die Karte übertragen muß, wenn man sie mit anderen vergleichen will. Es ist eine praktische Karte, die dem Bestreben der Landwirte, die charakteristischen Eigenschaften von Böden und Bodengebieten durch die Orte ihres Vorkommens zu bezeichnen, gut entgegen kommt. Durch diese Art der Namengebung wird nicht nur der Boden, sondern zugleich seine Anbaumöglichkeiten und die auf ihm betriebene Wirtschaftsart bezeichnet.

Wieder völlig anders ist seit langer Zeit die Mehrzahl der russischen Karten eingestellt. Sie geben in ziemlich einheitlicher Weise den hauptsächlichen Bodenentstehungstypus des dargestellten Gebietes wieder, wobei oft die Bodenarten oder eventuell auch geologische Bezeichnungen die Untereinteilung abgeben. Bei den Spezialkarten in großen Maßstäben ringt man um die möglichst treffende Darstellung der Bodenkomplexe. Eine besonders fortgeschrittene Methode gibt nicht mehr Bodentypen an, sondern Bodengebiete, in welchen die verschiedenen Bodenbildungsfaktoren die einzelnen Typen in gesetzmäßiger Weise hervorrufen und beeinflussen. Trotz äußerlicher Ähnlichkeit sind 2 Arten der Bodendarstellung in der Tschechoslowakei zu unterscheiden; die eine gibt mit der Farbe die geologisch-petrographischen Feststellungen und darin mit Schraffen und Nummern das Bodenartenprofil an, das, an Nummern kenntlich, am Rande dargestellt wird. Die andere benutzt die Farben für die Bodenentstehungstypen und die Schraffuren und Nummern in der gleichen Weise wie vorstehend beschrieben für das Bodenartenprofil. Bei jener ist das Bodenprofil auf der geologischen Grundlage von unten nach oben, bei dieser innerhalb des Bodentyps entwickelt. Die ungarische Übersichtskartierung bedient sich der Farben für die pflanzengeographisch-bodenmorphologischen Regionen, der Schraffuren für die physikalisch-petrographische Unterteilung. In Finnland war zunächst die Darstellung der Spezialkarten mit Farben und Schraffen versehen, jene für die Bodenarten, diese für die Bodenentstehungstypen. Heute sind auf den Übersichtskarten die Farben für die Bodenarten bestehen geblieben, wo hinein z. T. die p_H-Zahlen der Bodenreaktion, auch in Profildarstellung, eingetragen, die Entstehungstypen aber fortgelassen sind.

Über die Entwicklung der Danziger Spezialkartierung kann das Folgende gesagt werden: Anfänglich schien es bei der Gutskartierung in großen Maßstäben, als wenn mit einer flächenmäßigen Darstellung der Bodenarten auszukommen sein würde, in die hinein das sehr eingehende Profil der natürlichen Horizonte mit Buchstaben und Bewertungspunkten unter Verwendung zahlreicher verschiedener Beobachtungsreihen gebracht wurde. Das Profil wurde also von der Krume aus nach unten entwickelt. Die Grenzen wurden nach den Profilunterschieden festgelegt. Aber bei der Durcharbeitung der in dieser Weise dargestellten Feldversuche ergab sich, daß die flächenmäßige Bezeichnung der Bodenentstehungstypen für die Erklärung der Ertrags- und der Düngewirkungsverschiedenheiten notwendig sei. Dasselbe ergaben Vergleiche der Böden mit den landwirtschaftlichen Roherträgen bei Guts- und Übersichtskarten. Infolgedessen wird jetzt mit den Flächenfarben der Bodentypus, untergeteilt durch Typenvariationen, angegeben. Da hinein wird mit Schraffen das Bodenartenprofil und mit Buchstaben und Punkten das Profil der natürlichen Horizonte nach sehr eingehender Beobachtung (Lage, Humus, Feuchtigkeit, Durchlüftung, Kulturzustand, Bodenarten, Körnigkeit, Struktur, Eisenrostabsatz u. a.) geschrieben. Das Profil ist also innerhalb des Bodentyps entwickelt. Für die Landesaufnahme wird der Maßstab 1:10000 benutzt. Mit Farben werden dabei die Bodentypen in freierer Unterteilung, mit Schraffuren und Mächtigkeitszahlen das Profil nach Horizonten und Bodenarten angegeben. Besondere Profildarstellung am Rande wird vermieden, dagegen wird in der Zeichenerklärung sowohl die geologische Zugehörigkeit der Böden als auch eine Namengebung nach Landschaften (Oberwerder-, Niederungs-, Oberhöhen- Niederhöhen-, Prausterfeldböden) verwendet, welch letztere sich durch markante Unterschiede der Bodentypen, Erträge, Wirtschaftsweise, Landbaumöglichkeiten von einander trennen lassen. Dies wird durch eine kurze wirtschaftliche Bewertung (für Acker gut, für Grünland mäßig geeignet usw.) verdeutlicht. Sowohl die Gutskarten als auch die der Landesaufnahme werden mit einer Reihe von Meliorationskarten im gleichen Maßstabe versehen, auf denen kartenmäßig die zur Verbesserung notwendige Humus-, Kalk-, Kunstdüngerzufuhr, Entwässerung und Bodenbearbeitung, ferner die beste Nutzungsmöglichkeit vorgeschlagen werden. Auf Beigabe einer Erläuterung wird verzichtet. Es wird alles kartenmäßig ausgedrückt. Auf Übersichtskarten in 1:100000, 1:500000, 1:1000000 usw. werden die Bodentypen mit Farben, die Bodenarten mit Signaturen dargestellt. Eine besondere Unterscheidung des Profils findet nicht statt, es ist im Bodentypus ausgedrückt.

Sehr verschieden ist auf den sonstigen Bodenkarten die Darstellung der physikalischen, chemischen u. a. Feststellungen, so z. B. die chemischen teils mit Zahlen und Grenzlinien, teils mit kleinen bunten Strichen, teils mit Isolinien (z. B. Isohumosen u. a.). Alle vom Verfasser eingesehenen Karten sind auch nach ihrer Darstellungsweise in der Übersicht über die Kartierung der einzelnen Länder beschrieben.

Von besonderem Wert scheinen dem Verfasser solche Darstellungsweisen zu sein, welche einen Vergleich der Zahlen landwirtschaftlicher Erträge oder forstlicher Bewertungsmethoden mit den Böden ermöglichen, weil hieraus ein exakter Übergang von wissenschaftlichen Zustandskarten zu praktischen Vorschlägen gewonnen wird.

Theoretische und praktische Karten.

Wenn auch für einen Teil der Karten rein wissenschaftlich-theoretische Forschungen die Haupttriebfeder der Aufnahme und Darstellung gewesen sein mögen, so ist doch für einen weitaus größeren Teil das praktisch-wirtschaftliche Erfordernis maßgebend gewesen. Trotzdem sind die meisten Karten in Aufnahme und Darstellung rein theoretisch. Sie geben streng wissenschaftlich den gefundenen Zustand wieder, ohne irgendwelche praktische Einstellung auf der Karte zu bekunden. Dies gilt von der geologisch-agronomischen Spezialkartierung ebenso wie von der tschechischen und finnischen morphologisch-physikalisch-petrographischen, sowie von der niederösterreichischen teils morphologisch-physikalischen, teils physikalisch-petrographischen Kartierung, wie auch von fast allen übrigen Arten derselben. Schon in alter Zeit waren daneben auch praktische Bodenkarten vorhanden. Eine solche ist die dänische nach Tonnen Bodenmaß rechnende Bonitierungskarte, ferner die preußische Katasterkarte, auf welcher die Äcker, Wiesen, Holzungen, Gärten nach 8 Reinertragsklassen gegliedert sind. Wenn auch die Erträge in Silbergroschen ausgedrückt werden, so sind doch zu der Kartenaufnahme in der Hauptsache gründliche Bodenuntersuchungen im Felde verwendet worden. Ähnliches gilt von den zahlreichen anderen Katasterkarten. Eine durchaus praktische Darstellung ist die nordamerikanische, die außer in den Vereinigten Staaten auch in Kanada, Kuba, Philippinen, China, Niederländisch-Indien und Großbritannien angewendet wird. Durch die Benutzung der Ortsnamen für charakteristische Bodenserien ist ein rein landwirtschaftlich-praktisches Element unmittelbar auf die Karte gebracht worden unter Ausschaltung wissenschaftlicher Bezeichnungsweisen. Allerdings ist hierin zugleich ein Mangel zu erkennen. Die Karten sind für wissenschaftliche Vergleiche erst zu benutzen, nachdem man aus den Erläuterungen die Einzelangaben herausgeholt hat. Doch fällt auch dann bei den allermeisten die wissenschaftliche Brauchbarkeit etwas dürftig aus. Bei der Danziger Landesaufnahme hat sich der Verfasser der wertvollen praktischen Bezeichnungsweise in Verbindung mit einer genauen wissenschaftlichen Charakterisierung bedient. Die amerikanische Bezeichnung ist zugleich auch eine Bonitierung, aber nicht nur der Roh- oder Reinerträge, sondern der ganzen Wirtschaftsweise und der Produktionsmöglichkeiten. Darauf ist auch die Erläuterung eingestellt.

Eine neue Art der Bonitierungskarte wird gegenwärtig in Rußland aus dem Vergleich der Bodentypenkarten mit einer pflanzengeographisch-pflanzenbaulichen entwickelt. Es werden dabei die für den Ackerbau in den verschiedenen Stufen geeigneten von den bedingt geeigneten oder ungeeigneten geschieden. Auf manchen niederösterreichischen Karten A. TILLS sind Profile mit den auf ihnen gedeihenden Nutzpflanzen angegeben. Auch dies ist eine Art einfacher Bonitierung.

Wie man Übersichtskarten in Bonitierungskarten umwandeln kann, zeigt das Beispiel der Karte der Landbaumöglichkeiten Afrikas in der Darstellung von H. L. SHANTZ und C. F. MARBUT. Auf ihr ist flächenmäßig ein Klassenbuchstabe von 𝔄 bis 𝔚 angegeben, bei welchem in der Erläuterung die Eignung zu tropischem oder subtropischem bzw. gemäßigtem Ackerbau mit allen Nutzpflanzenarten, zu Weideland und zur Forstkultur mit den vorkommenden und anzubauenden Holzarten angegeben ist. Als Bonitierungskarten sind auch solche anzusprechen, die aus Ertragsstatistiken ausgearbeitet sind, wobei allerdings nicht versucht werden sollte, eine rein wissenschaftliche Einteilung an Stelle der praktischen Bewertung zu geben. Ohne die Grundlage der Ertragsstatistik sollte andererseits auch keine Bewertung der Böden nach den allgemeinen Eigenschaften gut, gering, günstig, ungünstig usw. erfolgen.

Weitergehende praktische Karten oder besser Kartenwerke sind dann die nach den Methoden von J. HAZARD und H. STREMME gewonnenen Kartendarstellungen. Das, was bei anderen Systemen Bodenkarte heißt und eine petrographisch-physikalisch-geologische Abart darstellt, bezeichnet HAZARD als Gesteinskarte. Er überträgt sie in seine Bodenkarten mit Hilfe eines auf der Beobachtung der Vorgänge im Bodenrelief beruhenden Schlüssels, welcher einerseits zu einer landwirtschaftlichen mit Weizen-, Gersten-, Hafer-, Roggen-, Kartoffelböden, andererseits zu einer forstlichen Darstellung mit Rotbuchen-, Tannen-, Fichten-, Kiefern-, Birken-, Weidenböden führt. Hiermit sind Bonitierung und Anbaumöglichkeit ausgedrückt. Die forstlichen Kartenwerke sind mit solchen Bodenkarten, aus welchen hervorgeht, welche Holzarten auf den verschiedenen Böden am besten gedeihen und angepflanzt werden sollten, abgeschlossen. In den landwirtschaftlichen folgen nun zunächst die Schlägekarten, auf welchen die zusammengehörigen Böden zu Schlägen vereinigt werden und angegeben ist, durch welche einfachen ackerbaulichen Maßnahmen der Zustand auf gefährdeten Stellen erhalten oder verbessert werden kann. Der letzte Schritt ist die kartenmäßige Festlegung von Fruchtfolgen für die verschiedenen Böden, die unter Beachtung der betriebsmäßigen Besonderheiten des Gutes vor sich geht.

Die Karten STREMMEs und seiner Mitarbeiter gehen von Zustandskarten aus, auf welchen die Bodentypen, die Bodenarten- und die Profilhorizonte in sehr eingehender Gliederung dargestellt werden. Das Meliorationsziel der Gutskartierung „Herstellen des für die meisten Nutzpflanzen besten Bodenzustandes der Steppenschwarzerde“ ergibt die daraus zu entnehmenden ackerbaulichen Maßnahmen. Bei der Landesaufnahme wird das Ziel etwas anders gefaßt. Es lautet hier: Herstellung des für den Bodentyp günstigsten und ertragsreichsten Bodenzustandes. Unter anderem wird bei sehr armen Böden in hängiger, dem Abschwemmen unterworfener Lage das Aufforsten angeraten, also nicht das Herstellen der Steppenschwarzerde erstrebt. Die Praxis hat allmählich eine Reihe von kartenmäßigen Festlegungen und Vorschlägen ergeben, so bei Gutskarten eine Bonitierungs- oder eine Nutzungskarte nach einem der Zahl der Typen angepaßten Schema, ferner Vorschläge von Humus-, Kalk-, Kunstdüngerzufuhr, Ackerarbeiten, Entwässerung, eventuell auch von Fruchtfolgen, Schlägeeinteilung usw.

Die Bodenkarten der Erde, der Kontinente und der einzelnen Länder.

Bodenkarten der Erde.

Eine als Bodenkarte bezeichnete Karte der Erde ist diejenige von C. ROHRBACH[1] in H. BERGHAUS' Physikalischem Atlas. Sie ist nach C. ROHRBACHs eigener Erläuterung der Versuch einer kartographischen Darstellung der Bodentypen von F. VON RICHTHOFEN[2]. Die Meeresböden sind nach Karten von MURRAY und RENARD angegeben. Ohne diese werden 14 Bodentypen unterschieden, die zu 5 Hauptgruppen zusammengefaßt sind. Die erste Gruppe bilden die Eluvialregionen (vorwiegend Lehm, Gebirgsschutt, Laterit); zweitens sind die Gebiete hervorgehoben, in denen ein Ebenmaß der Zerstörung und Fortschaffung stattfindet; drittens die Gebiete mit überwiegender Denudation (äolische, glaziale Denudation); viertens die Gebiete mit überwiegender Aufschüttung (Gletscherschutt, marine Aufschüttung, Alluvionen der Ströme und Seen, beweglicher Sand, feinerdige äolische Aufschüttungssteppenböden, vulkanische Aufschüttung); fünftens die

[1] ROHRBACH, C.: Grund- und Bodenkarten. In H. BERGHAUS' Physikalischem Atlas 1, 4. 1892. — Vgl. auch M. ECKERT: Die Kartenwissenschaft 2. Berlin u. Leipzig 1925.
[2] RICHTHOFEN, F. v.: Führer für Forschungsreisende, S. 45. Berlin 1886.

erodierte äolische Aufschüttung, der Löß. Außerdem ist mit Schraffur das Vorkommen von Salzböden angegeben, während die übrigen Typen mit Farben dargestellt werden. K. GLINKA[1] kann den größten Teil der oberflächigen Bildungen dieser Karte nicht als Böden ansehen. Es seien teils mechanische Ablagerungen, teils Muttergestein, teils nur Produkte geologisch-dynamischer Vorgänge. Als Steppenböden würden mit derselben Farbe bezeichnet Rußlands Tschernoseme, Halbwüstenböden von Zentralasien und ein Teil der Sahara sein. ROHRBACHS Karte sei infolgedessen keine Bodenkarte.

Eine solche Karte der Erde in russischer Einteilung hat K. GLINKA[2] selbst 1908 veröffentlicht. Er nennt sie schematische Bodenkarte, um damit anzudeuten, daß sie nicht überall auf Beobachtungen beruhe, sondern nach solchen und nach Klima-, Vegetations- und anderen Karten ergänzt sei. Er unterscheidet 18 Bodentypen, nämlich: Podsol- (auch Rasen-) Böden, Waldböden und entarteter Tschernosem, Tschernosem (und Regur), kastanienfarbige Böden, schicht- und säulenartige Böden der gemäßigten Halbwüsten, öde Krusten der gemäßigten Wüsten, Roterde (und Terra rossa), Laterit, Gelberde (Gehängelehm nach VON RICHTHOFEN), Böden der trockenen Tundren, Wiesen- (und wiesensteppenartige) Böden, Roterde der subtropischen und tropischen Halbwüsten, öde Krusten der subtropischen und tropischen Wüsten, senkrechte Zonen (und endodynamomorphe Böden) der Gebirgsgegenden, Sumpf- und Moorböden, Wüstensand, Salzböden, dunkelfarbige Böden der subtropischen Savannen.

Nach H. STREMME[3] hat die Podsolzone mit den bei abnehmender Temperatur zahlreicher werdenden Sumpf- und Moorgebieten den bei weitem größten Anteil an der Kartenfläche. Sie durchzieht als geschlossene Zone die große eurasische Landmasse vom Atlantischen Ozean (Großbritannien und Skandinavien) bis zum Stillen Ozean (nördliche Hälfte Kamschatkas und anschließende sibirische Küste). In ähnlicher Weise wird von ihr ein breiter geschlossener Streifen Nordamerika durchzogen. Hier wie dort reicht die Podsolzone am Atlantischen Ozean weiter nach Süden als am Stillen Ozean. Nördlich schließt sich die Tundra, südlich in Eurasien und z.T. auch in Nordamerika die Tschernosemzone, mit dem Übergang der degradierten Tschernoseme, an. Sie ist weniger ausgedehnt als die Podsolzone, untermischt mit Salzböden an Stelle der Moorböden und geht nach Süden und gegen den Stillen Ozean zu in das ausgedehntere Gebiet der Halbwüstenböden über, welche die inselartigen öden Krusten der gemäßigten Wüste einschließen und von Salzböden und den Gebirgszonen umzogen werden. In Asien folgen weiter nach Süden die Roterden und der Laterit, und auch bis nach Mittelamerika erstrecken sich solche hinein. In Europa schließt sich die Terra rossa z. T. unmittelbar an die Podsolzone an. Ein Teil Spaniens, der nordafrikanische Saum des Mittelmeeres und Mesopotamien leiten mit ihrer Zone der „Roterde der subtropischen Halbwüsten" zu den öden Krusten der großen arabisch-nordafrikanischen Wüstenzone über. An diese schließt sich nach Süden in der umgekehrten Reihenfolge der Übergangsböden (Roterde der Halbwüstenböden, Terra rossa) das große afrikanische Lateritgebiet an, auf welches nach Süden zu wieder der Wechsel zur südwestafrikanischen Wüste und von da an zur Roterde in Südafrika und bis zum Laterit in Südostafrika folgt. Den gleichen Übergang haben Madagaskar (bis zur Roterde der Halbwüste), Australien (bis zur öden Kruste der Wüste), Südamerika (Wüste im mittleren Ostbrasilien und auf der Westseite der Anden). In den Steppen am Silberstrom erkennt man Tschernosem, welcher nach Süden in die gemäßigten Halb-

[1] GLINKA, K.: Die Typen der Bodenbildung, S. 26. Berlin 1914.

[2] GLINKA, K.: Schematische Bodenkarte der Erde. Ann. géol. et min. Russie **10**, 69—75. Nowo Alexandria 1908.

[3] STREMME, H.: Grundzüge der praktischen Bodenkunde, S. 281. Berlin 1926.

wüstenböden übergeht, und schließlich auf Feuerland Podsol. Der Maßstab der Karte in MERKATORS Projektion ist nicht angegeben, er mag etwa 1:50000000 sein. — Die Karte ist häufig nachgedruckt worden.

Modernisiert wurde sie auf Veranlassung des Verfassers von W. HOLLSTEIN[1]. Europa wurde nach der ersten allgemeinen Bodenkarte von 1927, Afrika und Nordamerika nach denjenigen von C. F. MARBUT, Asien nach den neueren russischen Bodenkarten umgearbeitet, Südamerika auf Grund eingehenden Studiums der geographischen und der landwirtschaftlichen Literatur. Von Australien gab W. GEISLER[2] eine neue Skizze auf Grund seiner mehrjährigen Durchquerung des Kontinentes. So sind nur verhältnismäßig wenige Teile der Karte GLINKAS unverändert geblieben, so u. a. Madagaskar. Auch die Einteilung hat sich wesentlich geändert. Dabei sind 4 Bezeichnungen fortgefallen, so daß die Karte nur 14 Bodentypen hat. Die Einteilung lautet: Graue und braune Böden der Trockengebiete, z. T. Wüstensand und Skelettboden, kastanienfarbiger Steppenboden und hellkastanienfarbiger Trockenwaldboden, schwarzer Steppenboden, Böden der gemäßigten und subtropischen Zone mit mäßigem Illuvialhorizont, podsolierte Waldböden der subtropischen Zone, podsolierte Waldböden der gemäßigten und subarktischen Zone, Waldböden mit Abschwächung der Podsolierung, Böden der Tundren, Roterde der Halbwüsten z. T. Wüstensand und Skelettboden, tropische Roterde, Laterit, Böden der Gebirgszonen teilweise unter Eis, Schwemmlandböden, Salzböden. Die Karte zeigt, wie schnell sich seit 1908 die Kenntnis der Bodenentstehungstypen auf der Erde erweitert hat. Gegenwärtig sind in allen Erdteilen Ausschüsse der Internationalen Bodenkundlichen Gesellschaft gebildet, welche die Kartierung zum Ziele haben. Es wird hier sehr schnell systematisch vorwärts gearbeitet, so daß in wenigen Jahren eine Karte der Erde vorliegen dürfte, die, weniger schematisch als die bisherigen, auf wirklicher Kartierung beruht.

Europa als Kontinent.

Außer auf den Erdkarten ist Europa wiederholt in Sonderdarstellungen behandelt worden. E. RAMANN[3] hat in seinem Lehrbuche der Bodenkunde eine schematische Karte der Verbreitung der Bodenzonen in Europa in sehr kleinem Maßstabe, etwa 1 : 40000000 gegeben. Sie hat die Einteilung: A. Humides, B. Arides Gebiet. Das humide Gebiet ist in I. Physikalische Verwitterung, II. Humussäureverwitterung, III. Kohlensäureverwitterung zergliedert; das aride Gebiet in I. mit kaltem Winter, II. mit warmem Winter geteilt. Die weitere Einteilung der physikalischen Verwitterung ist: Hochgebirge, Tundren; Gebiet der Humussäureverwitterung, atlantisches Gebiet, nordisch-germanisch-skandinavisches Gebiet, Heiden, nordrussisches Gebiet. Die Kohlensäureverwitterung hat keine weitere Unterteilung erfahren. Im ariden Gebiet mit kaltem Winter werden Schwarzerde und Salzboden, in dem mit warmem Winter spanische Steppen und Roterde unterschieden. Die Karte zeigt mit Schraffuren die letzten Einteilungsstufen, ferner sind die Worte Humides Gebiet (reichend von Frankreich bis Nordrußland) und Arides Gebiet (vom Mittelmeer über Italien und die Balkanhalbinsel hinweg zum Schwarzen Meer und nördlich des Kaukasus weiter zum Kaspischen Meer) eingedruckt. Die Obereinteilung ist die von

---

[1] HOLLSTEIN, W.: Bodenkarte der Erde. — Tafel III zu H. STREMME: Die Bleicherdewaldböden oder podsolige Böden. Dieses Handbuch 3, 119—160. 1930. Die Originalkarte hat in flächengetreuer Darstellung den Mittelpunktsmaßstab 1 : 65000000. Sie ist bei der Wiedergabe auf 1 : 125000000 verkleinert. — Auch AGAFONOFF und AFANASSIEFF haben GLINKAS Erdkarte verbessert.

[2] Nach privater Mitteilung an den Verfasser.

[3] RAMANN, E.: Bodenkunde, 2. Aufl., S. 394. Berlin 1905.

E. W. HILGARD übernommene klimatische, die Unterteilung im humiden Gebiet stammt aus E. RAMANNS Verwitterungslehre, ihre weitere Unterteilung ist teils allgemein-, teils regionalgeographischer Natur, die Unterteilung im ariden Gebiet ist wieder klimatisch, ihre weitere Unterteilung bringt 3 Bodentypen (Schwarzerde, Salzboden, Roterde) und einen regional pflanzengeographischen Begriff (spanische Steppen).

In der dritten Auflage[1] ist zwar die Karte die gleiche geblieben, aber die Erläuterung der Schraffuren ist anders geworden. Sie lautet: humides und arides Gebiet. Im humiden Gebiet werden unterschieden Hochgebirge, Tundren, atlantisches Gebiet, nordisch-germanisch-skandinavisches Gebiet, Heiden, nordrussisches Gebiet, Braunerden und veränderte Schwarzerde (an Stelle der Kohlensäureverwitterung), Roterden (aus dem ariden Gebiet mit warmem Winter hineingenommen). Im ariden Gebiet ist die Einteilung geblieben, nur aus dem mit warmem Winter sind die Roterden herausgenommen und in das humide Gebiet gebracht. Es sind das Verschiebungen in der Erkenntnis, wie sie durch den weiteren Fortschritt der Bodenkunde bedingt gewesen sind. In Deutschland war E. RAMANNS Kärtchen ein vielbeachteter und oft nachgedruckter Anfang der Beschäftigung mit den natürlichen Bodenbildungsvorgängen seitens der speziellen Bodenforscher.

Einen größeren Teil Europas hat P. TREITZ[2] in recht ins Einzelne gehender Weise kartenmäßig dargestellt. P. TREITZ hat in der genannten Arbeit folgende Karten mit einander vereinigt: K. GLINKAS Bodenkarte der Erde mit einer anderen Zusammenfassung der verschiedenen Bodentypen (kalte, gemäßigte, subtropische, tropische Zonen, Böden der Hochgebirge); eine Bodenkarte des Südostens Europas; eine Karte der jährlichen Niederschläge im Osten Europas und E. DRUDES Vegetationskarte Europas. Die Arbeit gibt auf nur 44 Seiten eine bemerkenswerte Übersicht über die bodenbildenden Kräfte und ihre Ergebnisse. Die Karte des Südostens von Europa hat den Maßstab 1:10000000. Sie unterscheidet 17 verschiedene Böden, die zur Zone der Wälder, Zone der Steppen und zu den Typen der azonalen Böden zusammengefaßt werden. In der Zone der Wälder mit gebleichten Böden werden unterschieden: 1. bleicher sandiger Boden auf quartären Sanden und Kiesen. Koniferen- und Birkenwälder. 2. grauer toniger Boden auf quartärem Ton. Koniferen- und Mischwälder; 3. grauer toniger Boden auf tertiärem Ton. Laubwälder verschiedener Arten; 4. graue Böden auf älteren Unterlagen. Koniferen- oder Mischwälder; 5. weniger ausgelaugter Boden auf Löß. Mischwälder, im Osten Buchenwälder; 6. seltene Wälder mit grauem Boden, von Gras bedeckt, toniger Unterboden. Eichenwälder; 7. gelbe Böden auf quartären Sanden; 8. Roterde (Nyirok), Unterboden grauer Ton oder Löß (gelber Mergel). Eichen- und Buchenwälder mit behaarten Blättern; 9. Terra rossa, Unterboden kalkige oder kristalline Gesteine. Buchen- oder Tannenwälder; 14. Seen und Sümpfe in der Waldzone. Die Steppenzone wird näher bezeichnet als Gruppe der schwarzen und braunen Steppenböden; tonige oder mergelige Unterlage; Stiparasen. Unterschieden werden: 10. schwarzer Steppenboden (Tschernosjom): Rußland, Rumänien, Ungarn (Transsylvanien und Tiefebene); 11. brauner Steppenboden; 12. brauner Boden, sandig auf Flugsanden. Graswälder; 13. hellbrauner Steppenboden mit alkalischen (Szik) und salzigen Erden im Untergrund. Die gleichen Böden auf Flugsanden tragen die gleiche Signatur schwach gepunktet; 16. Wiesenton auf Seeablagerungen. Flora der Flachmoore mit Carex. 17. Flugsande an den Meeresküsten. Als Typen der azonalen Böden

[1] RAMANN, E.: Bodenkunde, 3. Aufl., S. 561. Berlin 1911.

[2] TREITZ, P.: La géographie des sols. Bull. Soc. Hongr. Géogr. Budapest **12**, 1—44 (1914).

werden unter 15. die Böden der Hochgebirge genannt. Die Karte ist zusammengestellt nach den Arbeiten von P. TREITZ, A. R. FERMIN (Karte der russischen Böden), G. MURGOCI (Bodenkarte Rumäniens), E. LOZINSKI (Bodenkarte Galiziens). Sie zeichnet sich durch die Zusammenfassung von Bodentypen, Bodenarten und pflanzengeographischen Kennzeichen aus und ist in ihrer Art weit fortgeschritten, ja selbst über die 13 Jahre später erschienene Bodenkarte Europas hinaus.

Die Allgemeine Bodenkarte Europas[1] vom Jahre 1927 im Maßstabe 1:10000000 war durch einen Beschluß der vereinigten Ausschüsse für Nomenklatur und Klassifikation und für Kartierung der Böden auf der 4. internationalen Bodenkonferenz 1924 in Rom veranlaßt worden, ihre Arbeiten auf eine solche gemeinsame Kartierung zu vereinigen, und zwar sollte dem ersten internationalen Bodenkongreß in Washington 1927 eine solche Karte vorgelegt werden.

Die Leitung dieses Unternehmens wurde zunächst G. MURGOCI und nach dessen Tode H. STREMME übertragen. Die 1927 vorgelegte Karte wurde unter Leitung von H. STREMME zusammengestellt. Sie hat die Einteilung: grauer und brauner Wüstensteppenboden; kastanienfarbiger Steppenboden; Tschernosem (schwarzer Steppenboden); Tschernosem und degradierter Tschernosem der Vorsteppe; degradierter Tschernosem und grauer („brauner") Waldboden der Waldsteppe; „Brauner" Waldboden schwach podsoliert; podsolige Waldböden: mäßig podsoliert; stark podsoliert; stark zersetzt, Bleicherdehorizonte selten; Rohhumus im Gebiete der Waldböden; Moore über 40% der Fläche im Gebiete der Waldböden; hellkastanienfarbiger Trockenwaldboden; Roterde; Rendzina (Humuskarbonatboden); Rendzina, degradierte Rendzina und podsolige Waldböden; Moorboden und Sümpfe, Sumpftschernosem; Aueboden und Boden der Flußmarschen, Boden der Seemarschen; Salzboden; Frostboden der Tundra; Skelettböden und skelettreiche Böden: mit podsoligen Böden (im Hochgebirge einschließlich Eis) und Humusböden, mit Rendzina, degradierter Rendzina und podsoligen Böden, mit Roterde, mit Roterde und hellkastanienfarbigem Boden, mit braunem Waldboden und Roterde; brauner Waldboden, hellkastanienfarbiger Trockenwaldboden, skelettreich (Calveroboden). Die Karte ist im Schwarzdruck mit 27 Signaturen ausgeführt. Die Einteilung steht im ganzen auf dem Standpunkt russischer Anschauung, doch sind auch manche auf den russischen Karten nicht vorhandenen Vorstellungen, wie Trockenwaldboden und Calveroboden in Spanien, vertreten. Die Gebirgsböden (Skelett- und skelettreiche Böden) sind recht eingehend gegliedert. Allerdings fehlen die Bodenarten in der Weise, wie P. TREITZ sie auf seiner oben erwähnten Karte Südosteuropas bereits angegeben hat.

Auf dem 1. internationalen Bodenkongreß in Washington 1927 wurde eine gemeinsame Bodenkarte Europas im Maßstabe 1:2500000 herzustellen beschlossen, welche wesentlich mehr ins Einzelne gehen und auch die Bodenarten berücksichtigen soll. Zum 2. Internationalen Bodenkongreß in Rußland 1930 waren bereits zwei Drittel der neuen Karte fertiggestellt. Sie wird die Bodenentstehungstypen mit Farben, die Bodenarten mit Schraffuren wiedergeben.

---

[1] Allgemeine Bodenkarte Europas. Im Auftrage der V. Kommission der Internationalen Bodenkundlichen Gesellschaft nach den Karten von V. AGAFONOFF, J. VAN BAREN, K. BJÖRLYKKE, G. BONTSCHEFF, N. COMBER, P. ENCULESCU, G. FRASER, B. FROSTERUS, G. GEORGALAS, K. GLINKA, J. HALLISSY, J. HENDRICK, K. HEYKES, V. HOHENSTEIN, W. HOLLSTEIN, H. JENNY, G. KRAUSS, T. MIECZYNSKI, S. MICLASZEWSKI, F. MÜNICHSDORFER, G. MURGOCI, G. NEWLANDS, V. NOVAK, W. OGG, A. OPPERMANN, E. PROTOPOPESCU-PAKE, G. RORINSON, B. RAMSAUER, A. STEBUTT, H. STREMME, O. TAMM, A. TILL, P. TREITZ, E. DEL VILLAR, G. WIEGNER, J. WITYN, W. WOLFF bearbeitet von H. STREMME. 1:10000000. Danzig 1927. Erläuterung von H. STREMME. Mit französischer und polnischer Übersetzung von S. MIKLASZEWSKI, erschienen Warschau 1928; mit englischer von W. OGG, erschienen Edinburgh 1929 (1930).

Belgien.

Der Anfang der agronomischen Kartierung Belgiens ist nach F. HALET[1] eng verknüpft mit der geologischen Kartierung. Diese wurde als Grundlage jener angesehen. Die erste geologische Karte des belgischen Bodens von A. DUMONT im Jahre 1853[2] im Maßstabe 1:160000 sollte auch den Zwecken der Landwirte dienen. 1855 ließ der gleiche Autor eine geologische Karte des Untergrundes im gleichen Maßstabe erscheinen, auf welcher die lehmigen und sandigen Oberflächenbildungen abgedeckt waren. Er teilte Belgien in 7 geologisch-landwirtschaftliche Zonen oder landwirtschaftliche Regionen ein, die auf die lithologische Zusammensetzung des Bodens gegründet waren. Er hatte beobachtet, daß Natur, Textur, Zusammenhang, Kapillarität und Lage des Bodens einen bedeutenden Einfluß auf die Vegetation ausübten, und daß man, um mit Unterschied die landwirtschaftlichen Meliorationen ausführen zu können, die geologische Natur des Bodens und der darunter liegenden Gesteine kennen müsse.

Im Jahre 1867 stellte C. MALAISE[3] eine geologisch-agronomische Karte im Maßstabe 1:200000 auf der Weltausstellung in Paris aus, die sich einerseits der Karte A. DUMONTS von 1853, andererseits der offiziellen landwirtschaftlichen Statistik als Grundlage bediente. Er teilte ebenfalls Belgien in Regionen ein, die sich durch ihren Boden und ihren Ackerbau unterschieden, und die sich nach minder wichtigen Eigenschaften noch weiter in Zonen zergliedern ließen. 1871 führte C. MALAISE[4] eine neue landwirtschaftliche Karte aus, die eine Verkleinerung derjenigen von 1867 auf den Maßstab 1:800000 darstellte.

Von 1878 ab wurde die geologische Spezialkarte Belgiens im Maßstabe 1:20000 aufgenommen, die zwar ihre besondere Aufmerksamkeit dem Untergrunde zuwandte, ohne jedoch nicht ganz die Verschiedenheiten des landwirtschaftlichen Charakters der Erden zu vernachlässigen, zu welchem Zwecke viele Handbohrungen ausgeführt werden mußten. Man legte auch großen Wert auf die Feststellung der Regenalluvionen. Diese vom naturwissenschaftlichen Museum veranstaltete Kartierung wurde, nachdem 13 Karten erschienen waren, 1885 eingestellt. Im Jahre 1889 wurde die Geologische Kommission von Belgien eingesetzt, die eine Spezialkartierung im Maßstabe 1:40000 ausführte, welche 1914 fertig geworden ist. Mit Ausnahme der Küstenniederung und der Talböden ist die Karte abgedeckt, so daß sie ohne bodenkundliche Bedeutung ist. 1890 und 1901—1904 wurden verschiedene Versuche unternommen, eine agronomische Karte herzustellen, die jedoch zu keinem Ergebnis führten. Zu diesem Mißerfolge trugen die seit 1890 in Aufnahme gekommenen chemischen und pflanzenphysiologischen Arbeiten erheblich bei.

Im Jahre 1905 haben DE BROUWER und F. HALET eine unveröffentlichte Karte der belgischen Böden im Maßstabe 1:160000 ausgeführt. Sie umgrenzt die verschiedenen Böden nach ihrer Gesteinszusammensetzung und geologischen Natur und ist nach den geologischen Karten im Maßstabe 1:40000 ausgeführt.

Seit 1905 haben A. GRÉGOIRE und F. HALET[5] die Methode J. HAZARDS übernommen, die um 1900 in Leipzig entstanden war, jedoch nach HAZARDS Tode in

[1] HALET, F.: Belgique. L'Etat actuel des Etudes sur le terrain et de la cartographie agrogéologique. Etat de l'Etude et de la cartographie des Sols, S. 15—20. Bukarest 1924.

[2] DUMONT, A.: Sa vie et ses travaux. Paris et Liège 1864.

[3] MALAISE, C.: Carte agricole de la Belgique. Brüssel 1869.

[4] MALAISE, C.: La Belgique agricole dans ses rapports avec la Belgique minérale. Brüssel 1871.

[5] GRÉGOIRE, A.: Le service agrologique de la station agricole de Möchern. Bull. agricult. Brüssel 1904. — GRÉGOIRE, A. u. F. HALET: Etude agrologique d'un domaine d'après la méthode synthétique de J. HAZARD. Brüssel 1906. — GRÉGOIRE, A.: Les cartes agrono-

Deutschland keine direkte Fortsetzung erfuhr. Sie nahmen das Gut Raideux (Comblent au Pont) nach dessen Vorbilde auf. Aber 1908 wurde die Weiterentwicklung dieser Kartierung durch eine Erörterung von E. LEPLA[1] vor der wissenschaftlichen Gesellschaft in Brüssel gehemmt. E. LEPLA erklärte nämlich, daß die Aufnahme einer agronomischen Kartierung von der Vervollkommnung der Bodenanalyse und von der Erfindung einer Methode abhängig zu machen sei, welche die Aufnehmbarkeit der Bodenbestandteile durch die Pflanzen bestimmen ließe. Erst 1923 hat A. GRÉGOIRE[2] erneut auf die Notwendigkeit einer agronomischen Kartierung nach dem System von J. HAZARD hingewiesen. A. GRÉGOIRE ist der Ansicht, daß eine elementare agronomische Karte nach dem preußischen oder französischen Muster der Landwirtschaft keine Hilfe gewähre, wohl dagegen eine synthetische, sehr ins Einzelne gehende Karte nach Art der HAZARDschen oder der in den Vereinigten Staaten gebräuchlichen, welche von besonders ausgebildeten Kräften aufzunehmen seien.

Eine dem Verfasser 1931 durch A. GRÉGOIRE übersandte Carte administrative des régions de la Belgique (ohne Verfasser und Jahreszahl) im Maßstabe 1:500000 unterscheidet 9 Regionen und die kiesigen Ablagerungen (Quarz, Feuerstein). Die Regionen sind die der Polder, der Sande (mit den drei Zonen der Dünen, von Flandern und des Kempenlandes), der sandigen Lehme, der Lehme, die condrusische Region, die der Ardennen, die luxemburgische oder jurassische (mit der kalkigen, tonigen oder mergeligen und sandigen Zone), die alluviale und die kretazische. Diese Zonen und Regionen sind z. T., der orographischen Gestaltung des Landes entsprechend, in Streifen, die von West nach Ost verlaufen, in der Richtung Nordwest—Südost angeordnet. Sie beginnen an der Küste mit der Zone des Dünensandes. Dahinter breitet sich die Polderregion aus. An diese schließt sich im Westen eine schmale Lehmzone, nach Osten folgend der flandrische Sand und der des Kempenlandes an. Weiter nach Süden folgt ein breiter Lehmgürtel, der durch einen Streifen mit sandigem Lehm in zwei Teile zerrissen ist. Der südliche Teil des Lehmgürtels ist z. T. von Streifen der Kreideregion und der Ardennengesteine durchbrochen, welche aus quarzitischen und schieferigen Bildungen mit geringmächtigen Böden bestehen. Der Hauptteil der Ardennengesteine kommt erst weiter im Süden und Südosten vor, während im Maastal und südlich davon die Kalke und quarzitisch-schieferigen Gebilde des Kondroz anstehen. Den Südzipfel des Landes nimmt die luxemburgische oder jurassische Region mit ihren kalkigen, knorpeligtonigen und sonstigen Zonen ein. Die Alluvialbildungen verteilen sich in den Flußtälern über das ganze Land. Die Kiese finden sich auf den Sanden des Kempenlandes. Die Karte hat somit eine geologisch-petrographisch-orographische Grundlage.

Bulgarien.

G. BONTSCHEFF[3] hat über die Bodenkartierung in Bulgarien für G. MURGOCIS Sammelband „Etat de l'étude et de la cartographie des sols" einen kurzen Bericht geliefert. Nach diesem gibt es dort keine agrogeologische Anstalt, weder ein staatliches noch privates Institut noch eine Gesellschaft. Es besteht jedoch

---

miques et les analyses des terres. Bull. Soc. Chim. Belgique **1907**, 21. — GRÉGOIRE, A. u. F. HALET: Les cartes agronomiques. Ann. Gembloux **1908**. — GRÉGOIRE, A.: Les cartes agronomiques. Congr. d'Agricult. Gand **1912**.

[1] LEPLA, E.: Une carte agronomique de la Belgique est elle actuellement réalisable? Communication faite à la Soc. scient. de Bruxelles. Louvain 1908.

[2] GRÉGOIRE, A.: La carte agronomique comme base indispensable pour l'utilisation des résultats des recherches agronomique. 1923.

[3] BONTSCHEFF, G.: Bulgaria. Etat de l'étude et de la cartogr. des sols, S. 276. Bukarest 1924.

eine pedologische Abteilung bei der Zentrale der landwirtschaftlichen Versuchsstationen in Sofia. Ihr Leiter, H. Puschkaroff[1], hat mehrere agrogeologische Karten ausgeführt, von denen eine des Beckens von Sofia im Maßstabe 1:126000 veröffentlicht ist. Auf ihr sind Tschernosem, Rasenboden, Roterde, Halbsumpfboden, Kalkhumatboden, Ablagerungsboden (zweierlei) und Alluvium dargestellt. Pedologische Studien wurden auch in den Becken von Pirdop und Orhanie ausgeführt, ihre Karten sind aber noch nicht veröffentlicht worden.

G. Bontscheff[2] selbst hat eine kleine Übersichtskarte der Bodentypen des ganzen Landes veröffentlicht, die für die erste Bodenkarte Europas in 1:10000000 verwendet wurde. Sie enthält kastanienfaıbige Böden, Tschernosem, braunen Waldboden, Halbwüsten, Salzboden, Kalkboden und Boden der Hochgebirge.

Eine Übersichtskarte von Bulgarien im Maßstab 1:2050000 ist einem zusammenfassenden Werk über die bulgarische Landwirtschaft beigegeben worden[3]. Sie stammt von W. Hollstein und ist das Ergebnis einer Bereisung des ganzen Landes und von Auskünften an Instituten und Versuchsstationen. Sie sollte die Unterlagen für die Darstellung Bulgariens auf der Bodenkarte von Europa 1:2500000 liefern. Sie enthält mit schwarzen Zeichen die Bodenarten (Letten- und Tonboden, Lehmboden, Staubboden, Sand- und Kiesboden, steinige Böden, steinige Böden auf Kalkstein, Steinböden auf Kalkstein), mit Farben die Bodentypen (Tschernosem, degradierter Tschernosem, brauner Waldboden, podsolierter Waldboden, Rendzina, Moorboden und verschiedene Böden ohne entwickeltes Bodenprofil). Besonderer Wert ist darauf gelegt, die Orographie des Landes hervortreten zu lassen.

Eine Bodenkarte größeren Maßstabes ist neuerdings von N. Puschkaroff herausgegeben worden[4]. Sie ist in der Auffassung der vorbeschriebenen Karte ähnlich. Die Bodenarten sind mit roten Zeichen, die Bodentypen mit Farben angegeben. An Bodenarten sind auf ihr staubiger Lehmboden, Tonboden, Lehmboden und sandig-lehmiger Tonboden, sandiger Tonboden mit Skelett, sandiger Tonboden mit Skelett auf Kalkstein und toniger Sandboden enthalten. An Bodentypen bringt sie kastanienfarbigen Steppenboden, dunkelkastanienfarbigen Steppenboden, schokoladenfarbigen Tschernosem, tschernosemartigen Tonboden, braunen Waldboden schwach podsoliert, podsoligen Waldboden mäßig podsoliert, podsoligen Gebirgsboden mit Skelett, Skelettboden mit Rendzina, podsoligen Bergwiesenboden, Aueboden, Moorboden und Salzboden.

Dänemark.

In dem landwirtschaftlich hochkultivierten Dänemark wird die Bodenkunde schon seit langer Zeit betrieben. Eines der bedeutendsten bahnbrechenden Werke sind P. E. Müllers[5] Studien über die natürlichen Humusformen, in welchem

---

[1] Puschkaroff, N.: Agrogeologische Untersuchungen im Becken von Sofia. Veröff. Landw. Versuchsstat. Sofia **1913**. — Der Boden im Regierungsbezirk Pirdop. Rev. Inst. rech. agricult. Bulgarie Sofia 1, 1921. — Der Boden des administrativen Kreises Orhanie und Umgebung. Ebenda 2.

[2] Bontscheff, G.: Verteilung der Bodentypen Bulgariens und der europäischen Türkei. In P. Krische: Bodenkarten, S. 77—79. Berlin 1928.

[3] Bottleff, S. u. J. G. Kovatscheff: Die Landwirtschaft in Bulgarien. Hrsg. vom Ministerium für Landwirtschaft und Staatsdomänen. Bulgarisch mit kurzer deutscher Inhaltsangabe. Sofia 1930.

[4] Puschkaroff, N.: Bodentypenkarte von Bulgarien 1:500000. Sofia 1930.

[5] Müller, P. E.: Studier over Skovjord som Bidrag til Skovdyrkningens Teori. I. Om Bögemuld og Bögemor paa Sand og Leer. Tijdskrift for Skovbrug Kopenhagen **1879**, 3. — II. Om Muld og Mor i Egeskove og paa Heder. Ebenda **1884**, 7. — Studien über die natürlichen Humusformen. Berlin 1887.

bereits seit 1879 die verschiedenen Wald-, Heide- und Moorböden gekennzeichnet wurden.

Die dänische geologische Landesanstalt beschäftigt sich nach J. ANDERSEN[1] nicht direkt mit der Bodenkartierung, sondern erforscht den Untergrund Dänemarks. Trotzdem sind ihre Ergebnisse von großem Werte für das Studium der oberflächigen Bodenbildungen, die ja in der Regel aus dem Untergrunde hervorgegangen sind. Ihre Karten werden im Maßstabe 1:100000 veröffentlicht. Die Aufnahmearbeiten werden mit dem Handbohrer nach A. ORTHS Methode ausgeführt. Die genommenen Proben werden an Ort und Stelle bestimmt und das Ergebnis entweder gleich auf die Karte oder in das Tagebuch eingetragen. Größere Proben werden in das Laboratorium gesandt und dort chemisch und physikalisch untersucht. Das Hauptaugenmerk wird aber stets auf die Untersuchung der historisch-geologischen Erscheinungen gerichtet. Dazu kommen systematische Arbeiten über das Grundwasser, die einen bedeutenden Umfang angenommen haben. Die hauptsächliche agronomische Arbeit der Landesanstalt richtet sich auf das systematische Aufsuchen von Kalk- und Mergellagern, und zwar im Zusammenhange mit den Anforderungen durch den dänischen Heidekulturverein (Det danske Hedeselskab) und andere landwirtschaftliche Gesellschaften.

Gegen Ende des Weltkrieges wurde ein offizieller Dienst für die Bodenverbesserung eingerichtet, der untersuchen sollte, in welchem Grade der dänische Boden eine gründliche Verbesserung nötig habe, und einen Plan zu diesem Zwecke auszuarbeiten hatte. Dieser offizielle Dienst arbeitete mit der geologischen Landesanstalt und den landwirtschaftlichen Gesellschaften zusammen. Die Feststellungen wurden in Form von Pflanzenkulturkarten mit Erläuterungen veröffentlicht. Die Funktionen dieses Dienstes sind später auf den Heidekulturverein, einer privaten, vom Staate unterstützten Gesellschaft, übergegangen, die sich schon mit ähnlichen Arbeiten beschäftigt hatte. Sie stellt in der in Untersuchung befindlichen Gegend fest: die Lage, die Bodennutzung, die Natur des Bodens, den Kalkbedarf, die Vorkommen von Kalk- und Mergellagern, die hygrometrischen Beziehungen, das Ausgesetztsein gegen die Winde, den Zustand der Pflanzenkultur, die Höhenlage und die Bedingungen zur Ableitung des Wassers. Die Karten werden im Maßstabe 1:10000 oder 1:20000 ausgeführt. Sie enthalten mit punktierten Linien umgrenzt die landwirtschaftlichen Besitzungen. Beigefügt ist der Arbeit ANDERSENS eine Karte der Verteilung des Bodenmaßes in Dänemark. Dänemark hat eine alte Bodenwertschätzung, die aus dem Jahre 1688 stammt. Für jedes Grundeigentum wurde eine Landeinteilung mit abnehmender Staffel nach der Güte aufgestellt, gekennzeichnet durch Ziffern von 24 und darunter. 1 t Bodenmaß wurde zu $5^1/_7$ t Land der Klasse 24 bestimmt. Danach gibt die Karte die Zahl der Tonnen Bodenmaß auf die Quadratmeile an. Die Einteilung auf der Karte hat 6 Stufen der Bodenmaßtonnen je Quadratmeile. Die höchste Stufe hat mehr als 1 Million Tonnen, die niedrigste zwischen 0 und 200000 Tonnen. Jene ist auf den dänischen Inseln zwischen Nord- und Ostsee, am meisten auf Möen, Falster und Laaland, diese in den jütländischen Heiden verbreitet. Bornholm hat überwiegend zwischen 400 und 600000 t.

Eine Bodenkarte Dänemarks hat C. F. A. TUXEN[2] 1923 veröffentlicht. Sie unterscheidet Lehmboden, Sandboden, Heideboden, Moorboden, Marschboden, Meeresgrundboden (z. T. lehmig, z. T. sandig, z. T. moorig) und Dünen. Im Vergleich zu der Bodenmaßkarte zeigen die am höchsten bewerteten Inseln

[1] ANDERSEN, I.: Etat des études sur le terrain et de la cartographie agrogéologique. Etat de l'étude et de la cartographie des sols, S. 37—48. Bukarest 1924.

[2] TUXEN, C. F. A.: Bodenkarte von Dänemark: Ernährung der Pflanze. 1931.

Möen, Falster, Laaland fast nur Lehmboden, die niedrigst bewerteten jütländischen Heiden den Heideboden. Bornholm hat an den Rändern überwiegend Lehmboden, im Inneren dagegen Sandboden.

Kleine Karten der Waldtypen und im Vergleich dazu solche der Bodenreaktion hat C. H. BORNEBUSCH[1] ausgeführt.

Zur Bodenkarte Europas in 1:10000000 (1927) hat A. OPPERMANN die Bodentypenkarte Dänemarks beigesteuert, zur neuen Karte 1:2500000 V. MADSEN die Karte der Bodenarten, C. H. BORNEBUSCH die Karte der Bodentypen. Grundlegende neuere Untersuchungen über die dänischen Heideböden mit einer Fülle von analytischen Tabellen, neuen Angaben über den Gehalt der Heideböden an anorganischen Kolloiden und an Stickstoff sowie in Verbindung mit Bauschanalysen und Hervorhebung der großen Bedeutung der Ortsteinschicht, ihres großen wasserhaltenden und Absorptionsvermögens hat F. WEIS[2] veröffentlicht und daraus neue Gesichtspunkte über die Möglichkeit des Anbaus dieser Böden gefolgert. Es sind dieses Arbeiten, die sich würdig den eingangs genannten von P. E. MÜLLER anreihen und die unmittelbare Fortsetzung derselben darstellen.

Deutsches Reich.

Früheste Karten bis 1870. Nach E. BLANCK[3] wäre die älteste „Bodenkarte" in Deutschland die älteste geologische G. FÜCHSELS von Thüringen 1773. Allerdings führt sie keine eigentlichen Bodenkennzeichen, sondern nur geologische. Zu den ältesten Vorschlägen, eine spezielle Bodenkarte herzustellen, gehört ein solcher von I. G. KRÜNITZ im Jahre 1793[4]. Er wünscht die Bodenarten auf einer Landkarte mit Farben dargestellt zu sehen und dabei eine eingehende Abstufung jeder einzelnen Farbe für die verschiedenen Unterarten der Bodenarten zu benutzen, so z. B. Sand durch Gelb, Flugsand durch das höchste Gelb, der gemeine, heidetragende und zum Ackerbau nicht ganz untüchtige Sand durch die Mittelfarbe des Gelb, der lehmige oder mit Ton und Humus vermischte Sand durch Braungelb darzustellen und dementsprechend die Tonböden durch Braun, die Marschböden durch Violett wiederzugeben.

Als um die Mitte des 19. Jahrhunderts überall in Deutschland geognostische Karten entstanden, begann man auch der Bodenkartierung Aufmerksamkeit zu schenken. Doch waren die Karten der Gebirgsländer in der Hauptsache „abgedeckt". Sie gaben die Schichten unter dem Boden an und vernachlässigten zumeist auch etwaige Deckschichten. Dagegen waren die geognostischen Karten des „Schwemmlandes" zugleich bis zu einem gewissen Grade schon Bodenkarten, da sie die Bodenarten darstellten und bisweilen die Bodenbildung auf dem Gestein erkennen ließen. So hat die anscheinend älteste dieser Schwemmlandskarten, die der Umgegend von Berlin von R. VON BENNIGSEN-FÖRDER[5], bereits die Bedeckung des Geschiebemergels mit Geschiebelehm durch Farben angegeben und

---

[1] BORNEBUSCH, C. H.: Skovbundstudier 4—9. Det forstlige Forsögsvaesen i Danmark **8**, 181—287 (1925).

[2] WEIS, F.: Fysiske och Kemiske Undersøgelser over danske hedejorder. Det Kgl. Danske Videnskabernes Selskab. Biol. Meddel. Kopenhagen **7**, 9 (1929). — Über den Wert des Heidebodens zur Urbarmachung. Meddel. Dansk Skovfor. Gödningfors. Kopenhagen **8** (1929).

[3] BLANCK, E.: Über die Bedeutung der Bodenkarte für Bodenkunde und Landwirtschaft. Fühlings Landw. Ztg. **1921**, S. 123. GRUNER, H.: Landwirtschaft und Geologie, eine Untersuchung der Frage: Welche Bedeutung hat die geologische Untersuchung und Kartierung des Schwemmlandes Preußens für die Agrikultur. Berlin 1879.

[4] KRÜNITZ, I. G.: Ökonomisch-technische Encyklopädie, 60. Teil, S. 228, 229. Berlin 1793; zitiert nach M. ECKERT: Die Kartenwissenschaft **2**, 283. Berlin und Leipzig 1925.

[5] BENNIGSEN-FÖRDER, R. v.: Geognostische Karte der Umgegend von Berlin, mit Erläuterungen. Berlin 1843. 2. Aufl. Berlin 1845/50. 1 : 50000.

ist damit sogar eher als die späteren geologisch-agronomischen als Bodenkarte zu betrachten, welch' letztere nur an den mit Buchstaben eingeschriebenen roten Bodenprofilen die Verlehmung (oder Versandung) des Geschiebemergels erkennen lassen. In den Erläuterungen weist VON BENNIGSEN-FÖRDER ausdrücklich darauf hin, daß infolge der Verteilung von ungünstigem Sand sowie wegen der Reichlichkeit und Zuverlässigkeit des Ertrages der so schätzbaren Lehm- (und Mergel-) Formation, eine geognostische Karte zugleich eine Bodenfruchtbarkeitskarte sei. Ein Anhang zu den Erläuterungen ist „Zur Kenntnis einer unerschöpflichen Quelle des Wohlstandes in unserm Vaterlande, der großen Mergelablagerung in den flachen Provinzen des preußischen Staates", überschrieben. Hierin wird die große Bedeutung des Mergels für die Bodenmelioration auseinandergesetzt und auch an praktischen Beispielen, wie sie vorzunehmen sei, erläutert.

In ähnlicher Weise sind auch die Karten der Lausitz von E. F. GLOCKER[1] und die der Diluvialablagerungen der Mark Brandenburg in der Umgegend von Potsdam von G. BERENDT[2] bereits als geognostisch-bodenkundliche anzusehen.

Eine besondere Bodenkartierung wurde dann in Preußen durch das Gesetz zur anderweitigen Regelung der Grund- und Gebäudesteuer vom 21. Mai 1861 veranlaßt[3]. Sie führte einerseits in den Katasterplänen zur Sondervermessung jedes Ackers und der übrigen land- und der forstwirtschaftlichen Einheiten und ihrer Bezeichnung nach den jeweiligen 8 Ertragsklassen, andererseits zu der Bodenübersichtskarte MEITZENS im Atlas zu dem genannten Bande seines Werkes. Die Aufnahme geschah in den einzelnen Kreisen selbständig durch besondere Kommissionen, die zunächst Musterstücke der einzelnen Acker-, Wiesen-, Garten-, Forstklassen auswählten und damit alle übrigen Parzellen verglichen. Die Bodenuntersuchung war sehr eingehend, aber ohne Laboratoriumsuntersuchungen. Sie umfaßte die Mächtigkeit und Beschaffenheit der Krume und des Untergrundes, die Wasserverhältnisse, die örtliche Lage, kurz alles was man örtlich beobachten konnte, und zwar keineswegs etwa nur die Bodenarten. Die Zugehörigkeit zu geologischen Formationen wird im Gebirgsland angegeben, fehlt dagegen im Flachlande. Die Einteilung in die Klassen geschieht nach dem in Silbergroschen ausgedrückten Reinertrage, zu dessen Ermittlung außer dem Boden noch das Klima, die Verkehrslage, die Bevölkerung, Preis der Produkte und des Geldes u. a. gehören. Die bodenkundlichen Feststellungen, die bei der Bonitierung getroffen wurden, stellte man zu Kreiskarten zusammen, die nicht veröffentlicht worden sind. A. MEITZEN benutzte sie zur Übersichtskarte des preußischen Staates 1:3000000, welche folgendes Einteilungsprinzip besaß: Günstige Lehm- und Tonböden, besonders Höhenlage des Flachlandes; Lehm- und Tonböden der Flußniederungen; ungünstige Lehm- und Tonböden, besonders Gebirgsböden; lehmiger Sand- und sandiger Lehmboden; Sandboden; Moorboden. Ferner sind die Kalk- und Mergellager im Boden angegeben. In der Hauptsache sind also die Bodenarten in starker Zusammenfassung mit einer gewissen Gliederung und Bewertung der wertvollsten Lehm- und Tonböden nach praktischen Vorstellungen dargestellt. Die Gliederung der Kreiskarten im Maßstabe 1:250000 war etwas eingehender.

Der durch diese große Arbeit veranlaßte Aufschwung der praktischen Bodenkunde und Bodenkartierung gab Anregung zu weiteren Arbeiten. A. MEITZEN[4] berichtet darüber: Es sind „unmittelbar auf das geognostische Verhalten der

[1] GLOCKER, E. F.: 2 Karten zur Beschreibung der preußischen Oberlausitz, mit Text. 1857.

[2] BERENDT, G.: Die Diluvialablagerungen der Mark Brandenburg in der Umgegend von Potsdam. Berlin 1863.

[3] MEITZEN, A.: Der Boden und die landwirtschaftlichen Verhältnisse des preußischen Staates 1, 17—60. Berlin 1868.

[4] MEITZEN, A.: a. a. O., S. 187.

Bodenlagen unter landwirtschaftlichen Gesichtspunkten gerichtete Untersuchungen im Gange. Die erste Anregung dazu hat R. VON BENNIGSEN-FÖRDER durch die erwähnte, 1843 bearbeitete geognostische Karte der Umgegend von Berlin mit ihren Erläuterungen gegeben. In ähnlicher und ausführlicherer Weise ist von ihm eine Karte der Umgegend von Halle auf Veranlassung des Ministeriums für die landwirtschaftlichen Angelegenheiten aufgestellt worden. Auch die landwirtschaftlichen Zentralvereine zu Münster und zu Königsberg haben, ersterer durch VON BENNIGSEN-FÖRDER, letzterer durch G. BERENDT[1], derartige Untersuchungen und Kartierungen bewirken lassen. Endlich aber hat das Königl. Landesökonomiekollegium unter dem 28. Januar 1865 höheren Ortes in Antrag gebracht, seitens des Staates für die praktische Landwirtschaft brauchbare Bodenkarten in sämtlichen Teilen des preußischen Gebietes und zunächst denjenigen, welche dem Schwemmland angehören, herstellen zu lassen."

Die 4 Halleschen Karten VON BENNIGSEN-FÖRDER[2] haben den Maßstab 1:25000 und gute Meßtischblätter als topographische Grundlage. Sie sind in Farben gehalten und scheinen ein klares, einfaches Bild zu geben. Aber bei näherer Betrachtung entdeckt man eine Fülle von ein- und mehrfarbigen Signaturen, die erkennen lassen, daß hier eine sehr genaue Kartierung vorliegt. Die Haupteinteilung bedient sich geologischer Merkmale, nämlich Bodengebilde der Alluvial- oder Humusperiode; quartärer, tertiärer und sekundärer Bodengebilde. Gemeint ist die Bodenbildung auf Gesteinen dieser Formationen. Im „Alluvium" geht durch älteres und jüngeres Alluvium hindurch die Entstehung der verschiedenen Alluvialgebilde: Durch ältere Anschwemmung verdeckte oder durch Fortwaschung bloßgelegte und an früheren Ufern vermengte Schichten und Gebilde, oft auf älteren Erosionsgebieten; durch hydrochemische und organische Einwirkung entstanden in geeigneten Örtlichkeiten mächtig und verbreitet; durch mechanische Einwirkung von größeren Flüssen auf ihrem Talboden als gesonderte Bodensysteme auf verschiedenen Formationen und in verschiedenen Erosionsgebieten verbreitet; durch Menschenhand entstanden. Diese zuletzt genannten werden als Verstürzungen, Abraummassen, „Meliorationsmergel als Abraum" unterschieden. Unter den Flußanschwemmungen gibt es Flußlehm (flach- und tiefgründig), Flußsand, Flußgerölle, Schotter, jetzige Flußstrandgerölle, Talschutt. Aus hydrochemischer und organischer Einwirkung sind Vennboden-Sickerton, Wiesenkalk, Wiesenmergel, saurer Humus, wilder Urbodenhumus entstanden. Die verdeckten oder bloßgelegten Schichten und Gebilde sind Lehm auf Sand (uneigentlich lehmiger Sand), Mergel auf Sand (uneigentlich mergeliger Sand), Steine oder Kies auf Sand (nicht immer steiniger Sand), Sand auf Lehm und Lößmergel (uneigentlich sandiger Mergel), Strandgerölle früherer Seebecken, Steinsohle. Stets ist die Mächtigkeit (Gründigkeit) durch verschiedene Zeichen unterschieden. In der gleichen Weise sind die älteren Gebilde behandelt. Dazu findet sich bei jeder Zeichenerklärung eine ausführliche Mitteilung der Eigenschaften. Bis zu 6 Profilen trägt der untere Kartenrand. Teils sind es größere, geologische Profile, teils Wände von Gruben, Steinbrüchen, Felsen usw. — Die Aufnahmen sind so genau, daß es möglich scheint, Meliorationskarten danach zu zeichnen.

Die geologisch-agronomische Kartierung. Eine von A. MEITZEN nicht erwähnte Preisstiftung bei dem landwirtschaftlichen Zentralverein für den Regie-

[1] BERENDT, G. u. F. JENTZSCH: Geologische Karte der Provinz Preußen. 1 : 100000. Berlin 1867—1888.

[2] BENNIGSEN-FÖRDER, R. v.: Bodenkarte des Erd- oder Schwemmlandes und des Felslandes der Umgegend von Halle. Berlin 1876. Die Aufnahme ist 1864 bis 1867 erfolgt. Die Karten sind ohne Erläuterung erst nach dem Tode des Autors unter Oberaufsicht von Prof. Dr. A. ORTH, Berlin, gedruckt worden.

rungsbezirk Potsdam gab Veranlassung zu einer Kartierung, welche bedeutende Folgen hatte, worüber A. ORTH[1] etwa folgendermaßen berichtet: Der landwirtschaftliche Zentralverein setzte am 1. März 1861 einen Preis von 500 Talern Gold für das beste Werk einer Agrikulturgeognosie aus. Nächst der Agrikulturchemie und Physik habe die Geognosie für den Landbau die höchste Bedeutung, denn durch sie lerne man den Boden und seine Eigenschaften kennen, das eigentliche Fundament des Landbaues. Die Preisschrift solle eine landwirtschaftliche Bodenkunde, und zwar vorzugsweise eine Bodenkunde des norddeutschen Flachlandes sein, die sich auf wissenschaftlichem, besonders geologischem Fundament stütze. Sie solle ein Lehrbuch für den Landwirt sein. „In gemeinverständlicher Sprache wird sie die Entwicklungsgeschichte des Landbaues und seiner verschiedenen Formen, Viehzucht, Ackerbau, Waldbau, Gartenbau, unter dem Einflusse der geognostischen Verhältnisse, ebenso den Einfluß des Bodens auf die Bewohnbarkeit und Bevölkerung zu berücksichtigen haben. Die Schrift wird ferner eine mit den üblichen Bezeichnungen möglichst zu verbindende, allgemein gültige, für praktische Zwecke brauchbare Klassifikation des Bodens aufstellen, dessen ökonomischen Wert in Beziehung auf physikalische und geographische Lage und Klima, das Verhalten der Pflanzen zum Boden und überhaupt den Boden in allen seinen Beziehungen zur landwirtschaftlichen Kultur erörtern." Dies war aber ein hohes Ziel, das damals nicht zu erreichen war. Im Frühjahr 1867 wurde unter dem Einfluß der oben erwähnten Anregung des Landesökonomiekollegiums der Preis zum dritten Male ausgeschrieben, und zwar diesmal zur Herstellung einer geognostisch-agronomischen Karte. Den Preis hierfür erhielt die von A. ORTH ausgeführte geognostisch-agronomische Kartierung des Rittergutes Friedrichsfelde bei Berlin mit dem Vorwerk Karlshorst, die am 1. Dezember 1868 eingereicht wurde, aber erst im Jahre 1875 im Druck erschien. Eine grundsätzliche Erörterung dieser Arbeit hat A. ORTH[2] im Jahre 1869 als Habilitationsschrift in Halle benutzt. A. ORTH war nicht Geologe, sondern Landwirt, allerdings verraten seine damaligen Arbeiten ein erstaunliches Eindringen in die Geologie.

Von den 5 Karten, für welche A. ORTH den Preis erhielt, waren vier im Maßstabe 1:3000, eine im Maßstab 1:3170 gehalten. Veröffentlicht sind sie im Maßstabe 1:5000, 1:10000 und 1:25000. Die Kartendarstellung ist außerordentlich sorgfältig. Mit den Hauptfarben ist die „geologische Grundlage" angegeben, und zwar Diluvialsand, oberer Diluvialmergel, Sand des Plateaus und der Abhänge, Flugsand (Dünen), Spreetalsand, Wiesenmoor. Darauf sind mit Rastern die petrographischen Daten der Bodenprofile aufgetragen, z. B. lehmiger Sand über Lehm und Mergel, schwach humoser Sand über Sand, über Lehm und Mergel. Die Bodenprofile sind also flächenhaft angegeben. Außerdem aber ist mit Hilfe eines Viereckschemas an einzelnen Stellen eingetragen, was im einzelnen, besonders mit Hilfe der Analyse, über die Profile ausgesagt werden kann. Es bedeutet eine Zahl rechts außen vom Viereck die Mächtigkeit der Bodenartenschicht in Metern, eine Zahl links außen die Prozente an abschwemmbaren Teilen, eine Zahl in der Mitte den Glühverlust (Humus) in Prozenten, ein dicker waagerechter Strich die Grenze mit der geologischen Grundlage. Dann ist innerhalb des Vierecks mit feinen Punkten, feinen oder größeren Kreisen die Menge an Sand von 0,05—0,25 mm Korngröße bzw. von 0,25—0,5 bzw. über

[1] ORTH, ALBERT: Die geognostisch-agronomische Kartierung mit besonderer Berücksichtigung der geologischen Verhältnisse Norddeutschlands und der Mark Brandenburg, erläutert an der Aufnahme von Rittergut Friedrichsfelde. Vorbericht, S. V—XII. Berlin 1875.

[2] ORTH, ALBERT: Die geologischen Verhältnisse des norddeutschen Schwemmlandes mit besonderer Berücksichtigung der Mark Brandenburg und die Anfertigung geognostisch-agronomischer Karten. Halle 1870.

0,5 mm in Prozenten angegeben. Jeder Punkt bedeutet 10%. Ferner wird mit *g*, *m*, *s* die gute, mittlere oder schlechte Mengung der Bodenbestandteile, mit Fe Eisenschuß und durch Eintragung von Zeichen die Eigenschaften „kalkhaltig, konchylienführend, in die Tiefe fortsetzend" angegeben. Trotz der großen Zahl der Zeichen und Buchstaben sind die Profile ziemlich leicht zu lesen. Die Laboratoriumsanalysen sind im ganzen so einfach, daß man sie auch draußen ausführen könnte, wenn sie dabei auch weniger genau ausfallen würden. Außer den Rastern und den Vierecken sind an vielen Stellen die Profile oder wenigstens die Mächtigkeit der Oberkrume noch mit Buchstaben und Zahlen eingetragen. Es wird also der größte Wert auf die genaue Darstellung der Bodenprofile, allerdings in der Hauptsache nur in physikalischer und petrographischer Hinsicht, gelegt. Zur Charakteristik des Bodens ist am Rande angeführt, daß ein Boden mit 0—5% abschwemmbaren Teilen ein ungebundener Sandboden, ein solcher mit 5—10% ein schwach lehmiger Sandboden usw. sei, eine Oberkrume von 5—10 cm Mächtigkeit sei sehr flach usw., eine Neigung von 1—2,5° flach abfallend, eine solche von 2,5—5° abhängig usw. Mit blauen Buchstaben und Zahlen ist auf der Karte die Feuchtigkeit des Bodens eingetragen, W_0 bedeutet sehr trocken, W_1 trocken usw. Die Topographie berücksichtigt landwirtschaftlich Wichtiges in besonderem Maße: außer Wegen, Bahnen, Wasserläufen, Gräben, Bäumen, Gebäuden, Acker, Wiese, Weide, Wald, roten Höhenlinien in 1,6 m (5 Fuß) Abstand, z. T. mit Zwischenkurven, Grenzen verschiedener Kulturarten, Grenzen annähernd gleicher Kulturbezirke (die mit Buchstaben bezeichnet sind), die Stellen, an denen Flugsand den Boden beeinflußt und verschlechtert. An Maßstäben sind vorhanden, solche für Meter, Ruten, Schritt, die Böschung für die Niveaulinien bei 5 Fuß Abstand, ferner die Fläche eines Hektars und eines Morgens. Es ist erstaunlich, daß bei so viel Eintragungen die Karte des Rittergutes Friedrichsfelde nicht etwa überladen wirkt, sondern recht klar und einfach aussieht. Allerdings verlangt sie bei ihrer Benutzung ein sorgsames Studium, denn mit „einem Blick" ist nichts erreicht und kann auch bei der nun einmal vorhandenen außerordentlichen Kompliziertheit des Bodens als eines naturwissenschaftlichen Gebildes und bei seinem überall stark auftretenden, beständigen Wechsel nichts erreicht werden. Eine dritte Tafel zeigt geologische, hydrologische, bodenkundliche Schnitte durch das Gelände in 1:10000 Längenmaßstab und wechselnden Höhenmaßstäben. Man sieht z. B. gut gemengten lehmigen Sandboden über schlecht gemengtem Diluviallehm über Diluvialmergel liegen. Eine dritte Karte im Maßstab 1:10000 enthält die Ergebnisse der Reinertragsschätzung zur Grundsteuerveranlagung, nämlich die Parzellenflächen der verschiedenen Kulturarten mit ihrer Klassenbezeichnung und in einer Tabelle ihren Reinertrag für den Morgen in Silbergroschen. Die vierte Karte im Maßstabe 1:25000 sieht von dem Eintragen der Profile auf die Flächentafel ab, sie gibt nur die wichtigsten Durchschnittsprofile am Rande an. Durch Nummern ist ihre Lage im Gelände bezeichnet.

Die Erläuterung umfaßt außer dem Vorbericht von 23 Seiten und einem Inhaltsverzeichnis von 10 Seiten 176 Seiten Text. Der erste, allgemeinere Teil, betitelt „Die geologischen Verhältnisse des norddeutschen Schwemmlandes und die Anfertigung geognostisch-agronomischer Karten mit besonderer Berücksichtigung der Mark Brandenburg und des Rittergutes Friedrichsfelde bei Berlin", umfaßt 47 Seiten, die analytischen Belege und Folgerungen etwa 73 Seiten, die geognostisch-agronomische Kartierung im besondern 13 Seiten und der vierte Teil „Die Beziehungen zum Wirtschaftsbetriebe" den Rest. Bemerkenswert ist die Feststellung, daß die Petrographie der Maßstab für die agronomische Beurteilung sei. Bereits früher hatten FALLOU, GIRARD, LORENZ u. a. diesen Satz vertreten, und er ist bis heute noch in Deutschland sowohl bei der geologisch-agronomischen Kartierung als auch bei der Laboratoriumsuntersuchung der Böden überwiegend in Geltung geblieben, obwohl die Entwicklung der Bodenkunde in Rußland und während der letzten Jahre auch in Deutschland, wie überhaupt ganz allgemein, gezeigt hat, daß er nicht zutrifft. Der lange Weg der ORTHschen Kartierungsweise hat dies klar erwiesen.

Die Arbeit über Friedrichsfelde fiel in die Zeit hinein, in welcher infolge der oben erwähnten Anregung des Landesökonomiekollegiums die Kartierung des Flachlandes für landwirtschaftliche Zwecke viel erörtert wurde. Auch A. ORTH[1] beteiligte sich an dieser Erörterung. Er verwies dabei auf die Karten der Preußischen Geologischen Landesanstalt in der Provinz Sachsen und Thüringen und auf G. BERENDTS geologische Aufnahme der Provinz Preußen, aus denen bereits viel Nützliches für Bonitierungszwecke zu entnehmen sei, obgleich sie hierzu nicht genügen könnten. Der Boniteur habe vieles ins Auge zu fassen, was auf der geologischen Karte in der notwendigen Klarheit nicht zum Ausdruck zu bringen sei, wie z. B. die Zusammensetzung, Lagerung, Mächtigkeit und Lage des Bodens. Es sei dies die Aufgabe der eigentlichen Bodenkarten, die am besten von besonderen pedologischen Anstalten des Staates auszuführen seien.

Bereits im Jahre 1873 trat auf Veranlassng des preußischen Ministeriums für Handel, Gewerbe und öffentliche Arbeiten ein Ausschuß zusammen, welcher A. ORTH die Ausarbeitung einer geologisch-agronomischen Musteraufnahme im Maßstab 1:25000 übertrug. Gewählt wurde die Gegend von Rüdersdorf bei Berlin, welche bereits vorher von H. ECK geologisch kartiert war[2]. Diese Karten wurden maßgebend für die spätere geologisch-agronomische Kartierung der Preußischen Geologischen Landesanstalt, der sich nach und nach die übrigen geologischen Landesanstalten der deutschen Bundesstaaten anschlossen. Von der geologischen unterscheidet sich seitdem die geologisch-agronomische Karte durch die Eintragung der Bodenprofile mit roten Buchstaben auf die Fläche der geologischen Schichten. Das Profil wurde entweder in natürlichen Aufschlüssen oder mit dem Bohrer bis 2 m Tiefe ermittelt. Die Auftragung gilt bei ORTH entweder für eine Fläche z. B. auf Geschiebemergel $\frac{LS\ 5-18}{L}$ (die Zahl für dm) oder für den örtlichen Aufschluß, z. B. $\frac{S\ 13}{M}$ oder $\frac{\frac{gS\ 6}{LSK\ 3}}{SK\ 7}$ (gS = gemengter Sand, K = Kies). Typische Bodenprofile wurden am Rande durch eine Zeichnung wiedergegeben. In der Anordnung der Erklärung und Durcharbeitung der Bezeichnungen für geologische oder agronomische Zwecke und der Buchstabenwahl für die Bodenprofile hat allmählich die Praxis einige geringfügige Änderungen gebracht. In der Hauptsache sind die geologisch-agronomischen Karten bis zur Gegenwart dem Typus der ORTHschen Karten unverändert gefolgt. In den Erläuterungen geht ORTH sehr ausführlich auf die praktische Verwendbarkeit der Karte ein. Es werden Folgerungen gezogen für die Ansiedlungen, das Verhältnis von Wald, Feld und Wiese, für Bodenwert und Bodenkultur [a) Wert und Kultur der Wiesen, b) Wert und Kultur des Ackerlandes, c) Wert und Kultur des Waldbodens], Materialien für Industrie und Technik. Ähnliche Beiträge sind auch später bei geologisch-agronomischen Spezialkarten von Landwirten gelegentlich gegeben worden, so z. B. zu G. KLEMMS geologisch-agronomischer Untersuchung des Gutes Weilerhof bei Darmstadt eine

---

1 ORTH, A.: Der Untergrund und die Bodenrente mit Bezug auf einige neuere geologische Kartenarbeiten. Vgl. Neue Jb. Min. 1873, 972 u. 973.

2 ORTH, A.: Rüdersdorf und Umgegend. Auf geognostischer Grundlage agronomisch bearbeitet. Abh. geol. Landesanst. v. Preußen 2, 2. 114 S. 1 Karte. Berlin 1877.

ausführliche Auswertung[1] vom Besitzer des Gutes G. DEHRINGER. Im allgemeinen ist aber die landwirtschaftliche Erläuterung nur kurz. Erst in neuerer Zeit sind wieder von Diplomlandwirten ausführlichere Erörterungen, auch zu einzelnen Gebirgskartenblättern, gegeben worden, und zwar zumeist durch Mitteilung von Erträgen, wenn auch nicht der kartierten Böden selbst, so doch derjenigen des ganzen Blattes, der Gemeinden, der Gegend usw. Recht eingehend hat A. ORTH auch den analytischen Teil in seiner Erläuterung gestaltet. Außer chemischen Analysen der Triasgesteine werden Voll- und Teilanalysen der Diluvialgesteine und der daraus entstandenen Böden, auch viele Körnungsanalysen, Bestimmungen der Gesteins- und Mineralgemengteile wiedergegeben. Ganz allgemein sind diese hohe Wertschätzung und Verwendung der Laboratoriumsarbeit in den Erläuterungen und zumeist auch die von ORTH angegebenen Analysenmethoden geblieben; gelegentlich tauchen neue auf und andere verschwinden. Aber im Prinzip hat sich kaum etwas geändert, denn es handelt sich stets um die petrographische Untersuchung der Böden und ihrer Muttergesteine.

Die neue Kartierung wurde nach ihrem Erscheinen zunächst in der Landwirtschaft recht freudig begrüßt. So bespricht H. HELLRIEGEL[2] in einer Arbeit unter dem Titel „Ein wichtiges Geschenk des preußischen Handelsministeriums für die Landwirtschaft" die Rüdersdorfer Karte für sich und auch im Vergleich mit der von Friedrichsfelde recht zustimmend. Von rein methodischem Standpunkt fragt H. HELLRIEGEL, ob die für Rüdersdorf gewählte mehr punktmäßige Darstellung des Bodenprofils oder die für die Karte 1:25000 von Friedrichsfelde im Anschluß an die von 1:5000 gewählte flächenmäßige die richtigere sei. Er verkennt zwar nicht den Wert der punktmäßigen, tritt aber doch auch für die flächenmäßige ein. Es ist das eine wichtige Kernfrage der Kartendarstellung, denn dadurch, daß die Flächendarstellung den geologischen Eigenschaften zuerkannt wird und somit sich das aufgelockerte, mehr lokale, nicht flächenmäßig dargestellte Bodenprofil auf dem Untergrunde erhebt, kommt ohne Zweifel die Agronomie zu kurz. Sowohl die Halleschen Karten von v. BENNIGSEN wie ORTHS Friedrichsfelder sind darin besser. Für den Fall, daß bei der punktmäßigen Darstellung geblieben würde, wünscht H. HELLRIEGEL wenigstens die Bevorzugung typischer, weiter verbreiteter von den lokalen durch andere Farben oder größeren Druck. Dem Wunsche ist später dadurch Rechnung getragen worden, daß nur noch typische Profile auf die Karte gebracht wurden.

Auch R. BRAUNGART[3] begrüßte diese Kartierungsweise „als einen der bedeutsamsten Erfolge des heutigen Standpunktes der landwirtschaftlichen Naturforschung, der modernen Landbauwissenschaft, als einen Erfolg, ebenbürtig den höchsten Leistungen der älteren Schwestern". Er wünscht aber eine Wiedergabe und Aufnahme der spontanen Flora in die Profildarstellung, um das Profil ins Leben zu übersetzen. Die Wurzeltiefe der Gewächse erscheint ihm als wichtiger Gegenstand. (Bei einigen seiner Karten hat 1927/28 A. TILL, Wien, diesen Wunsch aus seiner eigenen Anschauung heraus befriedigt, vgl. Österreich.)

Wenn demgegenüber anderslautende Ansichten von Hauptvertretern der heutigen Landwirtschaft geäußert worden sind, so ergibt sich daraus, daß die Kartierung nicht das gehalten hat, was sich A. ORTH von ihr versprach. F. AERE-

---

[1] KLEMM, G.: Geologisch-agronomische Untersuchung des Gutes Weilerhof (Wolfskehlen bei Darmstadt). Nebst Anhang über die Bewirtschaftung der verschiedenen Bodenarten von G. DEHRINGER. Abh. Großh.-Hess. Geolog. Landesanst. Darmstadt 3, 1 (1897).

[2] HELLRIEGEL, H.: Ein wichtiges Geschenk des preußischen Handelsministeriums für die Landwirtschaft, 7 S. Bernburg 1877.

[3] BRAUNGART, R.: Die geognostisch-agronomische Kartenaufnahme im preußischen Staate. Z. landw. Ver. in Bayern 1878. Sonderabdruck, 12 S.

BOE[1] lehnt nämlich den mineralogisch-geologischen Ballast der Bodenkunde, der für die Landwirtschaft keinerlei Bedeutung habe, ab und erwähnt auch nicht die Benutzung der geologisch-agronomischen Karten bei der Taxation der Landgüter, auf welche von A. ORTH und den übrigen landwirtschaftlichen Verfechtern der Karten ein so großer Wert gelegt wurde.

Im Anschluß an eine Polemik zwischen seinem Schüler SCHWARZ[2] und W. WOLFF[3] als Vertreter der Preußischen Geologischen Landesanstalt spricht sich E. A. MITSCHERLICH[4] über die Bedeutung geologisch-agronomischer Karten für den Landwirt recht abfällig aus, denn er sagt: Es komme für die Pflanzen, die heute auf dem Boden wachsen, gar nicht darauf an, wie der Boden vor Jahrtausenden einst entstanden sei. Die Pflanzenerträge richten sich vielmehr danach, wie der Boden heute ist. Was fehle, sei die Wiedergabe der Beziehungen zwischen Boden, Wachstum der Pflanze und Pflanzenertrag. Diese Beziehung könne hergestellt werden durch die Kartierung von Feldversuchen, von welchen unzählige nicht ausgewertet werden könnten, weil sie infolge starken Wechsels der Bodeneigenschaften zu ungleichmäßig ausgefallen seien. Auch das Studium des Einflusses des Untergrundwasserstandes auf die Kulturpflanzen wäre ein gemeinschaftliches Arbeitsgebiet. „Die geologisch-agronomischen Karten dürften für den Landwirt nur mehr einen allgemein bildenden als einen wirtschaftlichen Wert besitzen." — Es wird bei solchen absprechenden Urteilen zumeist übersehen, daß die geologisch-agronomischen Karten nicht von Geologen, sondern von dem Landwirt A. ORTH erdacht worden sind, der seinerseits wohl in der Lage zu sein glaubte, den Zusammenhang zwischen den Pflanzen und dem auf der geologisch-agronomischen Karte dargestellten Boden zu finden. Nachdem die Kartierung von den geologischen Landesanstalten aufgenommen worden war, sind dann allerdings viele Geologen berufsmäßig für den praktischen Wert der Karten eingetreten. Auf die zahlreichen Arbeiten hier einzugehen, ist aus Raummangel unmöglich. Sie wiederholen immer wieder das, was schon A. ORTH in seinen grundlegenden Kartenerläuterungen darüber gesagt hat, und was auch K. KEILHACK[5] in der offiziellen Einführung in das Verständnis der geologisch-agronomischen Karten darüber äußert: Dem Landwirt gewähren sie einen Einblick in die Zusammensetzung seines Bodens bis auf mindestens 2 m Tiefe und eröffnen ihm dadurch die Möglichkeit, die in seinem Gebiete vorhandenen Bodenschätze zu übersehen und zweckmäßig zu verwerten. Hierbei handelt es sich in erster Linie um das Vorkommen von solchen Bildungen, die als natürliche Meliorationsmittel, als Mergel, Verwendung finden können. Weiter bietet die Karte dem Landwirt Gelegenheit, die Zweckmäßigkeit seiner Schlag-

---

[1] AEREBOE, F.: Die Taxation von Landgütern und Grundstücken, S. 370—387. Berlin 1912.

[2] SCHWARZ, B.: Untersuchungen über den Wert der geologisch-agronomischen Karten für die praktische Landwirtschaft. (Unter Berücksichtigung der Verhältnisse auf dem Blatt Bartenstein.) Geol. Arch. Königsberg i. Pr. **1**, 35—52, 57—64 (1923).

[3] WOLFF, W.: Die Bedeutung der geologisch-agronomischen Karten für den Landwirt. Geol. Arch. **2**, 213—218 (1928).

[4] MITSCHERLICH, E. A.: Die Bedeutung geologisch-agronomischer Karten für den Landwirt. Geol. Arch. **3**, 110—113 (1924). Vgl. demgegenüber E. BLANCK: Bd. 1 dieses Handb. S. 12.

[5] KEILHACK, K.: Einführung in das Verständnis der geologisch-agronomischen Karten des norddeutschen Flachlandes. Eine Erläuterung ihrer Grundlagen und ihres Inhaltes, 3. Aufl. Berlin 1902. Sehr bemerkenswert ist in der „Einführung" eine Entkalkungskarte. — Eine gründliche Erörterung der Bedeutung der geologisch-agronomischen Karte für den Landwirt und einen Vergleich mit landwirtschaftlichen Erträgen, Maßnahmen und der Bonitierung von 1861 gibt TH. WÖLFER: Die geologische Spezialkarte und die landwirtschaftliche Bodeneinschätzung. Abh. Preuß. Geol. Landesanst., N. F. **11**. Berlin 1892.

einteilung zu prüfen und eventuell zu verbessern. Auch die Fruchtfolge dürfte oft einer Revision unterworfen werden können. Die Ergebnisse der chemischen Untersuchung, welche in den Erläuterungen niedergelegt sind, lassen auch das Fehlen oder Vorhandensein wichtiger Pflanzennährstoffe erkennen. Besonders groß ist der Wert der Karten für solche Landwirte, welche sich in einer ihnen unbekannten Gegend ankaufen wollen. Auch für Meliorationsarbeiten, Berieselungsanlagen, Entwässerungsarbeiten, Verkoppelungen vermag die Karte Nutzen zu stiften. Für den Forstwirt liegt die Bedeutung der Karte darin, daß sie den Untergrund bis 2 m Tiefe zur Darstellung bringt, welche das Fehlen oder Vorhandensein eines wasserhaltenden, nährstoffreichen Untergrundes zeigt.

Von Geologen, die mit guten Gründen die Trennung der geologisch-agronomischen Karten in eine geologische und eine agronomische gefordert haben, sei auf O. M. REIS[1] verwiesen. Nach eingehender Besprechung der beiden Arbeitsgebiete stellt er fest, daß die Aufgabe des Agronomen anfängt, wo die des Geologen endet.

Den im ganzen heute noch zutreffenden Stand der geologisch-agronomischen Kartierung in Preußen, Hessen und Bayern geben die Arbeiten wieder, welche W. WOLFF[2], W. SCHOTTLER[3], F. MÜNICHSDORFER[4] in MURGOCIS Werk über den Zustand des Studiums und der Kartierung der Böden in verschiedenen Ländern beschreiben. W. WOLFF berichtet: Die Aufnahmen werden von Geologen ausgeführt, die den Boden bis 2 m Tiefe abbohren lassen. Die Bohrungen dienen teils zur Feststellung der oberirdischen und Untergrundgrenzen der verschiedenen geologischen Formationen, teils zur genauen Ermittlung der agronomischen Beschaffenheit einer und derselben Bildung. Die Zahl der Bohrungen schwankt je nach den örtlichen Verhältnissen zwischen 1000 und 6000 auf einem Kartenblatt von etwa 100 km². Bei Moor- und Kalklagern werden die Bohrungen bis zum Liegenden ausgedehnt. Außerdem zieht der aufnehmende Geologe möglichst genaue Erkundigungen über die wirtschaftlichen Eigenschaften jeder Bodenart ein. Für die Untersuchung der Böden im Laboratorium werden Proben von 1 kg nach sorgfältiger Auswahl genommen. Es müssen besonders typische Böden, wenn möglich im Urzustande, sein. Seit 1923 sind auch Versuche unternommen, die Bodenreaktion gleich bei der Aufnahme zu ermitteln. Doch haben sie zu keinem dauernd erfolgreichen Ergebnis geführt. Die weitere Arbeit erfolgt in der Geologischen Landesanstalt. Hier werden die Ton-, Lehm-, Sand-, Kies-, Kalkböden, Moorerden, zusammengeschwemmte Bildungen mit Schraffuren auf die Farben der geologischen Formationen eingetragen. Außerdem werden eventuell Ortstein und Raseneisenstein eingetragen, bei den Sandböden die Körnung durch engere und weitere Stellung der Punkte, der Kiesgehalt durch Kreise, Geschiebe durch Kreuzchen angedeutet. 7 Kombinationen von Sand, Kies und Geröll werden angewandt, deren Ermittlung der traditionellen Schulung der Geologen überlassen bleibt. Bis 1901 wurden besondere Bohrkarten veröffentlicht und dazu die Profile in besonderen Listen beigegeben, in welchen die unterschiedenen Bodenschichten durch Symbole, ihre Mächtigkeit durch Dezimeterziffern bezeichnet wurden. Aus sämtlichen Profilen einer einheitlichen Bodenfläche, z. B. einer Lehm- oder Sandfläche, werden außerdem Durchschnittsangaben berechnet und

---

[1] REIS, O.: Geologisch-agronomische oder geologische und agronomische Aufnahmen? Vjschr. Bayer. Landw.rats **1907**, Erg. zu H. 1, 22.

[2] WOLFF, W.: Die Agrogeologie im Rahmen der geologischen Arbeiten der Preußischen Geologischen Landesanstalt. Etat de l'étude et de la cartographie des sols. Bukarest **1924**, 57—64.

[3] SCHOTTLER, W.: Die bodenkundlichen Arbeiten in Hessen-Darmstadt. Ebenda, S. 53—56.

[4] MÜNICHSDORFER, F.: Die agrogeologischen Karten Bayerns 1 : 25000. Ebenda, S. 10.

mit roten Buchstaben und Ziffern auf die Karte eingetragen. Die Zahl dieser Angaben schwankt im allgemeinen zwischen 50 und 200 auf einer Karte. Am Rande werden dann weiter die wichtigsten Bodenprofile mit ihren geologischen und ihren agronomischen Symbolen angegeben. In der Legende werden nicht nur Alter und geologischer Charakter jeder Schicht, sondern auch der agronomische Charakter derselben vermerkt. Der Schwerpunkt der agronomischen Darstellung eines Kartengebietes liegt in dem bodenkundlichen Teil der zugehörigen Erläuterung. Hier sind die Ergebnisse der Bodenuntersuchungen im Laboratorium zusammengestellt und diese zusammen mit den Felderfahrungen ausgewertet. Außer den normalen Kartierungen 1:25000 werden auf Antrag auch Spezialaufnahmen von Gütern im Maßstabe 1:10000, 1:5000 nach den gleichen Grundsätzen ausgeführt, doch sind alle Feststellungen detaillierter, die Zahl der Bohrungen größer. Hierbei werden auch von besonderen Fachleuten Säurekarten aufgenommen (s. weiter unten). Eine weitere Arbeit ist die Spezialaufnahme der Moore und Ödländereien nach einem in Bremen ausgearbeiteten Kataster, der als Unterlage der großen amtlichen Kultivierungspläne der Ödländereien dienen soll.

W. Schottler schildert die ähnlichen Untersuchungen der Hessischen Geologischen Landesanstalt. Als besondere Arbeiten erwähnt er die bodenkundliche Feststellung der Ursachen der Gelbsucht bei den Weinstöcken, ferner die Sammlung von Bodenproben der hessischen Böden.

Die Bodenaufnahme und Kartendarstellung in Bayern ist etwas andere Wege gegangen. F. Münichsdorfer beschreibt sie folgendermaßen: Erst 1910 wurde die Bodenkartierung in Bayern aufgenommen. Sie geschieht im Maßstabe 1:5000, die Kartenblätter wurden, auf 1:25000 verkleinert, veröffentlicht. Für Interessenten werden Kopien der Karten im Maßstabe 1:5000 angefertigt. Die Handbohrungen werden bis $1^1/_2$ m Tiefe ausgeführt. Ihre Zahl beträgt 2500—3000. Zur Prüfung der Gesteine und Böden im Freien wird auch die Bestimmung der Wasserkapazität nach Kopecky, des Porenvolumens und der Luftkapazität herangezogen. Bei der Kartendarstellung liegt eine eigene Art, den Untergrund darzustellen, vor, sie besteht darin, daß in der durch Farbe oder Signatur dargestellten Oberschicht Aussparungen gemacht werden in Form von parallelen Streifen von links oben nach rechts unten. Diese Untergrundstreifen kennzeichnen durch Farbe und Signatur das Alter und die Beschaffenheit der Untergrundschichten. Die Laboratoriumsuntersuchung benutzt mehr physikalische Verfahren als die der anderen Landesanstalten. In ihren Erläuterungen ist der bodenkundlich-praktische Teil weit ausgedehnter, die landwirtschaftliche Beurteilung wird durch Landwirte, die forstwirtschaftliche durch Forstleute ausgeführt. Auch ein wetterkundlicher Teil wird beigefügt.

Die Württembergische Geologische Landesanstalt[1] hat das Gebirgsland ebenfalls agronomisch aufgenommen, nicht nur das Flachland, wie Preußen. A. Sauer[2] hat auch, wie schon früher H. Thürach[3] in Baden, eine Übersichtskarte der Bodenarten Württembergs herausgegeben, deren Haupteinteilung den Kalk- und den Kaligehalt der Böden benutzt. Auf H. Thürachs badischer Karte lautet die Einteilung: I. Kalkreiche Böden: Kalksteinböden, Molasseböden, Löß- und Lößlehmböden, Moränenböden, Böden der Rheinebene. II. Kalk- und meist kalireiche Böden: Basalt- und Phonolithböden, Mergelböden des Keupers und

[1] Sauer, A.: Über die Darstellung der Bodenverhältnisse auf den geologischen Spezialkarten des Königreichs Württemberg nach neuen Grundsätzen. Ber. Hauptvers. dtsch. Forstver. Ulm **1910**, 160—169.

[2] Sauer, A.: Die Hauptbodenarten Württembergs. Ernährg. Pflanze, Berlin, 6, Nr. 24 (1911).

[3] Thürach, H.: Übersichtskarte der Bodenarten des Großherzogtums Baden nach ihrem charakteristischen Nährstoffgehalt. 1 : 400000. Nach 1894. Neu hrsg. v. d. Bad. Geol. Landesanst. Heidelberg 1926. Maßstab 1 : 200000.

Lias. III. Kalireiche und kalkarme Böden: Gebirgsböden, Arkose- und Schiefertonböden, Porphyrböden. IV. Kalkfreie und kaliarme Böden: Buntsandstein.

Die Sächsische Geologische Landesanstalt[1] hat neuerdings eine Übersichtskarte der Hauptbodenarten des Freistaates Sachsen im Maßstabe 1:400000 herausgegeben, nachdem bereits vorher F. HÄRTEL[2] eine schematische Übersichtsskizze der Hauptbodenarten des Freistaates im Maßstabe 1:500000 veröffentlicht hatte. Diese letztere enthält 17 Hauptarten, und zwar eine sorgsame Unterscheidung der verschiedenen Sand-, Lehm-, Tonböden mit geologischen Gesteinsbezeichnungen, ferner anmoorige und Moorböden. Die Erläuterungen zur Übersichtskarte bringen auch eine vereinfachte Übersichtskarte der Hauptbodenarten Sachsens im Maßstab 1:1,5 Millionen mit 6 Hauptbodenarten ohne geologische Bezeichnungen, ferner eine schematische Übersichtsskizze der Verbreitung der natürlichen Bodentypen Sachsens von G. KRAUSS und F. HÄRTEL und drei meteorologische Karten.

Die Kartierung J. HAZARDS. Aus der geologisch-agronomischen Kartierung hat sich, wenn auch in einem gewissen Gegensatze zu der üblichen, die Bodenkartierung J. HAZARDS[3] entwickelt. J. HAZARD führte sorgfältige Beobachtungen des Gedeihens der land- und forstwirtschaftlichen Kulturpflanzen auf den verschiedenen Böden aus. Unter vorsichtiger Ausscheidung aller Fehlerquellen fand er für die Dresdener Gegend, daß, vom Tonboden ausgehend, bei einer allmählichen Zunahme des Sandes und der Korngröße des letzteren, und zwar so weit, bis zuletzt daraus ein reiner Sandboden resultiert, folgende Kulturpflanzen zu gedeihen vermögen: Wiesengräser, Weizen, Kraut, Gerste (Klee, Zuckerrübe), Hafer, Roggen, Kartoffeln (Buchweizen), Lupine, Kiefer. (Eine Reihenfolge, die auch sonst häufig gilt, allgemein ist sie allerdings nicht.) Die Entstehung dieser Böden aus den verschiedenen Gesteinen beruht auf mancherlei Gesetzmäßigkeiten, von welchen J. HAZARD klar den Wert der Oberflächengestaltung erkannte. „Jede Schwankung in der Gestaltung der Oberfläche bedingt neben der lokal zur Geltung kommenden ungleichen Verteilung des Meteorwassers eine abweichende Zusammensetzung des Bodens und somit einen andern Kulturwert desselben. So vermögen beispielsweise lokal innerhalb des aus Grauwacken entstandenen Bodens sämtliche landwirtschaftlichen Gewächse mit alleiniger Ausnahme des Weizens gleich gut zu gedeihen. Diese Erscheinung bekundet sich jedoch nur auf dem Boden kleiner Depressionen der Oberfläche. Innerhalb einer ganz ebenen Bodenfläche hingegen gedeihen nur Hafer und die noch geringere Ansprüche an den Boden stellenden Roggen, Kartoffeln und Lupinen sicher, während Kraut, Gerste und Klee ausgeschlossen sind. Innerhalb einer Abdachung ist lokal nur noch der Anbau der Kartoffeln und anderwärts sogar nur die Lupine zulässig; es liegt somit hier ein Unterschied des Bodenwertes vor, wie er beispielsweise zwischen einem Lehmboden einerseits und dem ärmsten Sandboden andererseits bei ebener Lage nicht größer sein kann. Die Ursache dieser oft schon auf kurze Distanz sich bekundenden abweichenden Zusammensetzung des Ackerbodens beruht auf der Abschwemmung der feineren, namentlich der tonigen Teile von den Anhöhen und ihrem Wiederabsatz in den Vertiefungen der Oberfläche." An anderer Stelle heißt es über

[1] HÄRTEL, F.: Erläuterungen zur Übersichtskarte der Hauptbodenarten des Freistaates Sachsen im Maßstab 1 : 400000. Leipzig 1930.

[2] In H. VATER u. G. KRAUSS: Vorschläge zu einer orographischen Abgrenzung der natürlichen Wuchsgebiete Sachsens. Tharandter forstl. Jb. **1928**, 322, 323.

[3] HAZARD, J.: Die Geologie in ihren Beziehungen zur Gegenwart. Ztschr. dtsch. geol. Ges. **43**, 811—818 (1891). — Die geologisch-agronomische Kartierung als Grundlage einer allgemeinen Bonitierung des Bodens. Landw. Jb. **29**, 805—911 (1900).

den verwitternden Keupermergel: Dieser produziert „bei verschieden starker, aber gleich gerichteter Neigung der Oberfläche hier nur Roggen, dort zugleich Hafer, anderwärts außerdem Klee und stellenweise vorzüglichen Weizen. Die Untersuchung der verschiedenen, an den Flanken sämtlicher Hügel mit Beständigkeit wiederkehrenden, von jenem Mergel produzierten Bodengattungen lehrt sehr mannigfaltige Gebilde kennen, die in ihrer Zusammensetzung von groben Mergelbrocken bis zu plastischem Tone alle Zwischenstufen durchlaufen. Die Verwitterung des Keupermergels ist nämlich durch Auslaugung des kohlensauren Kalks überall auf die Bildung von Ton gerichtet; letzterer wird aber von den höheren Partien einer Berglehne durch das Meteorwasser beständig weggeschwemmt und am Fuße derselben wieder abgesetzt.“ Solche durch lange Jahre hindurch währenden Beobachtungen stellte J. HAZARD zu Tabellen[1] zusammen, welche als Bestimmungsschlüssel für Böden auf entsprechenden Gesteinen, in einem entsprechenden „Klima“ (dieses als Sammelbezeichnung für gewisse natürliche Pflanzenvereine gedacht) bei entsprechender natürlicher Wasserführung und entsprechender menschlicher Arbeit gelten können.

Auf dieser bodenkundlich-pflanzenphysiologischen Beobachtung hat J. HAZARD seine neue Kartierung aufgebaut, mit welcher er dem Praktiker unmittelbar ein Rezept in die Hand geben wollte, nach dem er bei dem Anbau des Bodens zu verfahren habe. Der wesentliche Unterschied zwischen der offiziellen geologisch-agronomischen Kartierung und der von HAZARD erdachten liegt darin, daß jene sich mit der rein wissenschaftlichen Statistik der Bodeneigenschaften auf der Karte begnügt — die praktischen Vorschläge in den Erläuterungen sind selbst bei A. ORTH zu allgemein —, während HAZARD auch seine praktischen Vorschläge kartenmäßig durchführt. Das ist einer der fundamentalsten Fortschritte auf dem Gebiete der Bodenkartierung, der sie praktisch wertvoll gemacht hat. Für Land- und Forstwirtschaft hat HAZARD diese Methode durchgearbeitet.

Die landwirtschaftliche Aufnahme wird an der des Rittergutes Dittersbach in der Lausitz erläutert. Die erste Karte enthält die Aufnahme der frühreifen Gewächse im Erntebestande der Jahre 1897 und 1899. Der Maßstab ist wie der der Gesteins-, Boden- und Schlägekarte 1:10000. Man sieht große Stellen des Erntebestandes, welche in trockenen Sommern frühreif waren und damit auf schnelles Austrocknen und schlechtes Wasserhaltungsvermögen des Bodens hindeuten.

Die zweite Karte ist eine Gesteinskarte, auf welcher die verschiedenen Gesteine mit ihren bei den einzelnen meist verschiedenen Bodenarten geologisch-agronomisch kartiert sind. Die topographische Grundlage zeigt diesmal Isohypsen mit Abständen von 5 bzw. 10 m. Nur im schwach lehmigen Sand des Quadersandsteins und in diluvialen Lehmen mit drei verschiedenen Ausbildungen sind Bohrungen auf der Karte angegeben, deren Zahl über einem Striche die Mächtigkeit der oberflächlichen Gesteinsschicht feststellt, während unter dem Striche Buchstaben das Untergrundgestein bedeuten.

Die dritte Karte ist die Bodenkarte, welche nun schon das Ergebnis aus der in Art der Bestimmungstabelle ausgeführten Beurteilung ist. Sie enthält die landwirtschaftlichen Bodenarten (Kartoffelboden, Roggenboden usw.), bei deren Farbenerklärung angegeben ist, für welche Früchte die Böden hauptsächlich geeignet sind, z. B. der Kartoffelboden für Kartoffeln, Lupine, Wintergerste und mittelmäßigen Roggen, der Roggenboden für Kartoffeln, Wintergerste, Roggen, der Haferboden für die vorigen und Hafer, der Kleeboden für die vorigen,

[1] Ausführlich auch abgedruckt in H. STREMME: Grundzüge der praktischen Bodenkunde, Tafel 1. Berlin 1926.

ferner für Rotklee und Sommergerste, die drei verschiedenen Weizenböden für die vorigen, ferner für Zuckerrüben und Weizen und in tiefen bzw. nassen Lagen für Wiesen. Auf dieser Grundlage ist dann die neue Schlägeeinteilung entstanden, welche die zueinander gehörigen Böden nach Möglichkeit so zusammenfaßt, daß der landwirtschaftliche Betrieb nicht durch Bodenverschiedenheit gestört wird und regelrecht vonstatten gehen kann. Die Stellen der frühreifen Gewächse sind soweit als möglich zu besonderen Schlägen gemacht, wobei auf die Ursache der frühen Reife, soweit sie vom Boden abhängt, Bezug genommen ist. Es ist vielfach die Gehängeneigung, welche den Regen- und Schneewässern gestattet, die Krume zu enttonen und sie selbst auch fortzuführen. Diesem Abschlämmen wird durch die Anlage von Schutzvorrichtungen entgegen gewirkt, deren Lage, Linienführung, Breite auf dieser Karte z. T. schon angegeben sind.

Die vierte Karte ist die Schlägekarte, auf welcher die auf der Bodenkarte bereits skizzierte Neueinteilung der Schläge vollständig durchgeführt wird. Die neuen Schläge sind mit Nummern und Größenangaben in Hektar durch Zahlen angegeben. Mit Farben sind die Böden nach ihrem Nutzwerte als Kartoffel- und Roggenboden, Haferboden, Kleeboden, Weizenboden und „Wiesen sowie beraste Vorränder und Böschungen" bezeichnet. Strichelung gibt die Richtung der Beete und Zeilen an, Einzelstriche mit Pfeil „Streifen, welche mittels Wendepfluges zu bearbeiten sind". Die Richtung des Pfeils bedeutet, wohin der Boden zu wenden ist, d. h. der Gehängeneigung entgegen. Die Schutzvorrichtungen gegen die Abschwemmung des Bodens sind jetzt genau eingezeichnet; es sind Mulden, einfache und mit Kirschbäumen bepflanzte Böschungen.

Die fünfte Karte von Dittersbach endlich enthält einen sechsjährigen Anbauplan in kleinerem Maßstabe. Auf sechs Einzelkärtchen ist für jedes der 6 Jahre HAZARDS Vorschlag der Fruchtfolge mitgeteilt. J. HAZARD empfiehlt Roggen (z. T. mit Zottelwicken), Weizen, Gerste, Hafer (z. T. in Gerstenboden), Rotklee, Klee mit Gras, Kartoffeln (z. T. in Zuckerrübenboden), ferner als Herbstgründüngungspflanzen Serradella, Lupine, Erbsen und Senf anzubauen. Verfolgt man die Vorschläge im einzelnen, so sieht man z. T. eine etwas verschiedene Behandlung der einzelnen Schläge auf gleichen Böden, so sollen zum Beispiel die beiden Schläge mit Kartoffelboden Nr. 1 und 2 bewirtschaftet werden: im 1. Jahrgang beide mit Kartoffeln, im 2. mit Winterroggen und Zottelwicken zu Grünfutter, dann Serradella bzw. Kartoffeln, im 3. mit Lupine bzw. Roggen mit Zottelwicken zu Grünfutter, dann Serradella, im 4. mit Roggen und Zottelwicken bzw. Lupine, im 5. mit Lupine bzw. Roggen mit Zottelwicken, im 6. mit Kartoffeln bzw. Lupine. Die ebenfalls nebeneinander liegenden Schläge mit Kleeboden Nr. 5 und 15: im 1. Jahrgang Kartoffeln bzw. Senf, im 2. Jahrgang wird 5 geteilt und mit Hafer im Gerstenboden und mit Gerste bestellt, 15 mit Kartoffeln, im 3. Jahrgang 5 wieder insgesamt bewirtschaftet, und zwar mit Roggen, 15 mit Hafer im Gerstenboden, im 4. Jahrgang mit Rotklee bzw. Roggen, im 5. mit Erbsen bzw. Rotklee, im 6. mit Senf bzw. Erbsen. Für die zwei Weizenschläge Nr. 20 und 27 wird vorgeschlagen zu geben: im 1. Jahrgang Rotklee bzw. Roggen, im 2. Jahrgang Weizen und Erbsen bzw. Rotklee, im 3. Jahrgang Gerste und Senf bzw. Weizen und Erbsen, im 4. Jahrgang Kartoffeln im Zuckerrübenboden bzw. Gerste und Senf, im 5. Jahrgang Hafer im Gersteboden bzw. Kartoffeln im Zuckerrübenboden, im 6. Jahrgang Roggen bzw. auf dem geteilten Nr. 27 Gerste bzw. Hafer im Gersteboden. Diese 6 Beispiele aus der Bewirtschaftung der 29 Schläge mögen genügen. Im allgemeinen lautet nach dem Text der Turnus I Winterroggen, II Klee, III Winterung, IV Sommerung, V Hackfrüchte, VI Sommerung. Bei der Aufstellung dieses Turnus war das vorzugsweise auf Milchproduktion gerichtete Bewirtschaftungssystem maßgebend, daher wurde 1. dem Anbau der Futtergewächse mit etwa $^1/_2$ der gesamten Fläche Rechnung getragen, 2. den Hackfrüchten mit Rücksicht auf den Brennereibetrieb ein wesentlicher Platz eingeräumt, 3. der Gerste, welche in ähnlichen Böden der Gegend eine geschätzte Braugerste gibt, dem Hafer gegenüber möglichst der Vorzug gegeben und dabei von der Kleeeinsaat in den Gerstenacker Abstand genommen, 4. die Einschaltung von Gründüngungspflanzen in die Fruchtfolge tunlichst berücksichtigt.

Der Text, ein Abdruck des an den Besitzer erstatteten Gutachtens, hat die folgende Ordnung: A. Oberflächengestaltung und klimatische Verhältnisse (über diese nur einige allgemeine Bemerkungen hinsichtlich der Winde und Milde). B. Allgemein geologische Zusammensetzung. C. Spezielle Beschreibung der Gesteinsarten, aus welchen der Kulturboden des Rittergutes Dittersbach hervorgegangen ist. D. Einfluß der Schwemmkraft des Meteorwassers auf die Zusammensetzung des Bodens. E. Die physikalischen Eigenschaften des Bodens 1. das Verhalten des Bodens zum Wasser. (Praktische Ergebnisse: Um den Wasservorrat möglichst zu vergrößern und zu erhalten, sollten die Lehme und sandigen Lehme, die Klee- und Weizenböden so tief wie möglich im Herbst gepflügt werden. Von Zeit zu Zeit, wenigstens einmal im Laufe des Fruchtfolgeturnus, sollte auch der Untergrund so tief wie möglich mit dem Untergrundpfluge aufgelockert werden. Bei den sandigen Böden, dem Kartoffel-, Roggen- und Haferboden, sollte die Pflugtiefe nicht größer sein, als zum Reinhalten des Ackers unbedingt nötig ist. Tieferes Arbeiten zerstreut die spärlichen tonigen Teile der Krume so sehr, daß das an sich geringe kapillare Hebungsvermögen des Bodens gänzlich aufgehoben wird. Im Frühjahr und zu Anfang des Sommers ist es notwendig, mit der Bodenfeuchtigkeit ganz besonders haushälterisch umzugehen. Nach oberflächlicher Lockerung des Bodens für die Frühjahrsbestellung durch den Grubber sollte vor oder kurz nach dem Drillen die Kapillarität durch Anwendung der schweren Walze wiederhergestellt, zugleich aber mittels leichter Egge die Ausdunstung der Oberfläche niedergehalten werden. Schrindstellen sollten nach der Bestellung mit dünn gestreutem, frischem Stallmist überdeckt werden, um die Feuchtigkeit im Boden zurückzuhalten.) 2. Die Bodenwärme (zu deren Verbesserung die Dränage der schweren Böden besprochen wird. Bei den leichten Böden, welche infolge ihres Hanges nach S und SW sich zeitig erwärmen, wird die zeitige Bestellung im Frühjahr empfohlen, damit bei einsetzender Sommerdürre der Bestand bereits voll entwickelt ist.) 3. Das Aufspeicherungsvermögen des Bodens für Pflanzennährstoffe. F. Beziehungen des Kulturbodens zu den wesentlichsten land- und forstwirtschaftlichen Gewächsen. G. Bodenzustand und Nutzungswert. (Die Besitzung hat bei 92 ha Gesamtanbaufläche $^1/_3$ Sandboden. Diese erhebliche Menge nicht kleefähigen Bodens wird durch das günstige Wiesenverhältnis nur z. T. ausgeglichen. In trockenen Sommern treten 8—10 ha Schrindstellen auf. Die Verteilung ist zudem ungleichmäßig und die 19 Schläge sind uneinheitlich. Infolgedessen wird Verkleinerung und Vermehrung der Schläge vorgeschlagen und auf der Schlägekarte durchgeführt. Etwa 20 ha des geringen Bodens ließen sich zwar aufforsten, aber dadurch würde das die Verzinsung der Gebäude und Einrichtungen aufbringende Acker- und Wiesenland zu klein.) H. Boden- und Meliorationsmittel. (Hier ist eine Tabelle angegeben, die über die Wirkung der Raine hinsichtlich ihres Einflusses auf das Abschwemmen der Krume unterrichtet. Im Anschluß daran werden die auf der Boden- und Schlägekarte angegebenen Schutzvorrichtungen begründet. Die Herstellung der flachen „Mulden" geschieht mit Hilfe des Pflügens.) Die Verbesserung des Sandbodens mit Lehm ist nur an einigen kleinen Stellen möglich. Die Böden sind allgemein humusarm, infolgedessen wird in weitgehendem Maße, besonders auf den Sandböden, die Meliorierung mit Gründüngungspflanzen empfohlen. I. Fruchtfolge. J. Düngung. (Nach dem Ergebnis von Analysen wird auf Kalkarmut und starkes Kalkbedürfnis geschlossen.)

Nach J. HAZARDS Angaben ist das Gut melioriert und neu eingeteilt worden, die von ihm vorgeschlagene Fruchtfolge wurde eingeführt. Das Ergebnis war im ersten Jahre befriedigend, im zweiten gut.

Ebenso gründlich und restlos ist die Durcharbeitung der Forstkarten, von welchen J. HAZARD zwei Aufnahmen mitteilt. Es sind die des Wermsdorfer Waldes (Sektion Dahlen der geologischen Spezialkarte Sachsens) und die der Westhälfte der Dresdener Heide (Sektion Dresden und Moritzburg), von welchen beiden 2 bzw. 3 Karten veröffentlicht wurden. Die zwei Karten des Wermsdorfer Waldes sind eine Gesteins- und eine Bodenkarte, die drei der Dresdener Heide eine Gesteins-, eine Boden- und eine Bestandeskarte.

Die Gesteinskarte des Wermsdorfer Waldes im Maßstabe 1:30000 unterscheidet mehrere Porphyrarten und Porphyrtuff, eine quarzitische Grauwacke, drei Lehme, nämlich Geschiebelehm, Wiesenlehm, sandigen Lehm, einen Sand und zwei steinige Sande, nämlich einen scharfsandig-steinigen Grus in abschüssiger Lage, lehmigen Grus und Sand. Die sandigen Lehme sind durch Schraffur in drei Gruppen nach ihrer Mächtigkeit und nach den Unterlagerungen von durchlässigen Gebilden eingeteilt, und zwar die Geschiebelehme entsprechend in zwei. Von diesen und dem Sande sind tiefe, zeitweilig recht nasse Lagen besonders bezeichnet. Vom Wiesenlehm wird die Mächtigkeit und der hohe Grundwasserstand angegeben. Die Bohrstellen sind markiert und mit danebenstehenden Zahlen die Mächtigkeit der oberflächlichen Schicht über dem anders gearteten, durch die Signatur bezeichneten Untergrund ausgedrückt. Die Höhenschichtlinien haben einen Abstand von 2,5; 5 oder 10 m.

Das Gebiet fällt in den Bereich des nördlichen Randes des nordsächsischen Hügellandes, welcher den Übergang zu diesem und dem norddeutschen Flachlande vermittelt. Der Wald liegt auf einer Hochfläche der Wasserscheide zwischen Elbe und Mulde und wird von drei Bächen entwässert. Im Osten wird der Collenberg mit 280 m Meereshöhe berührt. Nach Westen und Nordwesten senkt sich das Gelände auf 150 m Meereshöhe, wobei im ganzen die höheren Erhebungen mit 170—190 m im Süden und im Mittelteil stehen bleiben. Die Niederschläge betrugen nach den Angaben zweier etwas südlich gelegenen Stationen im Mittel des Jahrzehnts 1886—1895 588—593 mm, die Mitteltemperatur 8,1 bzw. 7,8°. Ursprünglich mit schlecht bewirtschaftetem Mittelwald bestanden, wurde das Gebiet vor 1820 rationell bewirtschaftet, und zwar zunächst mit Kiefern, welche den Boden bald verbesserten, so daß man noch vor Ablauf des angesetzten Umwandlungszeitraumes zum Anbau von Fichten, der Hauptholzart um 1900, überging und bereits um 1850 in den besten Lagen Eichen anpflanzte.

Von den Porphyrarten liefert der Pyroxenquarzporphyr bei ebener hoher Lage und bis zu einer Abdachung von 1:7,5 einen leichten Fichtenboden, welcher sich zum Anbau der Fichte in geschlossenen Beständen eignet. An steileren Hängen mit scharfsandig-steinigem Grus gedeiht die Fichte nur noch als Unterholz in Kiefernbeständen, es ist Birkenboden. Mehrfach macht sich an den exponierten Partien der Porphyrdecke zugleich der Einfluß der Abdachungsrichtung geltend, indem die Fichte an Nordhängen noch bei größerer Neigung, als allgemein üblich, normal zu gedeihen vermag, während sie an Südhängen bereits bei einer Neigung von etwa 1:9 von der Kiefer gänzlich unterdrückt wird. In tieferen Lagen liefert der Pyroxenquarzporphyr wegen des dort höheren Tongehaltes seines Gruses einen Boden, in welchem außer den genannten Holzarten auch Rotbuchen und Weißtannen gut gedeihen (Rotbuchenboden). Die sauren Quarzporphyre weichen etwas von dem Pyroxenquarzporphyr ab. Ihre zu klein- bis mittelkörnigem Gruse zerfallenden Varietäten sind bei ebener hoher Lage und bis zu einer Neigung von 1:10 zum Anbau von Fichte und Lärche sowie der mit einem geringeren Boden vorlieb nehmenden Birke und Kiefer geeignet (leichter Fichtenboden). Bei steileren Böschungen gedeiht zwar die Birke noch normal, die Fichte aber nur noch als kümmerliches Unterholz in Kiefernbeständen (Birkenboden). Die Porphyrtuffe liefern wegen ihres verhältnismäßig raschen Zerfalles unter der Einwirkung der Atmosphärilien einen zum Anbau der Fichte in geschlossenen Beständen geeigneten leichten Fichtenboden, welcher sich nur an einem Steilhange zu Birkenboden verschlechtert.

Der sandige und der lehmige Grauwackenboden liefern auf einer Platte und ihrer nördlichen Abdachung Fichtenboden, an steileren Lehnen nur noch Birkenboden und an dem ganz steilen Fuße des Berges Kiefernboden.

Die Kiese und Sande sind auf diesem Rücken Birkenboden, bei stärkerer Oberflächenneigung und zugleich südlicher Abdachung selbst für Unterholzschichten zu trocken und nur für den Anbau der Kiefer tauglich, dagegen in einem Talausstrich infolge zeitweilig hohen Grundwasserstandes für normale Fichten geeignet.

Der tiefgründige Geschiebelehm ist bei ebener hoher oder bei geneigter Oberfläche schwerer Fichtenboden, für Rotbuche und Weißtanne ist er zu naßkalt, für Rotbuche und Eiche im Sommer zu trocken. Nach dem Anbau überholt die Kiefer anfangs die Fichte, später dreht sich das Verhältnis, besonders in feuchten Einsenkungen, um. In solchen gedeihen außer der Birke auch noch die Eiche und Erle (Eichen- und Erlenboden). Der flachgründige Geschiebemergel über schwer durchlässigem Ton ist für die Fichte geeignet, für Weißtanne und Rotbuche zu naßkalt und für die Laubhölzer mit Ausnahme der Birke im Sommer zu trocken. Flache Einsenkungen mit zeitweilig hohem Grundwasserstande weisen wieder Eichen- und Erlenboden auf.

Die sandigen Lehme von 3—5 dm Mächtigkeit vermögen nur Kiefern, Birken und kümmerliche Fichten in Kiefernbeständen zu tragen (Birkenboden). Bei einer Mächtigkeit von 5—10 dm gedeihen schon normal ausgebildete Fichten (leichter Fichtenboden). Die größere Mächtigkeit von 10—15 dm findet sich hauptsächlich in tieferen Lagen und am Fuße flacher Böschungen und vermag auch Rotbuche und Weißtanne zu produzieren. Die feinsandigen Wiesenlehme der Taleinschnitte besitzen in hohem Grade die Eigenschaft, das in ihrem aus Kies, Sand und Geröllschutt bestehenden Untergrund zirkulierende Wasser zu heben und der Pflanze zugänglich zu machen. In den oberen wannenartigen Talenden hält dieser Lehm das aus der Nachbarschaft zufließende Meteorwasser besonders hartnäckig zurück und begünstigt, wie auch in den anderen Vorkommen, das Gedeihen der Fichte und sämtlicher Laubhölzer mit Ausnahme der Rotbuche. Die Kiefern zeigen massigen Wuchs, aber häufig krumme Stämme und ein meist nur zu Brennmaterial taugliches Holz (Eichen- und Weidenboden).

Auf Grund dieser eingehenden Beobachtungen ist die Bodenkarte des Wermsdorfer Waldes gezeichnet, welche folgende Bodengattungen enthält: Kiefernboden, Birkenboden (Kiefer, Birke sowie mittelmäßige Fichten), leichten Fichtenboden (Kiefer, Birke, Fichte, Lärche), schweren Fichtenboden (Kiefer, Birke, Fichte, Lärche), Rotbuchenboden (die vorigen, ferner die Rotbuche und die Weißtanne), Eichen- und Erlenboden (Kiefer, Fichte, Birke, Eiche, Erle), Eichen- und Weidenboden (Kiefer, Fichte und sämtliche Laubhölzer mit Ausnahme der Rotbuche). Am stärksten verbreitet ist der leichte, dann der schwere Fichtenboden, dann folgen in weitem Abstande Rotbuchen- und Eichen- und Weidenboden. Birkenboden und Eichen- und Erlenboden sind nur noch spärlich und Kiefernboden nur an zwei kleinen Stellen vertreten.

Ein anderes Bild gewähren die Karten der Dresdener Heide im Maßstabe 1:25000. Das Gebiet gehört zu der Elbtalwanne nördlich von Dresden und zu der angrenzenden Hochfläche, welche von der Elbe, der Prießnitz und der Röder entwässert werden. An Gesteinen sind Granite, Quarzbiotitfels, Biotitgneis, Geschiebe- und Wiesenlehme, von Sanden Höhen-, Fluß-, Wiesensand und flachgründiger steiniger Grus, ferner lehmiger Grus und Sand vorhanden. Die Untergrund- und Grundwasserverhältnisse sind in ähnlicher Weise angegeben wie auf der Wermsdorfer Karte. Das stärker zerschnittene Gelände dacht sich von Ost nach West und Südwest aus 250—210 m Meereshöhe ab, dann kommt ein Steilrand, an welchem es bis etwa 150 m abfällt. Der tiefeingeschnittene Flußlauf der Prießnitz, verläßt das Gelände bei 120 m. Der überwiegende trockene und tiefe Sand tritt auf der Bodenkarte als Kiefernboden in die Erscheinung, doch ist auf den Granitplatten und an ihren flacheren Hängen auch ziemlich viel leichter Fichtenboden, auf der Sohle des Prießnitztales überwiegend Tannenboden (Kiefer, Birke Fichte, Lärche und Weißtanne) vorhanden. Außer den übrigen Bodengattungen des Wermsdorfer Waldes wird noch Kiefern- und Fichtenboden angegeben, welcher für Kiefer, Birke und Fichte geeignet ist. Er ist ein vorzüglicher Standort für Kiefern und für die Produktion mittelmäßiger, brauchbarer Durchforstungshölzer, wie Fichten, und zwar sind es in der Hauptsache die Sandböden mit ziemlich tiefem Grundwasserstande, während sie bei ziemlich hohem Grundwasserstande Tannen- und bei hohem Grundwasserstande nassen Fichtenboden liefern.

Die Bodenkarte in der Art des Vorschlages von HAZARD zeigt im Einzelnen erhebliche Unterschiede gegenüber der Bestandeskarte. Auf dieser werden angegeben: Kiefernbestände; Kiefernbestände mit Fichtenunterholz; überständige Kiefernbestände, in besseren Bodenarten mit eingesprengten Birken und Fichten bzw. Weißtannen und Rotbuchen; Fichtenbestände sowie durch Läuterung in reine Fichtenbestände verwandelbare Mischbestände von Kiefern und Fichten; jugendlicher Lärchenbestand; Eichenbestände; Kulturen sowie unbewaldete Flächen. Die überständigen Kiefernbestände sind Überreste der älteren, welche durch Selbstbesamung regeneriert sind. In ihnen finden sich häufig solche Holzarten eingesprengt, welche für die Beurteilung des Anpassungsvermögens der einzelnen Baumsorten an ihre Unterlage besonders wertvoll sind. Über die Auswahl der angebauten Holzarten teilt J. HAZARD die folgenden ausschlaggebenden wirtschaftlichen Gesichtspunkte der Forstverwaltung mit. Zu Anfang des 19. Jahrhunderts diente das Holz wesentlich nur zur Feuerung; infolgedessen bildete die Kiefer neben hier und da vorzugsweise gedeihenden Bauhölzern, die bei weitem vorherrschende Holzart. Als später die Aussaat künstlich vorgenommen wurde, verdrängte die Kiefer die Laubhölzer völlig. Häufig wurden auch Fichten ausgesät und auf den besten Bodengattungen für sich angebaut. Die übrigen Fichtenbestände stammen erst aus dem Anfang der achtziger Jahre des 19. Jahrhunderts. Neben der großen Nachfrage nach Fichtennutzholz hat sich dann die Notwendigkeit ergeben, den Anbau der Kiefer wegen der sie vorzugsweise befallenden Schädlinge tunlichst einzuschränken. Nicht selten wird auch die Dresdener Heide von Waldbränden heimgesucht. Um solche elementaren Ereignisse möglichst zu lokalisieren, wird der Prießnitzgrund größtenteils mit Eichen sowie zahlreiche netzförmige schmale Streifen mit Birken angepflanzt. Die in jener Zeit bedeutend gestiegenen Löhne für Läuterungsarbeiten vermag der Holzertrag nicht mehr zu decken. Der Forstmann sieht sich infolgedessen gezwungen, überall dort, wo er den Boden für geeignet erachtet, direkt mit der Anlage reiner Fichtenbestände statt der alten Mischungen vorzugehen, ein Umstand, der besonders dazu dienen sollte, jede auf wissenschaftlicher Grundlage ruhende Erfahrung zu berücksichtigen, um vor Zeit und Geld kostendem Experimentieren geschützt zu sein. Zur Beseitigung aller dieser Schwierigkeiten soll HAZARDS Bodenkarte dienen, welche, ohne zu experimentieren, dem Forstmann die richtigen Holzarten für die dazu geeigneten Böden auswählen hilft, zumal sie ihm überall auf Grund der wirtschaftlichen Gesichtspunkte die notwendige Auswahl zwischen den verschiedenen Holzarten gestattet.

Wie in diesen Kartenarbeiten, so ist auch in den analytischen Untersuchungen J. HAZARD eigene Wege gegangen, deren Ergebnisse für die Bonitierung der Böden erfolgreich herangezogen wurden.

Die weitere Entwicklung der Bodenkartierung. Außer den bisher besprochenen Karten sind in Deutschland eine große Anzahl herausgegeben worden, die mehr oder weniger von jenen abweichen oder ganz eigene Wege einschlagen.

M. FESCA[1] hat kurz nach der Veröffentlichung der ersten geologisch-agronomischen Karten 2 Gutskarten ausgearbeitet, in welchen sich nur geringfügige Abweichungen von dieser feststellen lassen. So gibt er der geologischen Formation die Farbe und den daraus entstandenen Böden Signaturen in der gleichen Farbe. Es sind Gebirgsblätter mit älteren Formationen. Ferner sind die am Rande stehenden Profile mit römischen Ziffern in die Karte eingetragen. Der Maßstab der Veröffentlichung ist 1:5000 und 1:10000. Der analytische Teil der Erläuterungen ist besonders ausgedehnt. Auf Kurventafeln sind die Schwankungen des Grundwasserstandes mitgeteilt.

A. BAUMANN[2] hat mehrere forstliche Bodenkarten ausgeführt, die zwar auch die rein gesteinskundliche Auffassung der Böden tragen, aber von der geologisch-agronomischen in einem noch zu erörternden wesentlichen Punkte abweichen. Die Einteilung umfaßt in der Bodenkarte Behringersdorf zunächst nur die Bodenarten Sand, Lehm und sandigen Lehm, Ton und Humus. Die Unterteilung richtet sich nach dem Profil. Zum Beispiel sind die Sandböden eingeteilt in a) feinkörniger Sand (Alluvialsand) mit rotem tonigem Lehm (Keuperletten) im Untergrund; b) Sand mit Sandstein im Untergrund (teils oberer, teils mittlerer Keuper); c) Sand (im Alluvialgebiet des Langwassergrabens) feinkörnig, z. T. humushaltig und schwach lehmig, übergehend in grobkörnigen Sand mit Grundwasser in einer Tiefe von 150—200 cm. Der Sandboden a ist nach der Mächtigkeit der Sandbedeckung über den Keuperletten untergeteilt in 10—100 cm, 100—200 cm, über 200 cm mächtig. So ergeben sich im ganzen 5 Profile der Sandböden, die am Rande abgebildet sind. Ähnlich ist es mit den auf der Karte verbreiteten Lehm- und Tonböden und den Humusböden. Sumpfige oder regelmäßig feuchte Stellen sind besonders markiert. Alle Bohrungen sind in die Karte eingetragen und die Profilzeichen bei jedem Bohrpunkt angegeben. Die Topographie ist einfach, der Maßstab 1:20000. Die anscheinend später gedruckte Bodenkarte vom Hauptmoorwald bei Bamberg ist in der Zeichnung gröber, in der Farbengebung weniger fein als die des Nürnberger Reichswaldes. Bei den Bodenarten fehlt die zusammenfassende Oberteilung. Der feinkörnige Alluvialsand über Keuperletten wird noch näher als Flugsand mit sehr geringem Tongehalte und arm an Nährstoffen ge-

[1] FESCA, M.: Die agronomische Bodenuntersuchung und Kartierung auf naturwissenschaftlicher Grundlage. Mit 1 agronomischen Karte des Rittergutes Crimderode. Berlin 1879. — Beiträge zur agronomischen Bodenuntersuchung und Kartierung. Mit 1 Kurventafel und 1 agronomischen Karte des Rittergutes Linden bei Wolffenbüttel. Berlin 1882. Vgl. auch E. BLANCK: Über die Bedeutung der Bodenkarte für die Bodenkunde und Landwirtschaft. Fühlings Landw. Ztg. 60, 129, 132—133 (1911).

[2] BAUMANN, A.: Bodenkarte vom Nürnberger Reichswald I. Kgl. Forstamt Behringersdorf. Chem. bodenkundl. Labor. Kgl. Forstl. Versuchsanst. München. (Ohne Jahreszahl.) — Bodenkarte vom Hauptmoorwald. Kgl. Forstamt Bamberg Ost. Ebenda.

kennzeichnet. Sonst sind noch einige andere Formationsbezeichnungen vorhanden. Im ganzen ist aber kein prinzipieller Unterschied von der Karte des Nürnberger Reichswaldes. Die Hauptabweichung von den geologisch-agronomischen Karten liegt darin, daß hier der Boden von oben nach unten gesehen ist, d.h. vom Boden nach der etwas nebensächlicher behandelten geologischen Formation hin, während die geologisch-agronomischen Karten ihn von unten nach oben auf Grund der geologischen Formation aufbauend darstellen. Diese grundsätzlich andere Einstellung ist bodenkundlich die richtigere, denn bei der geologisch-agronomischen Karte ist die geologische Formation mehr in den Vordergrund gestellt, als es sich bodenkundlich rechtfertigen läßt. Gewiß ist unter Umständen die geologische Dauer der Bodenbildung, die man allerdings von der geologisch-agronomischen Karte nicht direkt entnehmen kann, ein wichtiges Moment für die Erklärung mancher Bodeneigenschaften, sicherlich erleichtert die Kenntnis der Zugehörigkeit des bodenbildenden Gesteins zu den Formationen die Vorstellung der ursprünglichen Gesteinseigenschaften. Zum Beispiel haben die Sandsteine der verschiedenen Formationen verschiedene Körnigkeit und verschiedenes Bindemittel. Die Zusammensetzung der Kalksteine, der Tone usw. ist ebenfalls so verschieden, daß auch verschiedene Böden daraus entstehen müssen. Aber im einzelnen ist diese Tatsache keineswegs so weit geklärt, daß man darauf mit Sicherheit aufbauen könnte, sondern es ist die allgemeine Tatsache als solche nur bekannt. Für die bodenkundliche Kartierung genügt an sich durchaus die Feststellung der geologischen Formation, wie sie A. BAUMANN vorgenommen hat.

Wesentlich andere Grundsätze als die bisher besprochenen hat R. HEINRICH[1] bei seinen Kartenaufnahmen in Mecklenburg befolgt. R. HEINRICH lehnt die historisch-geologische Grundlage bei der praktischen Bodenkartierung ab. Er äußert sich dazu: „Daß die Bodenkartierungen für die landwirtschaftlichen Zwecke in den letzten Jahrzehnten nicht weitergekommen sind, hat wohl darin seinen Grund, daß die Lehre ‚Bodenkunde ist Geologie' viel zu schroff in den Vordergrund gestellt wurde. Der Landwirt bedarf seiner Bodenkarten zur Beurteilung der Kultur der Pflanze und die letzteren machen Ansprüche an physikalische und chemische Beschaffenheiten des Bodens, die auf Karten, welche einer geologischen Darstellung dienen sollen, nicht dargestellt werden können. Die geologisch-agronomischen Bodenkarten bieten eine Vielheit von Bodenschichten, deren Kenntnis zwar für die geologische Wissenschaft von höchster Bedeutung, für die Landwirtschaft aber unwesentlich ist." R. HEINRICHs Gutskarten haben größere Maßstäbe als die Meßtischblätter, z. B. Blatt Melkof 1:7818,8. Dargestellt sind die Bodenarten mit Farben und darauf mit Signaturen einerseits die Wasser- und Durchlüftungsverhältnisse, andererseits der Gehalt an Kali, Kalk, Phosphorsäure und Stickstoff. Ein genaues Nivellement ist durch Höhenlinien mit 1 m oder sogar 0,2 m Abstand eingetragen. Ferner stehen am Rande der Karten, z. T. auch im Text, Bodenprofile, welche („da, wo es galt, die unteren Bodenschichten kennen zu lernen") mit Hilfe von Bohrungen bis 2 m tief festgestellt wurden. Bemerkenswert ist hierbei die Aufnahme der Wasser- und Durchlüftungsverhältnisse und der Nährstoffe K, P, N in die Karten und ihre Darstellung. Diese sind mit bunten Strichelchen von links oben nach rechts unten eingetragen, und zwar bedeutet ein jeder Strich von jedem der Nährstoffe 0,01—0,05 Gewichtsprozente, zwei dünne Striche 0,06—0,10%, drei dünne Striche 0,11—0,20%, ein dicker Strich 0,21—0,30%, zwei dicke Striche 0,30—0,50%, drei dicke

[1] HEINRICH, R.: Landwirtschaftliche Bodenkarten. Rostock 1910. 3 H. m. 5 Karten. — Vgl. auch H. STREMME: Die Bodenkarten der landwirtschaftlichen Versuchsstation zu Rostock. Geol. Rdsch. 4, 389—393 (1913). — Grundzüge der praktischen Bodenkunde, S. 239—247. Berlin 1926. — Ferner E. BLANCK: a. a. O., S. 140—143.

Striche mehr als 0,50 %. Bei den etwa 20 Jahre vor der Herausgabe liegenden Vorarbeiten war zunächst der absolute Gehalt der Böden an diesen Nährstoffen analytisch im Laboratorium ermittelt und auf die Karten eingetragen worden. Aber der Veröffentlichung sind die Salzsäureextrakte nach der Vorschrift der landwirtschaftlichen Versuchsstationen zugrunde gelegt, weil die Erfahrung gezeigt hatte, daß die absoluten Zahlen in keinen klaren Zusammenhang mit dem Nährstoffbedürfnis der Pflanzen auf den betreffenden Böden zu bringen sind. In den Erläuterungen wird zu den Zahlen der Karte ein Schema mitgeteilt, welches die Übertragung der Zahlen in das landwirtschaftlich-praktische ermöglicht. Auf Grund vieler hundert Gefäß- und Felddüngungsversuche entspräche für das norddeutsche Schwemmland:

	Der Gehalt in fruchtbaren Böden: (Düngung nicht oder schwach wirksam) %	Große Armut in den Böden: (Düngung stark wirksam) %
Stickstoff	0,12—0,2 und mehr	0,1 und weniger
Kali	0,1 —0,2 „ „	0,08—0,05 „ „
Kalk	0,2 —0,3 „ „	0,1 „ „
Phosphorsäure	0,1 —0,2	0,05 „ „
Schwefelsäure	nachweisbare Spuren genügen	

Es wäre richtig gewesen, wenn R. HEINRICH statt der Zahlendarstellung diejenige ihres landwirtschaftlichen Wertes in die Karte eingetragen hätte, wie er selbst in einer Anmerkung für zukünftige Fälle vorschlägt. Man würde zu diesem Zweck mit drei Zeichen für Mangel, mittleren Gehalt und reichen Gehalt auskommen.

Nicht aber sind die Wasser- und Durchlüftungsverhältnisse im Laboratorium bestimmt. R. HEINRICH lehnt alle Laboratoriumsbestimmungen dieser Art ab und bedient sich der Schätzung, welche noch immer einen besseren Anhalt für die tatsächlichen Wasserverhältnisse ergäbe, als wenn man ihre einzelnen Faktoren, wie rasche oder langsame Durchlässigkeit, Wasserkapazität, Kapillarität, Schichtenmächtigkeit, Lage des Bodens zur Umgebung zur Darstellung brächte. Die Schätzung ist nach den folgenden 10 Klassen vorgenommen:

1. Sehr trocken. Brandstellen, Flugsand. Bei günstigem feuchtem Wetter Kartoffeln und Lupinen tragend.
2. Noch trocken. Kartoffel- und mäßiger Roggenboden, Weizen kann nicht gebaut werden, weil nicht feucht genug.
3. Günstige Feuchtigkeitsverhältnisse für die Pflanzenkultur, Hafer- und Gerstenboden.
4. Weizenboden.
5. Tiefgründiger Weizenboden, Rübenboden bester Qualität.
6. Von hier ab ist der Boden mehr feucht; er trägt noch gut Weizen, ist aber infolge seiner größeren Feuchtigkeit schon zu graswüchsig, besitzt deshalb auch meistens etwas humosere Ackerkrume. Weideland.
7. Gewöhnliches Getreide kann nicht mehr angebaut werden, weil zu graswüchsig. Es treten die bekannten Unkräuter für feuchte und nasse Böden (Mentha, Valeriana u. a.) mit ihrem charakteristischen Geruche auf. Wiesenland.
8. Der Boden ist so feucht, daß man eben noch darauf fahren kann. Hier und da zeigen sich Phragmites und ähnliche feuchten Boden liebende Pflanzen.
9. Naß. Man kann auf dem Boden eben noch gehen, aber nicht fahren. Es finden sich vereinzelte Sumpfpflanzen.
10. Sumpf. Stehendes Wasser. Selbst bei trockenem Wetter ist die betreffende Fläche nicht mehr zu begehen, sie trägt nur Sumpfpflanzen.

Die Klassen 1—5 entsprechen dem Trockenlande (Getreide-Hackkultur), Klassen 6—10 dem Naßlande (graswüchsig), daher Wiesen und Weiden bis zum Sumpf. Dargestellt sind diese Wasserverhältnisse durch von rechts oben nach links unten laufende blaue Linien, die im rechten Winkel zu den Nährstoffstricheln stehen. Es werden 1—5 Linien verwendet, es sind also immer zwei der Klassen zusammengezogen, nur auf der zuletzt aufgenommenen Karte ist die 3. von der 4. und die 5. von der 6. besonders unterschieden worden. Die Zusammenfassung der Klassen auf den Karten lautet: trocken (Gersten- bis mäßiger Weizenboden Klassen 3 und 4), normal, tiefgründig (Weizenboden Klasse 5 und 6), feucht (Grasland, Klasse 7 und 8), sehr feucht (Klasse 9), naß (mit Flächendarstellungen für Sumpf, stehendes Wasser, fließendes Wasser). — Auch bei dieser Angabe könnte man glauben, daß an Stelle der Wasserlinien besser die flächenartige Darstellung der Bodeneignung gewesen wäre, wie sie J. HAZARD vorgenommen hat.

Einen speziellen Berührungspunkt mit der Kartierung des Agrikulturchemikers R. HEINRICH in Mecklenburg hat die der Landwirte H. KNAUER und J. WEIGERT[1] in Unterfranken (Bayern). Die Farben sind allerdings teils historisch-geologischen Bezeichnungen, wie Alluvium und Lettenkohle, teils Bodenarten, wie Lehm und Lößlehm, reserviert. In diese ist mit bläulichen Strichen von rechts oben nach links unten die Bindigkeit eingetragen. Fünf Striche bedeuten schwerste Lehmböden, vier lettigen und schweren Lehm, drei mittlere Lehmböden und bindige lößartige Lehme, zwei milde lößartige Lehme, senkrechte Striche schwersten Letten bis reinen Ton. Diese Bindigkeitsfeststellungen erinnern an R. HEINRICHS Wasser- und Durchlüftungsschätzungen. Signaturen stellen dar: Wiese, nasse Wiese, Wald; humushaltig, humos; Torf; Kalksand, kalksandreich und Steine (Kalksteine). Am Rande der Karte stehen zahlreiche Profile, deren Lage mit unterstrichenen Nummern im Gelände angegeben sind. Nicht unterstrichene Zahlen sind die der Bohrlöcher, deren Verzeichnis im Text aufgeführt ist. Die Arbeit hat ein Vorwort des Professors für Landwirtschaft C. KRAUS, in welchem allgemein zur Frage der landwirtschaftlichen Bodenkarte Stellung genommen und deren Notwendigkeit vom Standpunkte des Landwirtes aus begründet wird.

In einer Reihe von Arbeiten von 1917—1920 hat H. NIKLAS[2] vorgeschlagen, die Ergebnisse der Agrarstatistik[3] für die Bodenkartierung nutzbar zu machen. Die Arbeiten gipfeln in einer Karte (ohne Maßstabangabe), welche die Verbreitung der schweren und leichten Böden in Bayern darstellt. Benutzt wurde dazu die Statistik aus den 434 landwirtschaftlichen Erhebungsbezirken, welche zu 7 Gruppen zusammengestellt werden konnten: 1. Erhebungsbezirke mit überwiegend schweren Böden (teils Weizen-, teils Wiesenböden, keine Gerstenböden). 2. Erhebungsbezirke mit überwiegend schweren Böden, die indes auch für Gerste größtenteils noch geeignet sind (Weizenböden, fast Gerstenböden). 3. Erhebungsbezirke mit überwiegend mittleren Böden (ausgesprochene Gerstenböden). 4. Erhebungsbezirke, bei denen weder die schweren noch die leichten Böden über-

---

[1] KNAUER, H. u. J. WEIGERT: Landwirtschaftliche Bodenkarte des Gutes Gelchsheim in Unterfranken. Geognost. Jh. München **1914**, 215—248, 1 Karte.

[2] NIKLAS, H.: Neue Grundlagen und Wege zur Erhöhung der Bodenproduktion Deutschlands. Internat. Mitt. Bodenkde Berlin **1917**, 1—38. — Anbau und Ernte Bayerns und deren Beziehungen zu den geologischen und klimatischen Verhältnissen. Mit 17 Farbentafeln. Hrsg. v. Kgl.-Bayr. Statistischen Landesamt. München 1917. — Die Verbreitung der leichten und schweren Böden in Bayern. Mit 1 Karte. Ztschr. Bayer. Statist. Landesamt **1920**, H. 1, 1—4. — Übersicht über Bayerns Bodenverhältnisse. Forstwiss. Zbl. **1920**, 123—135.

[3] Siehe hierüber auch die grundsätzliche Untersuchung von F. WALTER: Karte und Statistik mit besonderer Berücksichtigung der Landwirtschaftsstatistik. Mitt. Reichsamts f. Landesaufnahme **5** (1929/30).

wiegen (alle Kulturarten sind ziemlich gleichmäßig anbaubar). 5. Erhebungsbezirke, bei denen weder die leichten noch die mittleren erheblich überwiegen (Hafer- und Roggenböden mit mittlerem Gerstenbau) 6. Erhebungsbezirke mit überwiegend leichten Böden (Roggen- und Haferböden). 7. Erhebungsbezirke, bei denen alle Bodenarten unter dem Einfluß von klimatischen Verhältnissen, insbesondere der Niederschläge, zu Wiesenböden werden (ausgesprochene Wiesenböden). — Die Statistiken sind nach Erhebungsbezirken, also nach politischen Einheiten, verwendet worden. Infolgedessen können auch die aus den Statistiken konstruierten Böden nur nach solchen dargestellt werden. Es ist dies einer der Hauptgründe, weshalb man bisher so selten nach einem Zusammenhang zwischen den Böden und den auf ihnen entstandenen Roherträgen geforscht hat.

In der durch die Benutzung der politischen Einheiten als Grundlage für die Bodendarstellung hervorgerufenen Unsicherheit der Übersicht entspricht diese Bodenkarte Bayerns der aus der Grundsteuerbonitierung Preußens entwickelten Bodenübersichtskarte Preußens von A. MEITZEN. Seit 1906 hat P. KRISCHE[1] diese in einzelnen Teilen neu herausgegeben und sie durch ähnliche Karten der 1866 neu zu Preußen gekommenen Provinzen und der übrigen Bundesstaaten des Deutschen Reiches ergänzt. Alle Teilkarten des Deutschen Reiches wurden 1921 zu einer Gesamtkarte vereinigt, welche die erste Bodenübersichtskarte Deutschlands ist. Ihre Einteilung lautet: Leichter Boden (Sandboden), mittlerer Boden (lehmiger Sand, sandiger Lehm), günstiger schwerer Boden (Marschboden), günstiger schwerer Boden (Lehm- und Tonboden), schwerer Boden (Kalkboden), ungünstiger schwerer Boden (Gebirgsboden), Moorboden.

J. KIENDL[2] hat zusammen mit H. NIKLAS[3] eine Flurbereinigungskarte geschaffen, die sich zwar an die geologisch-agronomische anlehnt, aber doch wegen einiger Besonderheiten genannt zu werden verdient. Diese Karte, im Maßstab 1:10000, zeigt die für die Flurbereinigungszwecke notwendige genaue topographische Darstellung der Feldflur mit ihrer Ackereinteilung. Die Farben sind den geologischen Formationen vorbehalten, und zwar Jura (oberster Malm), Tertiär (tertiäre Süßwasserkalke mit Löß), Quartär (Alluvium), geologisch unbestimmt (sandige und lehmige Albüberdeckung). Mit Buchstaben werden besondere Gesteins- und Formationserscheinungen und Bodenprofile, diese z. T. auch mit Worten, wie Lößlehm über Dolomit, angegeben, desgl. mit Ziffern in weißen Kreisen die Stellen der am Rande stehenden Profile. Wegen der genauen Flureinteilung sind nur wenige Signaturen in die Farben eingezeichnet, die z. B. die Überlagerung der tertiären Kalksteine durch Löß feststellen. Die zahlreichen Profile am Rande sind mit Worten genau erläutert worden, z. B. Profil 13: 40—60 cm humusbrauner, humoser, etwas steiniger (2%), schwach grobsandiger, bindiger Lehmboden mit geringem Kalkgehalt (ca. 1,2%), darunter anstehender Dolomitfels; Profil 21: von 0—45 cm brauner, schwach humoser Lößlehmboden ohne wahrnehmbaren Kalkgehalt, von 45—90 cm Lößlehm, gelbbraun, kalkfrei, von 90 bis 135 cm gelbbrauner kalkarmer Lößlehmboden. Diese genaue Beschreibung gestattet sogar die Bodenentstehungstypen zu vermuten, was übrigens auch bisweilen bei den mit roten Buchstaben auf die Karte gebrachten Bodenprofilen der geologisch-agronomischen Karten möglich ist. Die Profile hat KIENDL jedesmal durch

[1] KRISCHE, P.: Die Verteilung der landwirtschaftlichen Hauptbodenarten im Deutschen Reiche. Mit 19 Karten. Berlin 1921.

[2] KIENDL, J.: Die Flurbereinigung und ihre Beziehungen zur Geologie und Bodenkunde mit agrargeologischer Übersichtskarte der Flurbereinigung Eitensheim. Dissert. München 1921.

[3] KIENDL, J. u. H. NIKLAS: Angewandte Bodenkunde und Flurbereinigung. Wochenbl. landw. Ver. Bayern 1920, Nr. 2.

Bohrungen festgestellt. Außerdem sind noch 5 größere Querprofile vorhanden. Die klimatischen Verhältnisse, die agronomischen Verhältnisse, nämlich die Böden und ihre Düngung, das Ackerbausystem, Bodenbearbeitung, Düngung, Erntezeit, die Durchschnittsernten auf den (geologisch orientierten) Bodenarten sind ebenfalls kurz auf dem Kartenrande dargestellt. Die Erläuterung zur Karte gibt historische und grundsätzliche Erörterungen über die Flurbereinigung und ihren Zusammenhang mit Bodenkunde und Geologie, ferner die Bedeutung der agrargeologischen Übersichtskarte für die Land- und Volkswirtschaft.

Einige neuere forstliche Arbeiten[1] haben Karten der Bodenarten z. T. solcher forstlicher Art gebracht, welche vereinfachte geologisch-agronomische Karten, aber nicht eigene Aufnahmen, sondern von diesen unmittelbar übernommen, darstellen.

W. WAGNER[2] hat eine Übersichtskarte der hessischen Weinbaugebiete im Maßstabe 1:100000 ausgeführt, in welcher die Weinbaugebiete mit verschiedenen Farben wiedergegeben sind. Die Farben stellen die Böden dar, die in der Farbenerklärung nach den Stichworten als kalkhaltige und kalkfreie Böden zusammengefaßt werden. Unter den kalkhaltigen Böden sind Löß, Flugsand, Rheinschlick mit einer Farbe bezeichnet und mit den Kiessanden gemeinsam zum Diluvium zusammengefaßt. Tertiärböden werden mit verschiedenen Farben unterschieden, so Kalke, untergeordnet auftretender wasserdurchlässiger Mergel, wenig oder völlig für Wasser undurchlässiger Mergel; Sande und Konglomerate. Damit sind die geologischen Formationen die Hauptgrundlage der Darstellung, trotzdem sie nur in Klammern zu den Gesteinsbezeichnungen hinzugesetzt werden.

Von einigen geologischen Landesanstalten werden heute auch Karten von der Verteilung der Bodensäure aufgenommen, von denen man sich praktischen Erfolg verspricht. So hat die Preußische Geologische Landesanstalt eine Karte von M. TRÉNEL[3] gedruckt, welche die Bodensäurekarte einer Gutsfläche im Maßstabe 1:12500 darstellt. Mit Farben ist der Reaktionsgrad der Krume (Azidität) angegeben und zwar in der Art, daß über p_H 7 schwach alkalisch; p_H 6—7 neutral; p_H 5—6 schwach sauer; unter p_H 5 sauer bedeutet. Ferner ist mit Schraffuren ausgedrückt: kalkhaltiger Untergrund; zu hohes Grundwasser für Acker in weniger als 2 m Tiefe, für Wiese in weniger als 0,7 m Tiefe; kalkhaltiger Untergrund und stehende Nässe. In die Karte sind die nach Art der bei der Preußischen Geologischen Landesanstalt üblichen Bohrprofile eingetragen. Darüber steht die p_H-Zahl der Oberkrume. Eine wertvolle Eintragung ist die Beobachtung des Standes der Feldfrüchte zur Zeit der Bodenaufnahme, z. B. in Gestalt von: sehr guter Winterroggen, sehr guter Klee, schlechter Klee, guter Hafer, sehr schlechtes Gras, sehr guter Weizen, sehr hohes Gras, gute Luzerne.

Eine Zusammenfassung eines sehr zahlreichen Kartenmaterials, worunter sich auch Übersichtskarten von Deutschland befinden, gibt P. KRISCHE[4] in einem großen Werk über Bodenkarten, das als ein Beitrag zur neuzeitlichen Wirtschaftsgeographie bezeichnet wird. Es lassen sich von den Karten des Deutschen Reiches nachstehende miteinander vergleichen: P. KRISCHES Übersichtskarte der Hauptbodenarten in der Wiedergabe von A. MEITZEN, H. STREMMES Verbreitung der Bodentypen, E. SCHEUS Karte der Nährflächen, E. WERTHS Karten der

[1] KRUTZSCH, Forstmeister: Bärenthoren 1924. Neudamm 1926. Anlage 4. — HAUSENDORFF, E.: Deutsche Waldwirtschaft. Berlin 1927.

[2] WAGNER, W.: Die Bodenarten der hessischen Weinbaugebiete. Mit Bodenkarte. Darmstadt, ohne Jahreszahl, wahrscheinlich 1928.

[3] TRÉNEL, M.: Untersuchung auf Kalkgehalt und Kalkbedarf des Rittergutes Nemitz. Mitt. bodenkdl. Labor. preuß.-geol. Landesanst., H. 6.

[4] KRISCHE, P.: Bodenkarten und andere kartographische Darstellungen der Faktoren der landwirtschaftlichen Produktion verschiedener Länder. Berlin 1928.

Klimabezirke Deutschlands und der Waldwirtschaft, sowie der floristischen Grundlagen einer Klimagliederung, P. KRISCHES verschiedene landwirtschaftliche Wirtschaftszonen 1926, E. WERTHS Klimabezirke, H. HELLMANNS mittlere Jahresniederschläge, E. WERTHS Temperaturverteilung und Klimagliederung, A. WEGENERS Klimaprovinzen, W. SCHMIDTS vorherrschende Winde, schließlich die kleinen Kärtchen verschiedener Ernten der Jahre 1924 und 1926 und der Kaliverbrauch der deutschen Landwirtschaft.

Kartierung der Bodenbildungstypen. Seit 1922 sind sowohl Spezial- wie Übersichtskarten in ziemlich großer Zahl veröffentlicht worden, welche sich der russischen Aufnahmemethode des Bodenprofils in einer Aufgrabung unter Berücksichtigung der natürlichen Bodenhorizonte bedienen. Die ersten Veröffentlichungen waren Spezialaufnahmen gewidmet[1], und zwar Guts- und Feldversuchskartierungen. In ihnen wurde die Farbe bzw. bei Schwarzdrucken die Schraffur den Bodenarten eingeräumt und in die Farben, flächenartig begrenzt, das Profil mit Buchstaben und statt der Zahlen mit Bewertungspunkten eingetragen. Das Profil wurde nach den natürlichen Bodenhorizonten aufgenommen. Es enthält Angaben über die Krume, den Rohboden, den Untergrund, über Grundwasserabsätze, Kalkgehalt, Wassergehalt, Humusgehalt, Gefüge, Körnigkeit, Durchlüftung, Kulturzustand, Tongehalt, Sandgehalt, Gehalt an Eisenrost, örtliche Lage bzw. Oberflächengestaltung. Mit 1—5 Punkten werden alle diese Eigenschaften bewertet, und zwar bedeutet in der Regel ein Punkt wenig oder das Minimum, fünf Punkte sehr viel oder das Maximum der Eigenschaften, die übrigen Punkte geben Zwischenstufen an. Die Profilaufnahme ist also sehr eingehend. Die Angaben auf den auf die Karte eingetragenen Bodenprofilen sind sehr zahlreich, noch wesentlich zahlreicher und auch anders als die in A. ORTHS Aufnahme von Friedrichsfelde. Es ist für den Fernerstehenden nicht möglich, sie schnell mit einem Blick zu erfassen, was aber auch nicht beabsichtigt ist, denn die für den Pflanzenwuchs wesentlichen Bodeneigenschaften sind so zahlreich, daß man mit den wenigen Angaben der Profile z. B. der geologischen Landesanstalten für die ernsthafte Beurteilung eines Feldversuches oder einer Gutsfläche nicht

[1] STREMME, H. u. K. v. SEE: Über eine landwirtschaftliche Bodenkarte nebst Bemerkungen über die geologisch-agronomische Flachlandaufnahme des Gebietes der Freien Stadt Danzig. Z. dtsch. geol. Ges. **74**, M. 1, 48—57 (1922). — KUHSE, F.: Bodenkarten. Ostdeutscher Naturwart, S. 108—115. Breslau 1924. — STREMME, H.: Die bodenkundliche Kartierung in Deutschland. Etat de l'étude et de la cartographie des sols, S. 51—53. Bukarest 1924. — Verbreitung der Bodentypen in Deutschland. Mémoires sur la nomenclature et la classification des sols, S. 1. Helsingfors 1924. — Pflanzenbau und Bodenverhältnisse (ohne Karte). Danziger Landbund 5, 224—225 (1925). — STORP, R.: Einfluß des Faktors Boden auf Sortenanbau- und Düngungsversuche. Dissert., Danzig 1926. — WOLTERSDORF, J.: Bodenaufnahme des Rittergutes Senslau auf der Danziger Höhe. Dissert., Danzig 1926. — STREMME, H.: Grundzüge der praktischen Bodenkunde, S. 266—279. Berlin 1926. — MEDING, E. v.: Die Bodenaufnahme des Niederungsgutes F. Riemann, Wossitz, und der Versuchsfelder des Versuchsringes der Danziger Niederung. Dissert., Danzig 1927/28. — KONOLD, O.: Der Pflanzenbestand einer Dauerweide und seine Beziehungen zum Boden. Dissert., Danzig 1927. — STREMME, H.: Ausstellung von Bodenkarten des Mineralog.-Geologischen Instituts in Washington. 1. Internat. Bodenkongr. **1927**. — Die moderne Bodenaufnahme im Dienste der Landwirtschaft. In: 25 Jahre Techn. Hochsch. Danzig **1929**, 129—133. — TASCHENMACHER, W.: Der Faktor Bodentypus und seine Bedeutung für die landwirtschaftliche Praxis. Landw. Jb. **1928**. — Die bodenkundliche Kartierung von landwirtschaftlichen Betrieben nach der Methode H. STREMME, ein neues Hilfsmittel für die Anlage von Feldversuchen und die Übertragung ihrer Ergebnisse auf größere Flächen. Z. Pflanzenernährg. usw. B **1928**, H. 7. — Entwicklung der Bodenkartierung landwirtschaftlicher Betriebe und die Möglichkeiten ihrer praktischen Leistung. Mit dem Beispiel des Rittergutes Krzyzanki. Dissert., Danzig 1930. — OSTENDORFF, E.: Die Grundwasserböden des Weichseldeltas. Dissert., Danzig 1930. — HOLLSTEIN, W.: Bodentypus und Waldtypus auf Dünensand. Danzig 1930.

auskommt. Das haben u. a. die Karten von etwa 50 größeren oder kleineren Versuchsfeldern erwiesen, welche F. Kuhse 1925, R. Storp 1925 und E. von Meding 1927 aufgenommen haben. Mit Ausnahme eines großen Lupinenversuches, den F. Kuhse kartierte, und bei welchem er während der ganzen Vegetationszeit das Pflanzenwachstum beobachtete und registrierte, ist bei allen übrigen durch die Feststellung der Pflanzenerträge quantitativ erwiesen worden, welche Eigenschaften der Böden sich in den Roherträgen widerspiegeln. Es waren der Gesamthabitus des Bodentyps, die Bodenart, der Humusgehalt und die Mächtigkeit der Krume, sowie örtliche Lage, Wassergehalt bzw. Trockenheit der Krume, des Rohbodens und des Untergrundes, ferner die Bodenarten des Rohbodens und des Untergrundes, Kalkgehalt der Horizonte, Gefüge, Körnigkeit der Bodenarten, Verdichtungen im Rohboden, Kulturzustand, welche sämtlich bei Abweichungen der Erträge eine mehr oder weniger große Rolle spielen, ja, vielleicht reichten nicht einmal bei einigen Abweichungen auch diese Bodeneigenschaften zur völligen Aufklärung aus.

Bei den Gutskartierungen ist stets in grundsätzlich ähnlicher Weise wie bei J. Hazard an die rein wissenschaftliche Aufnahme der Bodeneigenschaften eine praktische Auswertung angeschlossen worden, sei es, indem an den Rand der Gutskarte unmittelbar die Meliorationsvorschläge eingetragen wurden (E. von Meding) oder durch besondere Meliorationskarten (K. von See, F. Kuhse, J. Woltersdorff, W. Taschenmacher), die in der Regel Bodenbearbeitungs- und Düngemaßnahmen, bisweilen auch Fruchtfolgevorschläge und Schlägeveränderungen zum Gegenstand haben. Besonders eingehend ist die Durcharbeitung sowohl der Karte wie der Meliorationsvorschläge in dem Beispiel des Gutes Krzyzanki von W. Taschenmacher geschehen. Die Karte gibt 13 Böden mit Schraffuren wieder, davon 7 Lehmböden, 2 Lehmböden mit Sanddecke, 7 Sandböden. Die Unterteilung der Bodenarten erfolgt nach Bodentypen, z. B. podsoliger und gleipodsoliger Boden, Grundwasserboden, etwas anmooriger podsoliger und gleipodsoliger Boden, brauner Waldboden, verschieden stark ausgelaugte podsolige Böden. Über die Schraffuren ist eine Farbe mit verschiedenen Nuancen gedeckt, welche die Unterabteilungen in Gestalt von kaum lehmigem Sand, schwach lehmigem Sand, lehmigem Sand, stark sandigem Lehm, schwach sandigem Lehm bezeichnen, und zwar aufsteigend von Hell nach Dunkel. Ohne Farbe sind Brenner gelassen. Da hinein ist in der erwähnten Weise das Bodenprofil gezeichnet, wobei, wie stets bei dieser Profildarstellung, nicht an allen Stellen das ganze große Profil steht, sondern auf der Fläche des Bodentyps ist unter Umständen nur einmal das große Profil angegeben, dafür dann an allen Stellen, an denen Abweichungen vorhanden sind, diese nur mit den abweichenden Eigenschaften bezeichnet werden. Die Aufnahme erfolgte in der Weise, daß zunächst die Flächenkartierung die Bodenarten und die örtliche Lage betraf, und daß gleichzeitig Aufgrabungen zur Feststellung der Bodenhorizonte und ihrer einzelnen Eigenschaften schlagweise erfolgten. Die in den Gruben aufgenommenen Bodenprofile wurden dann durch Handbohrungen über die Fläche verfolgt und ihre Grenzen gegeneinander festgelegt. Das Kartenbild erweist sich auf der großen Karte im Maßstab 1:2500 des 250 ha großen Gutes keineswegs verwirrend, sondern ist ziemlich klar und leicht zu übersehen. Zur weiteren Kennzeichnung der 13 verschiedenen Typen dienen noch 3 Tabellen im Text und als Tafeln, welche die Kulturfähigkeit der Böden und die Ergebnisse etwaiger Neubaueranalysen (Feststellen des Düngebedürfnisses für Kali und Phosphorsäure mit Hilfe der Roggenkeimlingsmethode) und Feldversuche bzw. die wahrscheinliche Veränderung der Bodenreaktion und Begünstigung des Verkrustens durch Kunstdünger bzw. ein zu erwartendes Ausgewaschenwerden der Kunstdünger und die

Möglichkeit ihres Festlegens enthalten. Die Tabellen sind zugleich auch Arbeitsblätter, in welche die späteren Erfahrungen eingetragen werden sollen. Auf Grund dieser sehr gründlichen Bodenkartierung, welche in zwei Vegetationsperioden unter fortwährender Beobachtung des Pflanzenwachstums durchgeführt wurde, sind 3 Meliorationskarten und eine neue Schlageinteilung ausgearbeitet worden. Die Meliorationskarten stellen einen Stallmistverteilungsplan, einen Kalkungs- und einen Bodenbearbeitungsplan dar, wobei als Meliorationsziel „die Annäherung der Bodeneigenschaften an die günstigen des Tschernosemtyps durch Zuführung positiv strukturbildender Materialien (Humus, Kalk) verbunden mit geeigneter Bodenbearbeitung“ festgelegt wurde. Auf allen drei Karten konnte entsprechend der Genauigkeit der Aufnahmen auch eine große Genauigkeit der Vorschläge erzielt werden, die dem Landwirt gestattet, über die Reihenfolge, die Kosten und den Erfolg seiner Meliorationsmaßnahmen rechnerische Aufstellung zu machen. Die neue Schlageinteilung ist sehr vorsichtig gehalten. Sie begnügt sich mit der Verbesserung größerer Fehler der alten Schlageinteilung, die darin bestanden, daß z. B. auf einem Schlage drei in größeren Flächen auftretende, z. T. grundverschiedene Typen zusammengefaßt waren. Aus 15 Schlägen von durchschnittlich 65—70 Morgen Fläche wurden 14 von durchschnittlich 55 Morgen für die Rübenrotation und 4 von durchschnittlich 50 Morgen für die Kartoffelrotation zusammengefaßt. Für diese Neueinteilung war auch maßgebend, daß auf Grund derselben die grundsätzliche Abgrenzung einer Rübenrotation erfolgen konnte, welche sich nach der Natur der Böden als notwendig erwiesen hatte. Im Text, der auf 76 Seiten die allgemeinen Grundlagen der Kartierung und die besonderen Notwendigkeiten der Meliorationspläne sehr sorgfältig behandelt, ist auch die alte Bonitierung nach dem Gesetz von 1861 mit einer auf Grund der Bodenaufnahme neu durchgeführten verglichen. Die alte machte nur 3 Unterschiede, die neue allein 7 für die Lehmböden, d. i. also eine wesentlich größere, praktisch ins Gewicht fallende Gliederung. Nach dieser Aufnahme und den Meliorationsplänen wird jetzt seit 3 Jahren praktisch gearbeitet[1].

Bei der Einrichtung der geologischen Landesaufnahme 1930 in Danzig wurden die vorstehenden Erfahrungen mit den Spezialkarten der Guts- und Feldversuchsaufnahmen für die Landesaufnahme benutzt. Außer geologischen und bodenkundlichen Karten im Maßstabe 1:100000 werden durch E. OSTENDORFF Kartenwerke von Gemeinden im Maßstabe 1:10000 hergestellt, bei welchen die Bodenprofile durch Aufgraben und Studium der Gruben aufgenommen und ihre Grenzen gegeneinander durch Bohrungen verfolgt werden und bei welchen auf alles Laboratoriumsbeiwerk verzichtet wird. Dieser Maßstab ist die untere Grenze bis zu welcher eine rein flächenmäßige, aber für Meliorationsvorschläge noch geeignete Flächendarstellung ohne Eintragung von Einzelprofilen stattfinden kann. Schon bei diesem Maßstabe mußten z. B. für die Kartierung der Gemeinde Strippau, Kreis Danziger Höhe, 36 verschiedene Kombinationen von Farben und Signaturen gewählt werden, um die notwendigerweise darzustellenden Unterschiede der Böden nach Typen und Arten zu erfassen. Dazu kommen noch 4 Signaturen für besondere Erscheinungen. Die 36 Kombinationen verteilen sich auf 7 braune Waldböden, 14 rostfarbige Waldböden, 4 Böden auf Abschlämmassen und 11 Naßböden. Die Unterschiede sind durch Verschiedenheiten des Typus, des Muttergesteins und der Bodenart bedingt. Hierzu werden 5 Beiblätter hergestellt, und zwar eine Humuskarte (Bedürftigkeit und Verteilung von Stallmist und Grün-

[1] Außer den oben angegebenen Gutskarten sind noch 4 weitere, nicht veröffentlichte aufgenommen, darunter die des 600 Hektar großen Versuchsgutes Bornim bei Potsdam durch W. TASCHENMACHER 1928/29.

düngung), eine Kalkungskarte, eine Kunstdüngerkarte, eine Entwässerungskarte und eine Nutzungskarte, die auf ähnlichen Grundsätzen beruhen wie die Meliorationskarten im Kartenwerk Krzyzankis. Auf solche Weise kann auch die Landesaufnahme unmittelbar praktisch nutzbar gemacht werden.

In Preußen und in Thüringen sind Spezialkarten mit ähnlichen Grundlagen ausgeführt worden. W. WOLFF[1] hat in Ostholstein die Landstelle Brookhorn kartiert. Die Karte ist in Farben bzw. in einem Durchlichtungsdruck, der zu Propagandazwecken vertrieben wird, ausgeführt, sie gibt allerdings in Schraffuren nur die Bodenarten Lehmböden, Sandböden, Tonböden, gemischte Böden, Moorböden an, jedoch sind die einzelnen Bodenarten ziemlich ausführlich erklärt, z. B. Lehmboden in ebener Lage mit genügend lockerer Krume und gut feuchtem Lehmuntergrund, worin vereinzelt sandige Einlagerungen auftreten. Im Text sind dann die Typen als solche bezeichnet. Mit Ziffern zu Doppel- oder einfachen Kreisen sind Aufgrabungen in die Karte eingetragen, deren Ergebnis im Text mitgeteilt wird. Ein kartographischer Verbesserungsvorschlag wird nicht versucht.

Neuerdings ist seitens der Preußischen Geologischen Landesanstalt auf Antrag der Landwirtschaftskammer für die Provinz Pommern eine bodenkundliche Karte des Versuchsgutes Heinrichshof[2] der Landwirtschaftskammer aufgenommen worden. Die Farben geben Bodentyp und Bodenart an. Dazu ist als praktische Auswertung die Beurteilung des Bodens als Standort angegeben, wie z. B. „normaler" brauner Waldboden, Lehm, charakteristischer Standort für Gerste, Klee; „schwach entarteter" brauner Waldboden, Sand über Lehm, charakteristischer Standort für Roggen. Mit Ziffern und kleinen Rechtecken sind die Einschläge bezeichnet, deren Untersuchung in der Erläuterung mitgeteilt wird.

E. BRÜCKNER und W. HOPPE[3] haben ein thüringisches Forstgebiet nach Bodenarten, Bodentypen und „Bodenformen" auf zwei Karten aufgenommen. An Bodenarten sind auf W. HOPPES wissenschaftlichen Karten mit Farben fein- und kleinkörniger Sand, mittel- und grobkörniger Sand, Lehm und Ton eingetragen, mit Schraffuren sind die Untergruppen, tonig, schwach tonig, einzelne Letteneinschaltung, sandig, schwach sandig, lehmig, schwach lehmig unterschieden und ferner mit schmalen schrägen Streifen im Untergrund Ton (Letten) einzelne dünne Letteneinschaltungen, Sand und Sandstein wiedergegeben. An Bodentypen sind mit Signaturen dargestellt vorhanden: günstiger Mineralbodenzustand, „Vergrauung" der obersten Mineralbodenschichten, Bleicherde und Orterde oder Ortstein über unverändertem Sand- und Sandsteinuntergrund (darin 4 Stufen), Misse- oder misseähnliche Bildungen. An „sonstigen Bezeichnungen" werden mit Schraffen u. a. angegeben: Boden leicht durchlässig, rasch und tief austrockend; Neigung zur Verwässerung; Boden im tieferen Teil des Wurzelraumes weitgehend verdichtet; Boden flachgründig, Felsen nicht tiefer als 30 cm; ferner Steinbeimengungen im Wurzelraum, Bohrpunkt, Bodeneinschlag, Quellen. Die Karte ist unvollständig und nur um die Aufnahmestellen herum ausgeführt. Infolgedessen wird sie als Gerüst zu einer Bodenkarte bezeichnet. E. BRÜCKNERS forstliche Bodenkarte gibt als „ausgeschiedene Bodenformen" an: Vorwiegend durchlässige Sandböden in trockenen Lagen mit meist stärkerer Bleichschicht; vorwiegend feinkörnigere Sandböden, meist dicht gelagert, weniger durchlässig

[1] WOLFF, W.: Bodenkarten für Landgüter. Jb. preuß. geol. Landesanst. Berlin **1928**, 1047—1079. 5 Tafeln, Maßstab der Karte 100 m = 3 cm.

[2] GÖRZ, G. u. M. GOLLING: Bodenkarte der Nordhälfte des Versuchsgutes Heinrichshof bei Stettin. Erläuterung von G. GÖRZ. Maßstab 1 : 2500. Berlin 1930.

[3] BRÜCKNER, E. u. W. HOPPE: Beitrag zur Kenntnis der Standortsverhältnisse des thüringischen Forstamtsbezirks Paulinzella. Mit 2 Texttabellen und 2 Karten. Beiträge zur Geologie von Thüringen **2**, 237—283, Maßstab 500 m = 3,75 cm. Jena 1930.

und trocken mit schwächerer Ausbleichung der Oberschicht; Sandböden mit Lettenbeimengungen im unteren Wurzelraum, daher weniger stark austrocknend, mit schwach ausgebleichter oder nur vergrauter Oberschicht; frische Sandböden, nicht verdichtet, meist ohne deutliche Ausbleichung der Oberschicht; schwach lehmige Sandböden; tonige Sandböden; tonige Böden des Röt; Stellen mit Neigung zu stehender, wenn auch nur vorübergehender Vernässung; feuchte Partien mit Neigung zu starker Sphagnumbildung; Steine im Wurzelraum; höherer Gehalt an adsorptiv gebundenem Kalk im Untergrund. Mit Ausnahme der beiden letzteren Angaben beziehen sich fast alle übrigen nur auf die Oberschicht.

Aus der gleichen Versuchsstelle für forstliche Bodenkunde an der Universität Jena rühren zwei kleine Karten her, welche R. JAHN[1] veröffentlicht hat. Sie zeigen mit Schraffuren 8 Bodenformen, nämlich I durchlässiger, trockener, meist mittelkörniger Sand mit Ortsteinprofil; steinig. II meist kleinkörniger Sand mit Orterdeprofil, im allgemeinen günstiger durchfeuchtet. III im oberen Teil des Profils kleinkörniger Sand mit Orterdeprofil; im unteren Teil des Profils wasserstauende Letten. IV fein- bis kleinkörniger trockener Sand mit deutlicher Ausbleichungs-, aber ohne sichtbare Anreicherungszone. V fein- bis kleinkörniger, anlehmiger, günstig durchfeuchteter Sand, nur gering oberflächlich vergraut. VI Brauner sandiger Lehm, günstig durchfeuchtet, mit geringer oberflächlicher Vergrauungszone. VII grauer, sandig-toniger Schwemmboden der Tal- und Muldenlagen, meist mit lettigen Einschaltungen. Nach Kahlschlag vernässend. VIII grauer toniger Sand mit Letteneinschaltungen auf flachen Bergrücken oder Hangplateaus. Jede Bodenform ist weiter durch ein Schaubild der Kornverteilung im Bodenprofil gekennzeichnet.

Die vorgenannten Spezialkartierungen mit Einschluß der Bodentypen zeichnen sich dadurch aus, daß sie sämtlich von der Oberfläche des Bodens ausgehen und entweder nur durch die Bodentypenbezeichnung oder durch besondere Profildarstellung von da aus in die tieferen Teile des Bodens, z. T. bis in den Untergrund, vorgehen. Die historisch-geologischen Feststellungen treten stark zurück. Jedenfalls fehlt ganz die Einstellung der geologisch-agronomischen Karte, die den Boden von unten her auf der geologischen Schicht in der Annahme aufbaut, daß die Genese des Bodens infolge der Herkunft der Bodenart aus dem Gestein mit der Genese des Gesteins zusammenhinge. Das ist ein Irrtum, der, wie Auslassungen von landwirtschaftlicher Seite gezeigt haben, den Widerstand der praktischen Landwirtschaft gegen die geologisch-agronomische Kartierung hervorgerufen hat. Im Bodentypus wird jetzt die Bodengenese angegeben, die zugleich auf das engste mit dem Pflanzenertrag und dem Pflanzengedeihen verknüpft ist. In vielen Fällen hängt auch die Bodenart passiv mit der Bodengenese zusammen[2]. Die „Vergrauung“ oder Podsolierung der Waldböden ist zugleich auch eine Versandung der Oberkrume, eine Verlehmung des Rohbodens. Im Tschernosem oder der Steppenschwarzerde wird bisweilen selbst ein grober Sand durch den Humusgehalt bindig. Die nassen Böden zeigen häufig Tonablagerungen (Glei). Hierbei ist das ursprüngliche Gestein nur wenig oder gar nicht, in anderen Fällen aber zweifellos an der Genese der Bodenart beteiligt. In solchen wird man immer eine kurze geologische Bezeichnung mit Erfolg anwenden können und braucht sie nicht völlig zu vermeiden, denn sie besagt doch etwas für die Bodenkunde.

---

[1] JAHN. R.: Eine forstliche Bodenkartierung auf Buntsandstein, Forstl. Wochenschrift Silva 19, 209—213 (1931).

[2] STREMME, H.: Die moderne Bodenaufnahme im Dienste der Landwirtschaft. In: 25 Jahre Technische Hochschule, S. 134. Danzig 1929.

Die Übersichtskarten der Bodentypen Deutschlands haben, wenn von Erd- und europäischen Karten abgesehen wird, von einer Serie kleiner Skizzen des Verfassers[1] ihren Ausgang genommen. Sie stellten zunächst nur die Bodentypen dar und sind allmählich mit dem Fortschreiten der Erkenntnisse vom Vorkommen und der Ausbildung der Bodentypen immer vollständiger geworden. In ein neues Stadium traten die Arbeiten zur Herstellung einer Bodenkarte Deutschlands durch die Bildung einer Arbeitsgemeinschaft, welche 1926 unter der wissenschaftlichen Leitung des Verfassers und der geschäftlichen von W. Wolff zusammentrat. Es liegen an Teilarbeiten dieser Gemeinschaft bisher vor: die Karte Bayerns von F. Münichsdorfer und K. Schlacht[2], die Karte Hessens von W. Schottler[3] mit Beiträgen von W. Wagner und O. Diehl, eine Bodentypen- und eine Bodenartenkarte Sachsens von G. Krauss und F. Härtel[4], je eine Karte von Nordwestdeutschland, dem östlichen Mitteldeutschland und dem Mittelgebirge von der Saale bis zum Rhein von P. F. Freiherr von Hoyningen-Huene[5], eine Karte Schleswig-Holsteins von W. Wolff[6]. Die Aufnahmen zur ersten zusammenfassenden Karte, welche sowohl die Bodentypen als auch die Bodenarten enthält, dürften im Jahre 1931 abgeschlossen werden. Über die bisher erschienenen Einzelkarten ist bereits im Abschnitte über die Böden Deutschlands[7] ausführlich gesprochen worden, so daß sich eine Wiederholung erübrigt. Die Karten enthalten bis auf die sächsischen, die sie trennt, Bodentypen und Bodenarten kombiniert. In einer Bodenkarte Deutschlands hat bereits P. Krische[8] die Ergebnisse der bisherigen Veröffentlichungen, indem er seine Karte der Hauptbodenarten Deutschlands benutzte, aufgetragen, so daß bereits jetzt eine Übersichtskarte im Maßstabe 1:1800000 vorliegt.

Estland.

Als früherer Teil des russischen Kaiserreiches ist Estland von den russischen Bodenforschern auf ihren Karten mit angegeben worden. So handelt es sich nach K. Glinkas[9] schematischer Bodenkarte Rußlands (1:20000000) in Estland um podsolige, auf weichen Muttergesteinen auflagernde Böden. Später hat A. Nömmik[10] eine Anzahl bodenkundlicher Arbeiten ausgeführt und eine Karte gezeichnet. Sie benutzt den Maßstab 1:800000. P. Krische[11] hat sie mit deutschen Bezeichnungen in seinem Werke über Bodenkarten wiedergegeben. Es kommen auf dem Festlande und den Inseln Ösel, Mohn, Dagö und Worms die folgenden Böden vor: flachgründiger Kalk- und Kalkgeröllboden, mitteltiefer Kalk- und Kalkgeröllboden, tiefgründiger Kalk- und Kalkgeröllboden, lettig-toniger Fein-

---

[1] Stremme, H.: Die Verbreitung der Bodentypen in Deutschland. Mém. sur la nomenclature et la classification des sols, S. 1—8. Helsingfors 1924. — Grundzüge der praktischen Bodenkunde, Tafel 10, S. 294—299. Berlin 1926. — Die Böden Deutschlands. Dieses Handbuch **5**, 427. Berlin 1930.

[2] Münichsdorfer, F.: Bodenkarte Bayerns, 1 : 400000. München 1930.

[3] Schottler, W.: Bodenkarte von Hessen, 1 : 600000. Darmstadt 1929.

[4] Krauss, G. u. F. Härtel: Bodenarten und Bodentypen in Sachsen. Forstl. Jb. **81**, H. 3, 131—147 (1930). 1 : 500000. — Härtel, F.: Erläuterungen zur Übersichtskarte der Hauptbodenarten des Freistaates Sachsen. Leipzig 1930.

[5] Hoyningen-Huene, Frhr. P. F. v.: Die Bodentypen Nord- und Mitteldeutschlands. Jb. preuß. geol. Landesanst. **51**, S, 524—564 (1930).

[6] Wolff, W.: Bodenkarte Schleswig-Holsteins. Jb. preuß. geol. Landesanst. **1930**.

[7] Dieses Handbuch **5**, 271—429 (1930).

[8] Krische, P.: Bodenkarte des Deutschen Reiches. In: Ernährg. Pflanzen **26**, H. 19. (Berlin 1930).

[9] Glinka, K. D.: Die Typen der Bodenbildung, S. 245, 246, 255. Berlin 1914.

[10] Nömmik, A.: Kodumaa Mullastikust (Über den Boden Eestis). Veröff. Kab. Bodenkde. u. Agrikulturchem. Univ. Dorpat **1925**, Nr. 2, Karte S. 55.

[11] Krische, P.: Bodenkarten, S. 98. Berlin 1928.

sandboden, südestnische schwere podsolige Böden, südestnische leichte podsolige Böden, südestnische sandige und lehmige Bodenkomplexe, Sandboden, Moor, anmooriger Boden, Felstrümmerboden. Die größte Ausdehnung haben die Kalk- und Kalkgeröllböden, die etwa die Hälfte des Festlandes, z. T. bedeckt mit Moor und anmoorigen Böden, sodann fast die ganzen Inseln Mohn und Worms und die Ränder der Inseln Ösel und Dagö einnehmen. Das südliche Estland wird in der Hauptsache von den podsoligen Typen und zwar mehr von den schweren als von den leichten eingenommen.

Finnland.

Finnland besitzt gegenwärtig eine eigene bodenkundliche Landesanstalt, die früher ein Teil der geologischen war, aber jetzt ganz von ihr getrennt ist. Die von ihr betriebene Bodenkartierung hat nach B. AARNIO[1] die physikalischen Bodenarten zur Grundlage genommen, weil diese für die landwirtschaftlichen Zwecke und für die Bodenbonitierung am meisten geeignet seien. Dieser Umstand stehe mit dem geologischen Bau des Grundgebirges und mit den genetischen Verhältnissen der Bodenarten im Zusammenhang. Die Bodenarten werden auf den Karten mit Farben, die klimatischen Bodentypen mit Schraffuren bezeichnet. Im Schema für die Bodenarten werden die Korngrößen nach ATTERBERG und ihre physikalischen Eigenschaften herangezogen. Es werden an Mineralbodenarten unterschieden: Grusböden (Asgrus, Moränengrus), Sandböden (Grobsand, gewöhnlicher Sand, Feinsand), Lehmböden (Mo, gewöhnlicher Lehm, Feinlehm), Tonböden (Leichtton, gewöhnlicher Ton, schwerer Ton), an organogenen Bodenarten Torfböden (Niederungsmoor, Hochmoor, Mudde, Gyttja). An Bodentypen werden angegeben: Podsolböden (Eisenpodsol, Humuspodsol), Grundwasserböden (Eisenglei, Salzglei), Salzböden und anmoorige Böden. Bei den Untersuchungen im Felde werden in Betracht gezogen: der allgemeine Charakter des Bodens (seine am meisten hervortretenden Eigenschaften), die Topographie (flach, hügelig, bergig usw.), die Bodenbeschaffenheit (Grus-, Sand-, Tonböden usw.), die Vegetation (Gras-, Heide-, Waldboden), der Kulturtyp (Acker, Wiese, Weide), die Feuchtigkeit (trocken, feucht, naß), die Bodenreaktion (im Felde mit Indikatoren nach WHERRY bestimmt). Von der Vegetation werden die verschiedenen Schichten, Baumschicht, Gebüschschicht, Feldschicht, Bodenschicht und deren Frequenzgrad bestimmt. Auch ihre Beziehungen zu einigen wichtigen physikalischen, chemischen und mikrobiologischen Bodenfaktoren werden studiert und die Möglichkeit in Erwägung gezogen, sie als Indikator für die Bodengüte zu benutzen. Die sämtlichen Beobachtungen und auch diejenigen landwirtschaftlicher Art werden in Tagebücher (mit Namen des Beobachters, Nummer des Kartenblattes und Jahreszahl) eingetragen. Die Kartierer sind mit Spaten, Handbohrer, Indikatoren, Farbenskala, für Spezialuntersuchungen auch mit KOPECKYS Feldlaboratorium und mit Tiefbohrer ausgerüstet. Die Bodenproben werden in Säckchen gesammelt und in Pappkästen aufbewahrt. Umfangreiche Laboratoriumsuntersuchungen chemischer und physikalischer Art schließen sich an.

Als Unterlagen werden bei der Kartierung für Spezialuntersuchungen Katasterkarten in den Maßstäben 1:4000 und 1:8000, für Übersichtskartierungen topographische und Kirchspielkarten (1:20000) und „ökonomische“ Karten (1:100000) benutzt. Jeder Karte wird eine ausführliche Erläuterung beigegeben, welche bestrebt ist, das Ergebnis der Aufnahme nach allen Richtungen festzuhalten. Bei der praktischen Kartierung von Gütern wird als Ergebnis der Durch-

[1] AARNIO, B.: Finnland. Etat de l'étude et de la cartographie des sols, S 74—83. Bukarest 1924.

arbeitung in der Erläuterung eine Reihe von praktischen Maßnahmen der Bodenverbesserung, Bodenbearbeitung und Fruchtfolge vorgeschlagen.

Das Personal der bodenkundlichen Landesanstalt bestand ursprünglich 1924, als sie noch die agrogeologische Abteilung der Geologischen Kommission war, aus dem Leiter, einem älteren und einem jüngeren Assistenten. Nunmehr werden für die Feldarbeiten Studierende der Helsingforser Universität mit agronomischer und geologischer Vorbildung als wissenschaftliche Gehilfen herangezogen, die unter der Leitung der Beamten arbeiten. In der Regel werden sie nach ihrer Ausbildung zunächst in der Übersichts-, später in der Spezialkartierung beschäftigt.

Die erste aus dieser Arbeit entstandene moderne Übersichtskarte Finnlands war die von B. FROSTERUS[1] herausgegebene schematische Übersichtskarte der Hauptbodentypen Finnlands im Maßstabe 1:7000000. Sie gibt die nachfolgenden Bodentypen wieder: Eisenpodsol, Humuspodsol, Humus- und Eisenpodsol in gleicher Menge, Grundwasserpodsol, Sulfatböden, Tundra. Eisen- und Humuspodsol erscheinen in Zonen von West nach Ost in nördlicher Richtung angeordnet. Im Süden folgt zunächst ein Gebiet mit der Mischung beider, dann eine Zone von Eisenpodsol. Weiter nach Norden ist der größte Teil des Landes durch Humuspodsol gekennzeichnet. Es folgt wieder eine Zone der Mischung, an die sich endlich die Tundra anschließt. In einem Streifen an den Küsten des Finnischen und Bottnischen Busens liegen die Sulfatböden, am Bottnischen umgeben von einem Streifen Grundwasserpodsol.

Aufgenommen und veröffentlicht sind bisher 6 Karten[2], die ersten von diesen sind Spezialkarten, die späteren Übersichtskarten, und zwar: Nr. 1. Die Karte der Bodenarten und Bodentypen des Kirchspiels Karislojo, sie gibt mit Farben die Bodenarten, mit Schraffuren die Bodentypen, wie oben beschrieben, an. Die Bodentypen werden als auf Grus, Sand, Schluff und Lehm, Schluffton und Ton vorhanden angegeben, nicht aber auf den Torfarten und solchen Stellen der Böden, auf denen „berg", Fels, aus dem Grus herausragt. Mit Zahlen in Dezimetern ist die Mächtigkeit der Torfschicht über Ton an einzelnen Stellen deutlich gemacht. Größere Zahlen bezeichnen Beobachtungspunkte. Die Karte, die nur mit sehr einfacher Topographie ohne Höhenangaben oder Isohypsen ausgestattet ist, hat den Maßstab 1:25000. Zwei kleine Karten in Schwarzdruck des Landgutes Immola im Karislojo-Kirchspiel haben den Maßstab: 1:12000. Von ihnen weist die Karte der eingehend gegliederten Bodenarten Isohypsen auf, dagegen nicht diejenige der Bodentypen, deren Einteilung die gleiche wie auf der Kirchspielkarte geblieben ist. Auf beiden Karten ist das Unland ausgeschieden. Nr. 2. Die Karte der Militärstelle Gumnäs-Odnäs und des Eigentums Kyrkbacka hat den Maßstab 1:5000 und entspricht im ganzen der Kirchspielkarte von Karislojo. Auf einer kleinen Sonderkarte von Gumnäs-Odnäs sind die Bodentypen noch einmal in Schwarzdruck besonders hervorgehoben. Nr. 3. Mustiala, sie zeigt Bodenarten und Bodentypen getrennt von einander in Schwarzdruck und hat den Maßstab 1:16000. Auf der Bodenartenkarte finden sich zahlreiche Profile. Nr. 4—6 sind Übersichtskarten im Maßstabe 1:50000, die nur die Bodenarten, z. T. auch mit ihren Übereinanderlagerungen (1 m Sand über Ton, $<$ 1 m Torf über Sand, über Ton usw.) enthalten. Auf 5. sind auch Laub- und Kiefernwald sowie kultiviertes Land, ferner mit roten Buch-

---

[1] FROSTERUS, B.: Zur Frage nach der Einteilung der Böden in Nordwesteuropas Moränengebieten. Geol. Kom. i. Finnland, Geotek. Meddel. **14**, 118. Helsingfors 1914.

[2] Geol. Komm. i. Finnland. Agrogeol. Kartor 1. AARNIO, B.: Trakten söder om Karislojo Kyrkoby och Immola Egendom. Helsingfors 1917. — 2. FROSTERUS, B.: Trakten kring pojo vikens norra del och Gumnäs Odnäs Militieboställe 1916. — 3. AARNIO, B.: Mustiala. 1920. — 4. Paimion Pitäjä. 1924. — 5. Syd-Österbotten. 1928. — 6. Turku. 1930.

staben Salzböden und mit p_H und nachfolgendem Ziffernprofil die Wasserstoffionenexponenten der Krume und des Unterbodens angegeben. Gleiche Angaben enthält auch 6, auf der das kultivierte Land in Acker und Wiese zerlegt ist. Die Erläuterung zu 6 weist noch eine kleine Spezialkarte in 1:4000 mit Höhenschichtlinien und einer ins Einzelne gehenden Darstellung der Bodenarten auf. Die Hefte 5 und 6 enthalten zahlreiche Landschaftsbilder, 5 auch Profile der Bodenarten, die z. T. zu einer großen Tafel zusammengestellt sind. 5 und 6 sind die ersten Karten des „Statens Markforskningsinstitut".

Interessante Sonderkarten enthält B. AARNIOS[1] Arbeit über die See-Erze, auf denen das Vorkommen der See-Erze in finnländischen Seen mit den Bodenarten und dem Humuspodsol an den Ufern und ihrer Umgebung in Beziehung gesetzt ist. Es ergibt sich hieraus eine ziemlich gute Ableitung der See-Erze von dem Humuspodsol.

A. SALMININ[2] hat in eine kleine Skizze der Bodenarten Finnlands die landwirtschaftlichen Distrikte eingetragen und dazu im Text Tabellen der Durchschnittsreaktion in p_H-Werten angegeben.

Frankreich.

Frankreich hat gegenwärtig keine offizielle Landesaufnahme, welche sich mit der Bodenkartierung beschäftigt. Um die Mitte des vorigen Jahrhunderts setzte eine lebhafte Bewegung zugunsten einer solchen ein, jedoch ist man in Frankreich in anderer Weise wie in Deutschland zu einer allgemeinen Kartierung gelangt.

M. L. CAYEUX[3] bezeichnet DE CAUMONT als denjenigen, der sich zuerst mit dem Plane der Herstellung einer agronomischen Karte trug und der seit 1841 unablässig die wissenschaftlichen Versammlungen und die öffentlichen Behörden für seine Idee zu gewinnen versuchte. Bald danach erschienen Karten von Calvados, die durch DE CAUMONT aufgenommen wurden, und des Bezirkes Avallon, aufgenommen von BELGRAND, und von Châtillon an der Seine, aufgenommen durch BAUDOIN.

Die Karte von Avallon erschien 1851[4]. Ihr Verfasser, M. BELGRAND, war Brücken- und Straßeningenieur von Avallon. Die Karte im Maßstabe 1:80000 hat eine einfache Topographie ohne Höhenschichtlinien, aus denen hervorgeht, daß es sich um stark kupierte Gelände handelt. Mit Farben sind die Ackerböden, Weinberge, natürliche Wiesen, Wälder unterschieden und es sind mit schwarzen oder farbigen Schraffuren darauf eingetragen: Alluvionen; tonig-sandiges Gebiet unbekannten Ursprungsgesteins, wahrscheinlich tertiär; von der Juraformation aus dem mittleren Oolith der Coralrag und die Oxfordtone, die oberliasischen Mergel, der Lias bis zum Gryphaenkalk und der Liassandstein; Granit. In der Zeichenerklärung ist zu allen diesen Formationen eine ausführliche Erläuterung des landwirtschaftlichen Wertes der Formationen oder Gesteine gesetzt. So heißt es bei den Alluvionen: fast immer ausgezeichnete Böden; im Lias sind sie bedeckt mit einer dicken Lage von toniger Erde, die von den benachbarten Bergen heruntergeschwemmt ist und die die guten Eigenschaften der guten Liasböden in

---

[1] AARNIO, B.: Om Sjömalmerna. Geol. Komm. i. Finnland Geotkn. Medd. 20. Helsingfors 1918.

[2] SALMINEN, A.: Peltomaitemme reaktiosta. Maatalonstiefteallinen Aikakanskirja, S. 40—48. 1929.

[3] CAYEUX, M. L.: Etat actuel de la question des cartes agronomiques en France. Etat de l'étude et de la cartographie des sols, S. 87—92. Bukarest 1924.

[4] BELGRAND, M.: Carte agronomique et géologique de l'arrondissement d'Avallon. 1 : 80000. Mit: Notice sur la carte usw. Ancerre 1851.

sich vereinigt; im Oolith sind sie leicht, durchlässig, frisch infolge der durchfließenden Wasserläufe und für alle Kulturen geeignet; entwaldete Flächen. Die Böden des Ooliths werden bezeichnet als leicht, trocken, leicht bearbeitbar, ziemlich fruchtbar bei einiger Tiefe, besonders für den Anbau künstlicher Wiesen geeignet; die Getreidearten geben selbst in den besten Lagen, verglichen mit denen des Lias, nur mittlere Ernte; zur Kalkverwendung wenig nützlich, wenn nicht unbrauchbar; sehr bewaldete Flächen; von allen Schafrassen bevorzugt, besonders den Merinos, die darauf fast ohne Wartung gedeihen; mit durchlässigem Untergrund; natürliche Wiesen nur am Rande der Wasserläufe. In ähnlicher Weise sind auch die übrigen Formationen erklärt. Es zeigt sich bei diesen ältesten französischen Karten in ihrer Darstellungsweise von vornherein die Anknüpfung der Böden an die geologischen Schichten, die nicht nur die Verteilung der Böden an der Erdoberfläche bewirkt haben sollen, sondern auch deren Fruchtbarkeit mit ihren Gesteins- und Verwitterungseigenschaften beeinflussen. Wo die Höhenzahlen ziemlich dicht stehen, läßt sich erkennen, daß auf 1—2 km Entfernung Unterschiede von 7—70 m vorkommen. Der Süden wird von einer Granitmasse eingenommen, deren höchste Erhebung mit 609 m Meereshöhe angegeben ist, während in einer Entfernung von 35 km die niedrigste Meereshöhe auf unterem Oolith 220 m beträgt. Bei solchen Höhenunterschieden sind die Gesteine ohne Zweifel von bedeutendem Einfluß auf die stark unter Abspülung leidende Bodenbildung. Die Erläuterungen zur Karte enthalten auf 95 Seiten die ausführliche Beschreibung der verschiedenen Böden und ihrer landwirtschaftlichen Nutzung und Bedeutung. So ist z. B. das 3. Kapitel Théorie agronomique de l'arrondissement d'Avallon überschrieben und beginnt mit einer détermination du système agricole le plus convenable dans chaque formation. Dazu kommen 44 Seiten Anmerkungen, Tabellen und Beispiele aus der Praxis.

Auf Grund dieser ersten Karten erschien im Jahre 1852 eine Verfügung des Ministers der öffentlichen Arbeiten an die Präfekten, die bis dahin herausgegebenen zahlreichen geologischen Departmentskarten zu agronomischen Karten für die Zwecke der Landwirtschaft auszunutzen. Die Autoren der geologischen Karte Frankreichs, DUFRÉNOY und ELIE DE BEAUMONT, wurden beauftragt, ein Programm aufzustellen. Dadurch war die Anregung zu zahlreichen Arbeiten gegeben, von welchen L. CAYEUX die folgenden nennt: geologische und agronomische Karte der Isère von S. GRAS, der Bezirke Vouziers, Mézières, Rocroi, Sedan, Rethel von MEUGY allein oder zusammen herausgegeben mit NIVOIT 1873—1885 und der Meurthe et Moselle von A. BRACONNIER 1878. Die Maßstäbe waren meist ziemlich klein, z. B. 1 : 40000, 1 : 80000, 1 : 150000, 1 : 160000. Die Karten waren teils überwiegend geologisch wie die der Ardennen von MEUGY und NIVOIT, teils rein agronomisch, wie die des Bezirkes Toul von JACQUOT. Sie unterscheiden kieselige, kalkige, tonige, mergelige Böden usw., sodann durchlässige Böden usw.

Die Karten von MEUGY und NIVOIT[1] sind der oben beschriebenen Belgiens in mancher Hinsicht ähnlich. Der Maßstab ist wesentlich größer, nämlich 1 : 40000. Die Topographie zeigt Schummerung und Höhenzahlen, aus denen Unterschiede von 100 bis zu mehreren hundert Metern von der Höhe der Bergrücken bis zur Talsohle zu entnehmen sind. Die mit Zahlen versehenen Farben sind für die geologischen Formationen gewählt. Von solchen sind auf den Karten von Vouziers 13, von Mézières 16, von Rocroi 21, von Sedan 18 angegeben. Da hinein ist mit Buch-

[1] MEUGY u. NIVOIT: Carte géologique agronomique de Vouziers (Ardennes). 1 : 40000. Paris 1873. — MEUGY: Carte géologique de l'arrondissement de Mézières (Ardennes). 1 : 40000. Paris 1883. — Carte géol. agron. de l'arrondissement Rocroi (Ardennes). 1 : 40000. Paris 1883. — MEUGY u. NIVOIT: Carte géol. agron. de l'arrondissement de Sedan (Ardennes). 1 : 40000. (Desgleichen von Rethel.) Paris 1885.

staben z. B. A = argilleux tonig oder auch argillo-sableux tonig-sandig, T = tourbeux ou marécageux torfig oder sumpfig, Sa = sableux sandig oder auch sablo-argilleux sandig-tonig, M = marneux mergelig, Gr = gravelleux kiesig, die durch Verwitterung entstandene Bodenart eingetragen. Die Bezeichnungen tragen Zusätze wie mehr oder weniger humides bei argilleux ou argillo-sableux und bei marneux, secs ou d'humidité moyenne bei sableux ou sablo-argilleux usw., so daß auch der Feuchtigkeitsgrad der Böden aus der Zeichenerklärung gleich abzulesen ist. Auch die Verteilung von Acker, Wiese, Weide, Wald auf den verschiedenen Formationen ist angegeben.

Über Karten aus diesem ersten Abschnitt in der Geschichte der agronomischen Kartierung Frankreichs hat J. R. LORENZ[1] auf Grund des Materials, das auf der Pariser Weltausstellung von 1867 ausgestellt war, mehrere Berichte erstattet. Aus Frankreich waren dort 4 Karten zu finden. Die eine bildet einen Teil des Atlas physique et statistique du Département de l'Aveyron von A. BOSSE. Nachdem der Geodäsie, Orographie und Hydrographie, Meteorologie, Geologie, Elevation, Population des Departements je ein Blatt gewidmet ist, folgt ein mit dem Titel Agronomie, das aber keine Karte, sondern eine Tabelle darstellt mit den Feststellungen der natürlichen Gebiete (z. B. granitisches Plateau, Tal im Tertiär), ihres Anteils an den Gesteinen (z. B. 6 Teile Gneis, 7 Teile Granit, 3 Teile Hornblendefels), der tellurischen Zusammensetzung des Bodens (in Hektar mit Streifen von Kiesel, Kalk, Ton, Humus angegeben), des kulturfähigen Bodens in Hektar, der Ausdehnung der Kultur- und Fruchtarten nach Kantonen. Es wird auf diese Weise tabellarisch das geographisch-geologische, bodenkundliche und landwirtschaftliche Bild jedes Kantons gegeben. Die zweite Karte hatte den Titel „Carte agronomique du département du Jura d'après la nature chimique des sols". Ihr Verfasser war OGÉRIEN. Ihre Farbenerklärung unterscheidet tonige, kieselige, eisenkieselige, eisentonige, kalkige, kieseligalkaline und humose Erden. In zwei Tabellen sind am Rande die chemische Zusammensetzung jeder der Erden mit der Analysenzahl und den Bestandteilen Ton, Kiesel, Kalk, Humus, Magnesium, Eisen, Wasser, die physikalischen Kennzeichen (spezifisches Gewicht, Absorption, Plastizität) wiedergegeben. Eine dritte Karte hatte den Titel „Carte forestière de la France (relation entre la distribution des forêts et la nature géologique du sol)". Sie zeigte im Maßstabe 1:320000 mit verschiedenen hellen Farben die Hauptformationen Frankreichs, während die Forste mit Dunkelgrün hervorgehoben sind. Sie ist eine Kopie der geologischen Karte unter Heranziehung der Kulturverhältnisse. Sie läßt keinen irgendwie markanten Zusammenhang zwischen Boden und Forst erkennen. Auf allen Formationen stehen große und kleine Forste. „Da überdies keine Terrainzeichnung damit verbunden ist, läßt sich sehr wenig dabei denken." Die vierte Karte ist von DELESSE unter dem Titel „Carte frumentaire" ausgestellt. Sie ist insofern mit den Bodenkarten verwandt, als sie die Güte des Bodens, freilich zugleich auch den Einfluß der Lage usw., durch Angabe des Samenquantums bezeichnet, welches man in den verschiedenen Gegenden Frankreichs braucht, um eine gewöhnliche Ernte zu erzielen. Die Angaben erfolgen in vier Stufen von 1—4 hl.

An einer anderen Stelle seiner Schrift bespricht J. R. LORENZ die Carte agronomique des environs de Paris von DELESSE[2], die ihm am meisten dem Begriffe einer agronomischen Bodenkarte zu entsprechen scheint. Sie gibt die Zusammensetzung der Kulturschicht nach ihren Bestandteilen und deren Ver-

---

[1] LORENZ, J. R.: Grundsätze für die Aufnahme und Darstellung von landwirtschaftlichen Bodenkarten, S. 17—20. Wien 1868. — Auch in: Peterm. Mitt. 1867.

[2] DELESSE, M.: Carte agronomique des environs de Paris. Bull. Soc. géol. de France, II. s., t. 20 (1862—63).

hältnis zu einander wieder. Die Haupteinteilung ist die in Böden mit Kalk und solche ohne Kalk. DELESSE wollte nachweisen, daß die Ackerkrume auf den Kalkhöhen um Paris weniger Kalk enthält als die Erde auf dem kalkfreien Untergrunde des am Fuße dieser Hügel liegenden Beckenbodens. Dazu wurde das ganze Gebiet in Vierecke von je 300 m Seitenlänge eingeteilt. Innerhalb jedes der entsprechenden Quadrate auf der Karte ersieht man aus verschiedenfarbigen senkrechten, waagerechten, schiefen Strichen von verschiedener Länge den Anteil, welchen Humus, Kalk, Ton, Sand, Grus und Trümmer an der Zusammensetzung des dortigen Bodens nehmen.

Dieser erste Abschnitt der agronomischen Kartenentwicklung Frankreichs ist nach Cayeux durch die große Anteilnahme, die der Geologie und den Geologen bei ihrem Entwurf und ihrer Ausführung zufiel, gekennzeichnet. Bis zur Wende des 19. zum 20. Jahrhunderts blieb diese Stellung der Geologie gewahrt. Nichtsdestoweniger war ein einheitlicher Typus der Karten nicht vorhanden, sondern es gab, je nach der Einstellung ihrer Verfertiger, viele verschiedene Typen. 1892 hat dann A. CARNOT der damaligen Nationalen Gesellschaft für Ackerbau, der jetzigen Akademie der Landwirtschaft, die ersten Versuche der Darstellung agronomischer Gemeindekarten vorgelegt. Es wurde ein Ausschuß eingesetzt, der die Vorschläge des Berichterstatters, A. CARNOT, und die Regeln, nach welchen agronomische Karten in großem Umfange aufgenommen werden sollten, annahm. 1896 wurde das Programm veröffentlicht.

Es sah zunächst vor: 1. Die Herstellung einer geologischen Karte im Maßstabe von möglichst 1:10000 und Entnahme von Proben für die Analysen. Auf die Katasterkarten der Gemeinden werden die Umrisse der geologischen Karte des Maßstabes 1:80000 aufgetragen und, wenn notwendig, ergänzt. Die Oberflächenbildungen, die bei den geologischen Karten in kleinen Maßstäben abgedeckt sind, müssen eingetragen werden. Das geschieht gleichzeitig mit der Probenentnahme, deren Stellen durch Zeichen und Ordnungsnummern angegeben werden. Die Proben werden entweder nur vom Vegetationsboden oder auch von diesem und dem ursprünglichen Boden genommen. 2. Von diesen Proben werden physikalische und chemische Analysen ausgeführt. Es werden der relative Gehalt an Sand, Ton, Kalk, Humus, ferner an Stickstoff, Phosphorsäure, Kali und kohlensaurem Kalk bestimmt. Die Ergebnisse der Analysen werden auf dem Rande der Karten graphisch dargestellt. Von jeder Karte waren 2 Stück herzustellen, von welchen das eine dem Gemeindevorstand, das andere einem Erklärer der Karten bei den Landwirten zu geben sei. Nach diesen Vorschlägen wurde zunächst die Karte der Gemeinde Haspres (Dept. Nord) von LADRIÈRE im Maßstabe 1:10000 aufgenommen. Sie war keine einfache Vergrößerung der geologischen Karte 1:80000, sondern das Ergebnis einer sehr genauen Arbeit. Man findet in ihr zum erstenmal eine Unterscheidung der verschiedenen Lehmbildungen. Dargestellt sind 10 verschiedene Böden, 16 Unterböden und 24 Überlagerungen von Böden und Unterböden. Die Böden haben auf der Karte verschiedene Farben und römische Ziffern erhalten. Die Beobachtungsstellen der Unterböden sind darauf mit farbigen und durch arabische Ziffern nummerierten Kreisen eingetragen, so daß sich aus dieser Kombination unmittelbar die Übereinanderlagerung der Böden und Unterböden ergibt. Am Rande der Karte befindet sich eine Tabelle mit Analysen von 20 Bodenproben aus solchen markierten Punkten, und zwar sind die Analysen von Oberkrume und Unterboden ausgeführt. Ebenso findet man am Rande die Verteilung der Hauptwasserflächen, das Profil einiger Brunnen und einen geologischen Querschnitt durch das Gemeindegebiet.

Die Karte der Gemeinde Nozay (Loire-Inférieure) von ANDOUARD ebenfalls im Maßstabe 1:10000 unterscheidet sich von der vorigen dadurch, daß die Farben nicht für die Böden, sondern für geologische Einheiten genommen wurden. 172 physikalische und chemische Analysen sind zu einer besonderen Erläuterung vereinigt, in der der Autor auch eingehend die Geologie und die agronomischen Kennzeichen der Böden behandelt. Tafeln auf dem Kartenrande geben das Mittel der Analysen für jeden Teil.

Einen aus beiden gemischten Typ hat GAROZA für l'Eure et Loir angewandt. Bei ihm besteht der Grund aus Farben für die geologischen Formationen, darauf sind mit schwarzen Zeichen die Bodenoberflächen eingetragen.

Nach einer Feststellung von FROMAGEOT hat sich die Kartierung auf insgesamt 63 Departments ausgedehnt. Die Zahl der ausgeführten Karten war in den einzelnen Departments verschieden. An der Spitze stand l'Eure et Loir mit 293 von insgesamt 426 Gemeinden. In Le Gard waren etwa die Hälfte, nämlich 150, in den anderen Departments zumeist bedeutend weniger aufgenommen. Das Department L'Aisne war vollständig kartiert, allerdings nicht in Gemeindekarten, sondern im Maßstabe 1:40000. Dieses Kartenwerk in 17 Blättern ist von CAILLOT ausgeführt und von A. DEMOLON nachgesehen worden. Es nähert sich in der Darstellung der Gemeindekarte von Haspres. Die Farben stellen verschiedene Bodeneinheiten wie sandige, tonige, kalkige Böden usw. dar. Besondere Zeichen lassen die Lagerung erkennen. Auf dem Rande sind geologische und agrogeologische Feststellungen angebracht. Ausnahmsweise sind auch Bezirke und Kreise als Grundlage gewählt, wie z. B. C. FOUGUET: Carte agronomique de l'arrondissement de Bernay, HOMMEY, C. CANEL und G. LANGLAIS: Carte agronomique du canton des Sées (Orne). Bisweilen hat man auch nicht administrative Einheiten, sondern einzelne Besitzungen kartiert, z. B. domaine de Voucluse im Maßstab 1:2000. In 9 analysierten Proben des Bodens und Unterbodens hat man den Stickstoff, die Schwefelsäure, den Kalk, das Eisenoxyd, den Humus, Wasser, Kies, Sand, Kieselsäure, Ton und Kalkstein angegeben. Zur Ergänzung wurden die verschiedenen Wässer des Gutes, Abwässer, Irrigations- und Dränagewässer untersucht.

Die graphischen Darstellungen der Analysen werden in verschiedener Weise auf die Karten aufgetragen. Entweder wird unter der Nummer der Entnahmestellen der Gehalt an den hauptsächlichen Nährstoffen bisweilen zu Tabellen gruppiert, oder er wird auf die Karte selbst gebracht, und zwar mit horizontalen Strichen von verschiedener Farbe. Oder es wird der Gehalt des Bodens an den Hauptpflanzennährstoffen durch Kreise mit verschiedenen Abschnitten in verschiedenen Farben dargestellt. Auch werden kleine Fahnen mit der Stange auf den Entnahmepunkt angebracht; schwarze Striche auf beiden Seiten der Stange geben die Zusammensetzung an physikalischen Elementen (links) und an chemischen (rechts) an, so daß der Vergleich von Fahnen mit verschiedenen Erden einen schnellen Überblick über deren Wert gestattet.

Nachdem die Kartierung eine Zeit starker Tätigkeit erlebt hatte, ist sie aus verschiedenen Gründen fast ganz eingestellt worden. Insbesondere waren es Mangel an Mitteln, sodann ungenügende Bearbeiter und, was besonders schwer wiegt, die Überzeugung gewisser agrogeologischer Kreise, daß die Karten keineswegs notwendig oder sogar unnütz seien. Gewiß ist diese Ansicht nicht allgemein verbreitet, aber sie besteht doch und es scheint notwendig, mit ihr mehr und mehr zu rechnen. L. CAYEUX selbst meint, daß die Kartierung wohl in einem Lande mit jungfräulichen Böden wie in Osteuropa angebracht sei, weniger aber in einem Lande mit altem Ackerbau und stark parzellierter Feldflur wie Frankreich, dessen Boden durch die lange Bewirtschaftung tiefgehend verändert worden ist. Hier wechselt der Boden von einem Fleck zum anderen und von einer Zeit zur anderen, während — wie L. CAYEUX irrtümlich glaubt — der jungfräuliche Boden gleichmäßig und beständig sei. Auch wäre die Gemeindekartierung in Gebieten wie etwa der armorikanischen Halbinsel nicht angebracht, weil man allein nach der bekannten Beschaffenheit der armorikanischen Gesteine sagen könne, daß weder Kalk noch Phosphorsäure vorhanden wären. Soweit die Ausführungen von L. CAYEUX, der selbst ein Gegner der Bodenkartierung für Gemeindezwecke ist.

Eine Übersichtskarte der Hauptbodenarten Frankreichs hat P. LARUE zusammengestellt, die von P. KRISCHE[1] in seinem Werk über Bodenkarten wiedergegeben ist. Die Einteilung auf der Karte ist folgende. In Schwarzweißzeichnungen werden angegeben: leichte Böden (meist Sandböden oder weniger fruchtbares lehmiges Alluvium, Fruchtbarkeit unter mittel), mittlere Böden (tonig-sandig, kalkig-sandig oder Mischböden auf Granit oder Gneis, Fruchtbarkeit mittel), schwere Böden (tonig, tonig-kiesig, tonig-kalkig-mergelig, Fruchtbarkeit unter mittel). (Alle Böden unfruchtbar, wenn über 600 m Meereshöhe oder zu naß, aber dann oft Forstböden.) Ferner werden durch Buchstaben Ca = Kalkstein, Gr = Granit, Gneis, Diorit, B = jungvulkanisches Gestein usw. bezeichnet. Der Maßstab ist 1:2250000.

Neuerdings hat V. AGAFONOFF[2] kleine Skizzen der Bodentypen Frankreichs im Maßstabe von etwa 1:10000000 nach russischem Muster veröffentlicht, die für die allgemeine Bodenkarte Europas der Internationalen Bodenkundlichen Gesellschaft im gleichen Maßstabe verwendet wurden. Auf ihr sind atlantische Zone, schwach podsoliert, Zone der Braunerden (bisweilen schwach podsoliert), mittelländische Zone (rote, gelbrote, gelbe, graue Böden) dargestellt.

Griechenland.

In Griechenland hat die geologische Landesanstalt die Herstellung agrogeologischer Karten übernommen[3]. Den griechischen Anteil an der 1. allgemeinen Bodenkarte Europas im Maßstab 1:10000000 haben G. GEORGALAS und N. LIATSIKAS bearbeitet. Weitere Karten scheinen noch nicht ausgeführt worden zu sein.

Großbritannien.

Nach G. W. ROBINSON[4] ist das Studium der Böden in Großbritannien eng mit der Landwirtschaftswissenschaft verknüpft. Die Problemstellung ist eine praktische, das Hauptziel ist die Feststellung der Bodenfruchtbarkeit. Dabei wird der Boden nicht schlechthin als solcher betrachtet, sondern nur als Faktor zur Hervorbringung von Ernten, so daß alle Bodeneigenschaften, die nicht unmittelbar damit verknüpft sind, im allgemeinen nicht berührt werden. Man wünscht die wesentlichen Haupteigenschaften des Bodens kennen zu lernen, weniger interessieren die physikalischen und chemischen einerseits, die agrogeologischen andererseits. Die bodenkundliche Landesaufnahme ist nicht an ein einzelnes Institut angegliedert worden, sondern wurde beliebigen Forschern an Provinzialinstituten ganz unabhängig voneinander überlassen und in vielen Fällen vom Ministerium für Ackerbau unterstützt. Trotzdem blieb eine allgemeine Einheitlichkeit in den Methoden des Sammelns und Analysierens gewahrt.

---

[1] KRISCHE, P.: Bodenkarten, S. 33—38. Berlin 1928.

[2] AGAFONOFF, V.: Les types des sols de France. Ann. Sci. agron. Nancy **1928**, 97—120. — Les sols-types du globe terrestre et leur répartition en zones. Bull. soc. d'encour pour l'ind. nat. **1928**, 585—602.

[3] GEORGALAS, G.: L'organisation des études pédologiques et la cartographie des sols. Etat de l'étude et de la cartographie des sols, S. 280. Bukarest 1924.

[4] ROBINSON, G. W.: Memoir on Soil Surveys in Great Britain. Etat de l'étude et de la cartographie des sols, S. 93—100. Bukarest 1924.

Die erste systematische Bodenaufnahme war die der Böden von Dorset durch A. Gilchrist und C. M. Luxmore[1]. Hier wie in dem größeren Werk von A. D. Hall und E. J. Russell[2] über Böden und Landwirtschaft von Kent, Surrey und Sussex wurde eine geologische Einteilung der Böden vorgenommen. Der Bodencharakter wird in den genannten Süd- und Ostteilen Englands durch den Gesteinscharakter beherrscht. Daher ist es möglich, bei der Bodenkartierung der geologischen Karte zu folgen. Hall und Russell stellten fest, daß jede Formation einen besonderen Bodentyp habe, der durch seine mechanische Analyse und durch besondere landbauliche Verhältnisse gekennzeichnet sei. Sie schließen daraus, daß der Landwirt, der sich über die Zusammensetzung seiner Böden, über geeignete Dünger, Saatmischungen usw. unterrichten wolle, gut täte, sich für diesen Zweck der geologischen Spezialkarte zu bedienen.

Diese Einstellung hat den meisten späteren Bodenaufnahmen ihre Richtung gegeben. So wurde die Untersuchung der Böden und der Landwirtschaft in Shropshire durch G. W. Robinson[3] nach den gleichen Richtlinien vorgenommen, doch ergab sich in diesem mit Glazialablagerungen ausgestatteten Gebiete infolge des Fehlens zufriedenstellender Karten des Glazials die Notwendigkeit einer eigenen geologischen Durcharbeitung seitens des genannten Autors.

Im östlichen England ist ein beträchtlicher Teil der Aufnahmearbeit von der Landwirtschaftsschule in Cambridge ausgeführt worden. 1908 veröffentlichte F. W. Foreman[4] eine Arbeit über gewisse Böden von Cambridgeshire, in welcher 23 sorgfältig ausgewählte Böden die hauptsächlichen geologischen Formationen des Gebietes wiedergeben. Seitdem ist die Sammlung und Untersuchung der Böden unter der Leitung von L. J. Newman[5], der einen kurzen Bericht über die Böden von Norfolk schrieb, weitergeführt worden. Viele hundert Böden sind von der Cambridge-Schule gesammelt worden, ohne daß allerdings eine vollständige Übersicht derselben veröffentlicht worden wäre. Im Zusammenhang mit diesen Arbeiten berichtete T. Rigg[6] über den Marktgartendistrikt von Bedfordshire.

In mehreren Abhandlungen hat G. W. Robinson[7] die Böden von Nordwales beschrieben. Nordwales ist sehr verschieden von England. Geologisch wird es fast ganz von paläozoischen Schichten, Präcambrium, Cambrium, Unter- und Obersilur gebildet. Es ist gebirgig und reicht bis über 1100 m über NN. Der Gebirgscharakter ist besonders infolge des Einflusses der See ausgesprochen. Das Klima ist sehr feucht. Die Winter sind mild, die Sommer kühl. Die Bodentypen zeigen keinen sehr engen Zusammenhang mit der Geologie des Landes, zumal die Oberfläche mit Gletscherablagerungen bedeckt ist. Aber auch bei den Böden auf alten Sedimenten hat sich herausgestellt, daß der gleiche Typ auf mehreren Formationen vorkommt. So haben die Sedimentärschichten des Cambriums, Unter- und Obersilurs den gleichen Bodentyp. Daher richtet sich hier die Bodenklassi-

---

[1] Gilchrist, D. A. u. C. M. Luxmore: The Soils of Dorset. Reading Coll. and Dorset County Council Publ. **1907**.

[2] Hall, A. D. u. E. J. Russell: Agriculture and Soils of Kent, Surrey, and Sussex. Board of Agricult. and Fisheries Publ. **1911**.

[3] Robinson, G. W.: A Survey of the Soil and Agriculture of Shropshire. Shropshire County Council. Shrewsbury 1912.

[4] Foreman, F. W.: Soils of Cambridgeshire. J. agricult. Sci. **2**, 161 (1908).

[5] Newman, L. F.: Soils and Agriculture of Norfolk. Trans. Norfolk and Norwich nat. Soc. **9**, 349 (1912).

[6] Rigg, T.: Soils and Crops of the Market Garden District of Biggleswade. J. agric. Sci. **7**, 385 (1916).

[7] Robinson, G. W.: Soils of North Wales. J. Board Agricult. **1915**, June. — Studies on the Paleozoic of North Wales. J. agricult. Sci. **8**, 338 (1917). — Robinson, G. W. u. C. Hill: Studies on the Soil of North Wales. Ebenda **9**, 259 (1919).

fikation nur nach den Bodeneigenschaften, wobei das größte Gewicht auf die mechanische Analyse gelegt wird.

Auch sonst läßt sich sagen, daß die Abhängigkeit der Böden von der geologischen Formation in Südengland nur dort zutrifft, wo die Gletscherablagerungen des Eiszeitalters fehlen. Wo diese vorhanden sind, wird die Bodenbildung infolge ihrer großen Veränderlichkeit sehr mannigfaltig, und die Beziehungen zur besagten geologischen Formation sind uneinheitlich.

In den Arbeiten von HALL und RUSSELL, sowie in solchen gleicher Richtung ist versucht worden, die Eigenschaften des Bodens mit der Verteilung bestimmter Erträge in Zusammenhang zu bringen. Eine große Anzahl Karten ist dementsprechend nach den Ertragsstatistiken des Ackerbauministeriums gezeichnet und danach Weizenböden, Bohnenböden usw. unterschieden worden. Aber die gedachte Beziehung zwischen Boden und Erträgen kann nur dort in Frage kommen, wo das Klima und andere Faktoren gleichmäßig sind. In Wales, wo das Klima sehr verschieden und die physikalischen Bedingungen sehr ausgesprochen sind, hängen die Erträge weitgehend von diesen Faktoren ab, und die wirklichen Bodeneigenschaften spielen nur eine sekundäre Rolle.

Im Zusammenhange mit den Bodenstudien sind auch ökologische Untersuchungen angestellt worden. So haben W. G. SMITH und C. B. CRAMPTON[1] 1914 eine Studie über das britische Grasland durchgeführt, in welcher sie die Beziehungen der verschiedenen Graslandtypen zu den Bodenbildungen erörtern.

Die schottischen Böden sind von J. HENDRICK gemeinsam mit W. G. OGG[2] und G. NEWLANDS[3] studiert worden, besonders die chemischen und mineralogischen Eigenschaften von Böden auf dem Glazial. Dabei ergab sich, daß die schottischen von den englischen Böden abweichen und sich den walisischen nähern.

Zahlreiche Bodenuntersuchungen sind sodann noch von den landwirtschaftlichen Einrichtungen der Provinzen vorgenommen worden. Doch wurden diese für die Arbeit einer Landesaufnahme bisher noch nicht herangezogen.

HALL und RUSSELL[4] haben über die Stellung der britischen Böden zu der allgemeinen klimatischen Einteilung diskutiert, sind aber bei ihrer engen Verknüpfung der Böden mit den geologischen Formationen geblieben. Dabei ist festzustellen, daß die Untersuchung der Böden hauptsächlich im Laboratorium geschieht, und daß es in England keine allgemein angenommenen Kennzeichen für die Ermittlung der Bodentypen im Felde gibt. Im Vergleich zu GLINKAS Systematik hat G. W. ROBINSON[5] die meisten britischen Böden für endodynamomorph erklärt, bei denen die Eigenschaften des Muttergesteins den Hauptfaktor der Bodenbildung darstellen. Die Böden erweisen sich im allgemeinen als jung, da die Vergletscherung während des Eiszeitalters noch nicht lange zurückliegt. Infolge der hügeligen Beschaffenheit und der dadurch bedingten schnellen Oberflächenerosion sind die Profile schlecht entwickelt und unreif. Ferner sind die meisten Böden künstlich verändert, da sie seit vielen hundert Jahren beackert werden und infolgedessen das natürliche Profil verloren oder verändert haben.

[1] SMITH, W. G. u. C. B. CRAMPTON: Grassland in Britain. J. agric. Sci. **6**, 1 (1914).

[2] HENDRICK, J. u. W. G. OGG: Studies of a Scottish Drift Soil I. The Composition of the Soil and the Forticles which compose it. J. agricult. Sci. **2**, 333 (1910).

[3] HENDRICK, J. u. G. NEWLANDS: The Value of Mineralogical Examination in Determining Soil Types and a Comparison of certain English and Scottch Soils. J. agricult. Sci. **13**, 1 (1923).

[4] HALL, A. D. u. E. J. RUSSELL: Soil Surveys and Soil Analyses. J. agricult. Sci. **4**, 181 (1911).

[5] ROBINSON, G. W.: The Physical Properties of the Soil in Relation to Survey Work Trans. faraday Soc. **17**, 224 (1922). — Ferner: Memoir on Soil Surveys usw., a. a. O., S. 97.

Den großbritannischen Anteil an der 1. allgemeinen Bodenkarte Europas haben für England und Wales N. M. COMBER und G. W. ROBINSON, für Schottland J. HENDRIK, G. FRASER, G. NEWLANDS und W. G. OGG ausgeführt. In demselben sind brauner Waldboden schwach podsoliert, podsolige Waldböden mäßig podsoliert, Rohhumus im Gebiete der Waldböden, skelettreiche Böden mit podsoligen und Humusböden unterschieden. Eine Erläuterung zu dem schottischen Anteil der Karte hat W. G. OGG[1] verfaßt.

Über die Bodenaufnahmen in Wales während der Zeit von 1925—1929 hat W. G. ROBINSON[2] zwei Fortschrittsberichte veröffentlicht, die eine bemerkenswerte Entwicklung und eine Änderung in der Bodenbezeichnung und Bodenklassifikation erkennen lassen. Während die früheren Aufnahmearbeiten sich auf das systematische Sammeln und Analysieren der Bodenproben beschränkten, wird jetzt kartiert und die Feststellung der Bodeneigenschaften im Felde vorgenommen. Auf einer Konferenz der britischen Bodenkartierer in Leeds 1926 wurde beschlossen, die folgenden Feststellungen vorzunehmen: 1. Oberfläche, und zwar, ob flach, wellig, hängig, unregelmäßig usw. ausgebildet; mit Pfeilen wird die Richtung des Abhanges festgestellt. 2. Steinigkeit. Es werden verschiedene Grade von steinfreien Böden bis zu solchen, in denen das Gestein an der Oberfläche vorherrscht, unterschieden. 3. Textur. (Hauptklassen von Kies bis Ton) 4. Farbe. 5. Wasserverhältnisse, und zwar trocken, genügend, feucht und weitere Unterscheidung der Feuchtigkeit, ob sie zeitweilig ist, von Quellen herrührt, sich bewegt, oder ob ein Wasserspiegel in der Nähe der Oberfläche liegt. 6. Profil. Unterscheidung der Böden von den unterliegenden Schichten, geringmächtiger Boden auf Gestein, Boden, der durch einen Unterboden in das Gestein übergeht, Boden auf Glazial, alluviale Böden usw. 7. Vegetation und Ernteerträge. — Als Grundlage der Kartierung dient die 6-Zollkarte (6 Zoll = 1 engl. Meile). In ein Feldtaschenbuch wird alles eingetragen, was über das Bodenprofil und über sonstwie Wissenswertes zu ermitteln ist.

Anfangs war gedacht, die Kartierung Feld für Feld auszuführen, da aber dadurch die Aufnahme sehr verzögert wird, so wurden später Gruppen von Feldern mit ähnlichen Bodenbedingungen zusammengenommen. In bestimmten Fällen sind manche Flächen sehr genau kartiert worden, so daß vielleicht 2—3 Tage Arbeit auf ein Feld entfielen. Diese genaue Arbeit wurde aber nur dann ausgeführt, wenn Ergebnisse von wissenschaftlichem Wert zu erwarten waren oder sehr intensive Wirtschaftsweise geplant wurde. Für die Klassifikation der Böden wurden die folgenden Gesichtspunkte gewonnen: 1. Der Boden einer Örtlichkeit soll so klassifiziert werden, daß die für das Pflanzenwachstum wichtigsten Eigenschaften hervortreten. 2. Es soll ein Kompromiß zwischen ausgesprochener Kompliziertheit und ausgesprochener Vereinfachung in der Weise erstrebt werden, daß die Böden auf einer Karte im Maßstab 1 Zoll = 1 Meile dargestellt werden können. 3. Jedes Gebiet soll für sich behandelt werden, aber immer derartig, daß die Böden in ein Klassifikationsschema fallen, welches die allgemeine Bodenkarte Europas enthält.

Die Arbeit von 1928 enthält drei kleine Karten, zwei im Maßstabe 4 cm = 5 Meilen, eine mit 6 cm = 5 Meilen und mit sehr vereinfachter Topographie. Die Einteilung auf der Karte von Glenmorgan lautet: unterer Lias, karbonischer Kalkstein, Triaskalkstein Breccie *A*, desgleichen Breccie *B*, Triasmergel, Rhät-

---

[1] OGG, W. G.: Scottish Soils in Relation to Climate and Vegetation. Proc. and Paper I. Intern. Congr. Soil Sci. Washington **2** (1927).

[2] ROBINSON, G. W., J. O. JONES u. D. O. HUGHES: Soil Survey of Wales. Progress Report **192/527**; Welsh J. agricult. **4** (1928). — ROBINSON, G. W., D. O. HUGHES u. B. JONES: (ebenso für 1927/29.) Ebenda **6** (1930).

schiefer, Rhätsandstein, Flugsand, Flußalluvium, Sumpfalluvium, Sand und Kies. Die Karte von Ost-Anglesey hat die Einteilung: Flußalluvium, Meeresalluvium, Flugsand, gemischtes Glazial, Beimischung von nordischem Glazial, Mona-Komplex, ordovizischer Schiefer, Karbonkalkstein, karbonische rote Ablagerungen. In beiden Fällen ist also die geologische Einteilung, wie sie für die ersten britischen Bodenaufnahmen maßgebend war, beibehalten worden. Die dritte Karte des Wrexham-Distrikts hat die Einteilung: Bergboden auf Millstone Grit; leicht lehmig hauptsächlich aus Millstone Grit entstanden; kiesig, schwach lehmig; schwerer Ton; Alluvium. Hier ist also die geologische Einteilung auf den karbonischen Millstone Grit und das Alluvium beschränkt, alles andere sind Bodenarten.

Der Bericht über die Arbeiten von 1927—1929 zeigt die Umstellung der bisherigen Aufnahmeart auf die amerikanische des U. S. Soil Survey. Ausgehend von der Betrachtung, daß der Bodencharakter sowohl durch die Natur des Muttergesteins als auch durch die Faktoren der Bodenbildung bedingt sei, werden die Böden in Serien zusammengefaßt, welche das gleiche oder ähnliche Muttergestein, die gleichen Bildungsfaktoren, allgemeine Ähnlichkeit im Bodenprofil, d. h. in der vertikalen Aufeinanderfolge der Horizonte und keine größeren Unterschiede in der Textur haben. Jede Serie wird wie in Amerika nach der Örtlichkeit benannt, wo sie zuerst studiert wurde, und wo sie am meisten verbreitet ist. Die Serien werden wieder nach dem gleichen oder ähnlichen geologischen Material zu Suiten zusammengefaßt und nach der Verschiedenheit in der Art des Auftretens und der Bildung der zugehörigen Böden unterschieden. Jede Serie wird nach der Textur in Bodenindividuen eingeteilt.

Es werden 5 Suiten unterschieden: die Bangor, die Powys, die Monmouth, die Gower und die Neath Suite. Die Bangor Suite hat als Muttergestein: Eruptivgesteine und deren Tuffe, harte Grauwacken von kambrischem oder ordovizischem Alter, die den Eruptivgesteinen ähneln, ferner die Glazialmoränen aus diesen Gesteinen. Unterschieden werden in der Bangor Suite 3 Serien: die Bangor-Serie (B). Sie umfaßt Verwitterungsböden, die unter den Bedingungen freier Dränage entstanden sind. Das Ursprungsgestein ist recht widerstandsfähig gegen die Verwitterung, infolgedessen ist das Profil oft wenig tief. Die Profile zeigen einen warm braunen bis rötlichbraunen, schwach steinigen Lehm von verschiedener Mächtigkeit, der allmählich in einen schweren und festeren steinigen Unterboden übergeht. Die Natur des Ursprungsgesteins veranlaßt einiges Schwanken in der Textur (Korngröße). Die Ebenezer-Serie (B_1) umfaßt Böden auf Glazial, die mit denen der Bangor-Serie (B) korrespondieren. Verschiedene Typen können nach der Natur des Glazials unterschieden werden, je nachdem ob Geschiebeton, Sande und Kiese oder Abschlämmassen in Frage kommen. Der allgemeinste Typ ist ein dunkelbrauner leichter Lehm über einem schweren gelblich- bis rötlichbraunen Unterboden. Die Sion-Serie (B_2) ist aus dem Bangor-Glazial unter behinderter Dränage entstanden. Zwei Grade der Feuchtigkeit können unterschieden werden, die Sion-A-Serie, welche saisonmäßig durchfeuchtet ist, in der Regel an Abhängen liegt und zu einiger Ausdehnung gelangt, und die Sion-B-Serie, die beständig feucht ist, auf Talböden unter einer armen Pflanzendecke liegt und oft von lokalen Torfbildungen durchzogen wird. Beide Teilserien haben grauliche oder bräunliche Böden über schweren, grau gefleckten Unterböden.

Das Ursprungsgestein der Powys Suite besteht aus kalkfreien Sedimenten und ihrem Glazial, das der Monmouth Suite aus den Sandsteinen der Old-Red-Formation und dem abgeleiteten Glazial, das der Gower Suite aus Karbonkalk und dessen Lokalmoräne, die Neath-Suite aus den kalkfreien Karbongesteinen und ihren Lokalmoränen.

Danach ist die neue Einteilung im Grunde nichts anderes als die alte nach geologischen Formationen. Es werden in jeder Suite Bodenserien zusammengefaßt, die in bezug auf ihren Pflanzenwuchs und ihre landwirtschaftlichen Möglichkeiten und Erträge weit voneinander abweichen, gerade so, wie oben in der Bangor-Serie die Böden mit unbehinderter Dränage und mit zeitweiser oder dauernder Feuchtigkeit. Auch die Böden der Bangor Suite und der Ebenezer-Serie dürften recht verschieden sein, so die der Bangor-Serie mehr braune Waldböden, die der Ebenezer mehr rostfarbige Waldböden.

Der Arbeit sind 4 kleine Kartenskizzen in den Maßstäben 5 cm = 4 Meilen, 6,2 cm = 4 Meilen, 8 cm = 4 Meilen beigegeben. Mit Buchstaben oder Schraffuren sind die Suiten und Serien eingetragen. Eine Karte besteht nur aus den Zeichen für die Powys Suite mit 3 Serien, auf einer zweiten überwiegt in der Mitte die Bangor Suite, eine dritte ist recht unregelmäßig aus 3 oder 4 Suiten und ihren Serien gemischt, die vierte besteht hauptsächlich aus der Monmouth Suite und einer in der Zusammenstellung nicht erwähnten Wentloog-Serie. Bisweilen kann man also gewissermaßen Bodengebiete mit den einzelnen Suiten unterscheiden, bisweilen aber ist ein vollständiges Durcheinander nach dem Vorkommen der geologischen Formationen festzustellen. Wo die Lokalmoräne aus den Gesteinen mehrerer Formationen besteht, werden Mischungen der Böden verschiedener Suiten angegeben z. B. $M_1 G_1 N_1$ (also je eine Bodenserie der Monmouth, Gower und Neath Suite zu einer Bodeneinheit verschmolzen).

G. W. ROBINSON bemerkt, daß diese neue Klassifikation nur provisorisch sei, weil die Hoffnung bestehe, ein allgemein zusagendes System für ganz Großbritannien aufzustellen.

Eine Übersicht über die Verteilung der landwirtschaftlichen Hauptbodenarten Großbritanniens hat G. A. COWIE[1] für P. KRISCHES Sammlung von Bodenkarten hergestellt. Die Einteilung ist die gleiche wie die der Karte KRISCHES von Deutschland, d. h. leichter Boden (Sandboden), mittlerer Boden (sandiger Lehm und lehmiger Sand), günstiger schwerer Boden (Lehm- und Tonböden), schwerer Boden (Marschböden), schwerer Boden (Kalkböden), ungünstiger schwerer Boden (Gebirge), Hochmoore, Niederungsmoore. Dazu heißt es: Die ausgesprochen leichten oder Sandböden sind in Großbritannien und Irland außerordentlich wenig vertreten. Es gibt nur einige Gegenden mit vorwiegendem Sandboden sowie ein Gebiet mit Flugsand über Kreide, ein kleines Gebiet mit Muschelsand und Kies über Kalkablagerungen, die sog. Bagshotlager. Ferner sind sandige Distrikte, die sich vom Buntsandstein herleiten, reine Sandböden in einigen Küstengebieten und kleinere Gebiete mit Flugsand vorhanden. Die mittleren Böden sind ausgedehnter, sie leiten sich hauptsächlich von Grünsand und Oolith, ferner von den alten und jüngeren Rotsandformationen ab. Die günstigen schweren Lehm- und Tonböden sind als nährstoffreiche Böden besonders für Ackerland und Grasland günstig, z. T. stammen sie aus Gesteinen der Liasformation (besonders gute Weideböden), z. T. haben sie sich auf dem alttertiären Londonton (mehr Ackerbau besonders für Weizen und Futterrüben), z. T. auf Weald und Gault (mehr Grünland als Ackerbau) gebildet. Auch die Grundlage dieser Karte ist also hauptsächlich die geologische. Ihr Maßstab ist etwa 1:4000000. Ergänzt wird die Karte durch den entsprechenden Ausschnitt der Bodenkarte Europas 1:10000000 und eine noch kleinere Karte der jährlichen Regenmengen in Großbritannien.

---

[1] COWIE, G. A.: Übersicht über die Verteilung der Hauptbodenarten in Großbritannien und Irland. In P. KRISCHE: Bodenkarten, S. 87—89. 1928.

Irland.

Die Kartierung der irländischen oberflächigen Ablagerungen, wie Torf, Schwemmland verschiedener Art und Glazialmoräne, ist nach G. A. J. COLE[1] durch die geologische Landesanstalt in Dublin vorgenommen worden. Die erste Aufgabe dieser Anstalt war nach ihrer Begründung im Jahre 1875 die Herstellung von Karten, welche die geologischen Züge des Landes und dessen Minerallagerstätten darstellen sollten. Die Kartengrundlage war die 6-Zollkarte (6 Zoll = 1 Meile, 1:10560). Nach diesen Blättern ist die geologische Standardkarte Irlands im Maßstabe 1 Zoll = 1 Meile (1:63360) hergestellt worden. Die meisten Spezialkarten sind Manuskripte geblieben. Auf der Übersichtskarte werden die Alluvialflächen durch besondere Farben wiedergegeben. Torf ist nur in den Flachlandgebieten angegeben, die Gebirgsmoore sind in der Regel fortgelassen. Im größten Teil der Karte sind die Flächen der Glazialmoräne mit kleinen schwarzen Punkten bezeichnet, doch ihre Natur, ob Geschiebelehm oder Kies, ist nicht unterschieden. 1900 war eine besondere „Drift"- (Glazial-) Karte Irlands nach der entsprechenden englischen Aufnahme geplant. Es wurden auch fünf besondere Karten und Beschreibungen der Gebiete Dublin, Belfast, Cork in Aussicht genommen, und nach der 1905 erfolgten Unterstellung der geologischen Landesaufnahme unter die Abteilung für die landwirtschaftlichen und technischen Angelegenheiten Irlands die Gebiete von Limerick und Londonderry aufzunehmen beschlossen. In allen 5 Abhandlungen[2] wurden auch die Böden beschrieben, und auf die Karten mit Hilfe von Zeichen Bodenmerkmale eingetragen. Die Kleinheit der Anstalt und die dringende Notwendigkeit zu einer Revision der Minerallager und gewisser Kohlenfelder verhinderten dann aber für längere Zeit die Herstellung der Oberflächenkarten. Erst 1923 wurde sie wieder aufgenommen und die Glazialablagerungen von Blessington mit dem Liffey-Tal in der Grafschaft Wicklow kartiert.

Die Kartierung der Oberflächenablagerungen müsse der der Böden vorangehen, die letztere könne in besonderen Fällen, wenn erforderlich, ausgeführt werden, und zwar unter landwirtschaftlicher Mitarbeit. Die landwirtschaftliche Versuchsstation von Ballyhaise in der Grafschaft Cavan verfügt über eine gute Reihe von Bodentypen, die auf Alluvialgesteinen, Torf und Drumlins liegen. Um zu zeigen, wie weit eine Bodenkarte sich von der gewöhnlichen Oberflächenkarte unterscheidet, wurde eine Bodenkarte der Ballyhaise-Station im Maßstabe 1:17920 ausgeführt, auf welcher die Bodentypen durch mehrere Farben und Schraffursysteme eingetragen wurden. Die Karte wurde 1910 als Abhandlung der Landesaufnahme[3] veröffentlicht. Seitdem hat die Landesaufnahme die Bodenuntersuchung betrieben, so u. a. die der schweren Tone von Wexford, sobald sie durch die Abteilung für landwirtschaftliche und technische Angelegenheiten dazu aufgefordert wurde. Die Abteilung veröffentlichte 1907 ein Buch von J. R. KILROE[4]

[1] COLE, G. A. J.: The Cartography of Soils and surficial Deposits in Ireland. Etat de l'étude et de la cartographie des sols, S. 109—112. Bukarest 1924.

[2] LAMPLUGH, G. W., J. R. KILROE, A. MCHENRY, H. J. SEYMOUR u. W. B. WRIGHT: Geology of the Country around Dublin. 1903. Map of the Dublin District 1902. — LAMPLUGH, G. W., J. R. KILROE, A. MCHENRY, H. J. SEYMOUR, W. B. WRIGHT u. H. B. MAUFE: Geology of the country around Belfast, mit Karte. 1904. — Geology of the country around Cork, mit Karte. 1905. — LAMPLUGH, G. W., J. R. KILROE, A. MCHENRY, H. J. SEYMOUR, W. B. WRIGHT, H. B. MAUFE u. S. B. WILKINSON: Geology of the country around Limerick, mit Karte. 1907. — WILKINSON, S. B., J. R. KILROE, A. MCHENRY u. H. J. SEYMOUR: Geology around Londonderry, mit Karte. 1908.

[3] KILROE, J. R., H. J. SEYMOUR u. J. HALLISSY: The Geological Features and Soils of the Agricultural Station at Ballyhaise, Co. Cavan. 1910.

[4] KILROE, J. R.: The Soil Geology of Ireland. 1907.

über die Bodengeologie Irlands, in welchem die geologische Struktur, das Klima und die Böden des Landes besprochen wurden. KILROE ist immer dafür eingetreten, daß die agrogeologischen Beobachtungen ein Teil der Funktion einer öffentlichen Landesaufnahme sein sollten. KILROEs Arbeit umschließt eine Karte von Irland im Maßstabe 1:633600, auf der die Flächen, bedeckt mit Torf, Alluvium und Glazialmoräne und ihre geologische Struktur eingetragen sind. Eine Moorkarte desselben kleinen Maßstabes wurde 1921 von der Landesaufnahme veröffentlicht. Neuerdings hat J. HALLISSY, der bereits die mechanischen Analysen für Ballyhaise ausgeführt hatte, die Untersuchung der Böden in den von der Landesanstalt aufgenommenen Gebieten durchgeführt.

Die ausgedehnten Torflager Irlands hatten frühzeitig zu einer Kartierung Veranlassung gegeben. Eine Reihe von Karten im Maßstabe $1^1/_2$ Zoll = 1 Meile findet sich in den 3 Bänden der Reports of the Commissioners appointed to enquire into the nature and extent of bogs in Ireland, welche bereits 1810 bis 1814[1] erschienen sind. In den Bänden des Statistical Survey findet sich bereits 1802 eine kleine Karte des Gebietes von Londonderry, auf welcher die oberflächigen Ablagerungen mit Farben angegeben sind. Ihr Verfasser ist G. SAMPSON. Es dürfte eine der ersten Bodenkarten sein. 1837 erschien ein Band über die Gemeinde Tempelmore in der Grafschaft Londonderry, welcher der erste in der Reihe der Bände werden sollte, die vom Ordnance Survey herausgegeben werden sollten. Diese Anstalt nahm 1832 die Herstellung topographischer Karten nach den Grundlinien von LOUGH FOYLE auf und veröffentlichte in schneller Folge Karten im Maßstabe 1:10560. Sie plante Werke über die Geologie, Naturgeschichte, Vorgeschichte und Besitzergreifung jeder Gemeinde des Landes. Darin sollte auch die Bodenbeschreibung ihren Platz finden. J. E. PORTLOCK[2], der Chef der geologischen Abteilung, führte eine Reihe agrogeologischer Beobachtungen, einschließlich chemischer Bodenanalysen aus, die in seinem Bericht über die Geologie von Londonderry veröffentlicht sind. In der Vorrede zu diesem Bericht teilt der Genannte mit, daß er in Verbindung mit dem Ordnance Survey in Belfast ein Büro für die Bodenuntersuchung organisiert habe, doch hätten die Behörden in Großbritannien dessen Tätigkeit für unpassend erklärt. Infolgedessen wurde dasselbe wieder geschlossen. Es dürfte eine der ersten Einrichtungen für die agrogeologischen Untersuchungen gewesen sein.

Die Aussichten der Bodenkartographie in Irland beurteilt G. COLE folgendermaßen: Eine der ersten Sorgen der Geologischen Landesanstalt des Freistaates (wie auch der entsprechenden von Nordirland) wird voraussichtlich die Fortsetzung der Oberflächenkarten, zunächst für die Gebiete um größere Städte im 1-Zoll-Maßstabe sein. Dies sind zwar keine richtigen Bodenkarten, aber auch die Karten der bodenkundlichen Landesaufnahme der Vereinigten Staaten scheinen G. COLE nicht anders zu sein. Auf den Karten der Oberflächenbildungen sollen Bodeneintragungen nach Art derer der Preußischen Geologischen Landesanstalt mit Vertikalschnitten am Rande vorgenommen werden. Beides war schon auf der Karte der Versuchsstation Ballyhaise der Fall. Diese Karte im Maßstabe 8 Zoll = 1 Meile genügt von allen Veröffentlichungen der Geologischen Landesanstalt am meisten den Anforderungen einer agrogeologischen Aufnahme. Die Bodenarten sind auf dieser mit Farben angegeben, ihre Variationen mit Signaturen. Das Grundgestein, wie Torf, Alluvium, Geschiebeton und untersilurischer Sandstein, ist durch schwarze Zeichen dargestellt. Es ergibt sich somit das Boden-

[1] Reports of the Commissioners appointed to inquire into the Nature and Extent of Bogs in Ireland. 1810—1814.

[2] PORTLOCK, J. E.: Report on the Geology of the County of Londonderry and of Fermanagh and Tyrone. 1843.

profil, z. B. Lehm bis toniger Lehm bzw. Ton bzw. Ton bis strenger Ton über Alluvium. Dadurch unterscheidet sich die Bodenkarte von der Karte der Oberflächenbildungen, auf der nur Alluvium erscheinen würde.

G. A. COWIE[1] hat auf der Übersichtskarte der Hauptbodenarten Großbritanniens auch Irland mit behandelt. Es kommen hier vor: sehr wenig Sand an den Rändern der Ostküste, mittlere Böden (lehmiger Sand und sandiger Lehm) in größerem Umfange, auch günstige schwere Lehme und Tonböden, ferner Hochmoore und am verbreitesten der ungünstige schwere Boden der Gebirge. Der Maßstab der Karte ist etwa 1:4000000. Den irischen Anteil an der ersten allgemeinen Bodenkarte Europas in 1:10000000 hat J. HALLISSY ausgeführt.

Italien.

Bereits in der zweiten Hälfte des 18. Jahrhunderts und in der ersten des 19. sind nach M. GORTANI[2] zahlreiche Arbeiten über die landwirtschaftliche Geologie sowohl zusammenfassend wie in Einzeluntersuchungen ausgeführt worden. Die erste Karte mit geologisch-landwirtschaftlicher Tendenz wurde 1871—72 von T. TARAMELLI und G. RICCA-ROSELLINI von Istrien und den Inseln des Quarnerogolfes im Maßstab 1:144000 ausgeführt. Sie war in der Hauptsache eine Gesteinskarte. 1880 schlugen A. STOPPANI und T. TARAMELLI der Kommission für die geologische Karte Italiens die Herstellung einer geognostisch-landwirtschaftlichen Karte des Königreichs allerdings ohne Erfolg vor. 1891 und 1895 haben G. TRABUCCO und M. BARETTI gesteinsagrogeologische Karten der Provinzen Piacenza (im Maßstabe 1:250000) und Turin (im Maßstabe 1:500000) mit Berücksichtigung der annäherungsweisen chemischen Zusammensetzung der autochthonen und umgelagerten Erden veröffentlicht.

Später wurde die Zahl der agrogeologischen Karten größer. Es sind zwei Gruppen zu unterscheiden, die eine für Katasterzwecke und zu Statistiken, die andere für spezielle landwirtschaftliche Zwecke. In den Jahren 1911—1915 wurden Karten in kleinen Maßstäben der Lombardei, Veneziens, der Marken, Umbriens und Laziens mit Einteilung des Geländes in Kulturzonen auf topographisch-orographischer Grundlage und einer Unterteilung nach geographischen und geologischen Kennzeichen veröffentlicht. Ein gutes Beispiel angewandter Geologie bei Katasterschätzungen gab 1907 NICOLAS von der veronesischen Ebene mit einer Karte im Maßstab 1:250000, unterschieden von der geologischen durch die Kennzeichen der Herkunft und Zusammensetzung der Alluvionen. Hauptsächlich lithologisch ist die zur zweiten Gruppe gehörige Karte des Monferrato (Alessandria) im Maßstab 1:75000 von TRABUCCO im Jahre 1899. Vorwiegend lithologisch mit besonderer Berücksichtigung des Kalkgehaltes ist die Karte der Provinz Brescia von CACCIAMALI (1908—1910), die Übersichtskarte in 1:100000, Teilkarten in 1:25000. Infolge der Initiative der Ackerbauschule von Bergamo wurde 1898 nach „belgischem System" eine Karte des Grundbesitzes von Grumello del Monte im Maßstabe 1:10000 aufgenommen, doch war sie zu kompliziert und daher wenig brauchbar. Bessere Ergebnisse brachten die Aufnahmen nach preußischem Muster, das CAPOBIANCO 1906 im Chianatal (Atlas von 18 Karten in 1:100000) und CANAVARI 1913 im Tibertal (Karte von Gasalina in 1:25000) anwandten. Auch die alluvialen Gebiete des Potales wurden danach kartiert. Voran gingen Versuche der landwirtschaftlichen Körperschaften von Pavia (1898; 1:100000), von Cuneo (1903;

---

[1] COWIE, G. A.: Übersicht über die Verteilung der Hauptbodenarten in Großbritannien und Irland. In P. KRISCHE: Bodenkarten, S. 87—89. 1928.

[2] GORTANI, M.: La Cartografia agrogeologica in Italia. Etat de l'étude et de la cartographie des sols, S. 113—118. Bukarest 1924.

1:25000 und 1:10000) und von Friaul (1899—1908; 1:50000 und 1:8000). Seit 1909 hat die Station für Agrikulturchemie in Udine das ebene und hügelige Gebiet von Friaul im Maßstabe 1:50000 auf geologischer Grundlage zu kartieren begonnen, wobei der Natur des Muttergesteins und der Mächtigkeit des Bodens bei den autochthonen Erden besondere Aufmerksamkeit gewidmet wurde. 1901/02 hat A. Stella eine agrogeologische Studie über Montello mit Karte in 1:25000 veröffentlicht, worin er ausführt: Die Organisation der Aufnahme und Publikation einer detaillierten agronomischen Karte würde ein schwerer Fehler sein, wenn es nicht vorher gelänge, eine systematische und einheitliche Kartierung zu finden, welche sowohl für die Ebenen wie für das Bergland brauchbar wäre.

In den Jahren 1906—1920 wurde noch eine weitere Anzahl agronomischer Karten für besondere Zwecke ausgeführt. Hervorzuheben wäre besonders ein Kartenwerk von R. Ugolini, das er im Maßstabe 1:25000 von der Umgebung von Castiglioncello an der toskanischen Küste 1910 hergestellt hat. Es enthält eine geologische, eine gesteinskundlich-hydrologische und eine agrogeologische Karte. Der ausführliche Text enthält eine Übersicht über die klimatischen Elemente, die Pflanzendecke, die Kulturarten und eine graphische Darstellung der Konzentration der im Boden zirkulierenden Lösungen. 1910 hatte das Landwirtschaftsministerium eine Kommission zur Herstellung einer agrogeologischen Karte des Königreichs ernannt. Ihr Programm wurde von C. Ulpiani aufgestellt, ihr Vorsitzender war T. Taramelli. Aber es war nicht möglich, eine Kartierung des gesamten Bodens Italiens zu erreichen, es konnte nur empfohlen werden, die italienischen Ebenen in Einzelarbeiten zu behandeln.

1928 hat G. de Angelis d'Ossat[1] die erste allgemeine Übersichtskarte der Böden Italiens veröffentlicht. Sie hat den Maßstab 1:1000000 und ist mit Farben, Schraffuren und vielen Buchstaben versehen. Einen Schwarzdruck der Karte hat P. Krische[2] in seinem Werk über Bodenkarten, zugleich mit einer ausführlichen Übersetzung der Arbeit G. de Angelis d'Ossats[3] veröffentlicht. de Angelis hat stets die Ansicht vertreten, daß die Grundlage der Bodenkarte eine geologische sowohl für die autochthonen wie für die Alluvialböden sein müsse, ohne daß dabei jedoch die Beziehungen zwischen Grundgestein, Verwitterung, Wassereinfluß und Klima übersehen werden dürften. Infolgedessen hat de Angelis die geologische Karte als Grundlage verwandt und in diese die landwirtschaftlichen Böden eingezeichnet. Dabei konnten die besonderen charakteristischen Eigenschaften der Hauptböden besonders hervorgehoben und die geologischen Formationen, welche die Natur der Böden direkt beeinflussen, vernachlässigt werden. Die Haupteinteilung war zunächst die in typisch autochthone und in typisch alluviale Böden. „Diese natürliche, notwendige und auch ökonomische Einteilung hat eine geologische Grundlage, weil sie die Dejektions- von den Erosionsflächen trennt.“ Auf den alluvialen Böden der Dejektionsflächen, gleichgültig, ob diluvialen oder alluvialen Alters, erzielt die Landwirtschaft hohe Erträge, während sich auf den autochthonen Böden der Erosionsflächen nur ausnahmsweise gute Erträge erreichen lassen. „Die zweite Einteilung beruht auf dem Milieu, das die Vegetation beeinflußt.“ Es wurde die Linie von 500 m über NN. als Grenzlinie für die günstige tiefere und die ungünstige höhere Zone

[1] Angelis d'Ossat, G. de: La Carta dei terreni agrari italiani 1 : 1000000. Nuova agricult. Rom 7, 9 (1928). — La cartografia del suolo. Ann. Tecn. agricult. 5 Jg. 1 u. 2, Rom 1929.

[2] Krische, P.: Bodenkarten, S. 79—83. Berlin 1928.

[3] Angelis d'Ossat, G. de: Vegetazione e Terre Agrario. Red. R. Acc. Lincei Rom 1913. — Rapporti fra le formazioni geologiche e la composizione del terreno agrario. Bull. Soc. Geol. Ital. Rom 1918.

gewählt. Nur in Ausnahmefällen ist über 500 m hochgelegenes Gebiet landwirtschaftlich wertvoll. Zwei grundsätzlich verschiedene Böden, bei denen das gesteinskundliche mit dem landwirtschaftlichen Moment übereinstimmt, sind einerseits diejenigen auf Serpentin- und Amphibolitgestein, die fast unfruchtbar sind, und andererseits diejenigen auf vulkanischem Gestein, die meistens sehr fruchtbar sind, was 5 Zonen des Ackerbaues ergibt:

1. Alluviale Böden. 2. Autochthone Böden unter 500 m NN. 3. Autochthone Böden über 500 m NN. 4. Vulkanische Böden. 5. Serpentinische Böden. „Der scheinbare Mangel an Einheitlichkeit in der Einteilung verschwindet durch die weiteren Untergruppen, so daß man zu einer allgemeinen Klassifikation mit wirklicher geopedologischer Grundlage kommt, welche andererseits mit der landwirtschaftlichen Tätigkeit bis zur höchst nutzbaren Grenze in bezug auf die Fruchtbarkeit des Bodens übereinstimmt[1]." Die weitere Unterteilung sieht 8 Stufen vor. Unter den alluvialen Böden werden die mit fluviatilem und marinem Ursprung von denen mit glazialem getrennt. Die autochthonen Böden werden je nach den Gesteinen, auf denen sie entstanden sind, in pliozäne Böden (Lehm, Mergel, Sand, Kies und Tuff), in solche auf eo- bis miozänem Gestein (Flysch, Schlier, verschiedene Sandgesteine, Kalk, Mergel, Geröll), in Böden auf Kalkformationen, in Böden auf kristallinischen Schichten eingeteilt. Dazu kommen die ebenfalls zu den autochthonen Böden zu rechnenden vulkanischen, die in solche auf Lava und solche auf Tuffen, jedesmal entweder sauer oder basisch, einzuteilen sind, und schließlich noch die serpentinisch-amphibolitischen Böden. Im Einzelnen werden die Böden dieser Gruppen und Untergruppen nach ihren lithologischen Eigenschaften weiter gegliedert, so z. B. die des Quartärs in steinige, kiesige, sandige, lehmigsandige, lehmige und Mergelböden. „Im allgemeinen erscheinen sie grau, gelblichgrau gefärbt; durch die Beimengung von vulkanischen Mineralien jedoch werden sie dunkler und röten sich durch die Oxydation von Eisen. Im ersteren Falle wird die Fruchtbarkeit erhöht und im zweiten vermindert[2]." Bei den Böden der Kalkformationen wird darauf hingewiesen, daß diese auch die Böden auf den alpinen kristallinen Schiefern von dolomitischen, mergeligen und sandigen Gesteinen einschließen. Auf dem Kalkgestein bildet sich Roterde, auf den anderen ein grauer bis dunkler Boden. Unterhalb von 600 m eignen sie sich mehr für Baum- als für Graskultur, die stets unter der mittleren Produktion bleibt. Über 500 m gedeiht der Wald, und zwar je nach der Mächtigkeit der Bodenschicht und ihrer Fähigkeit, die Feuchtigkeit festzuhalten, verschieden. Von 1200—1500 m ermöglicht der Boden je nach Lage und Erodierbarkeit die Weidekultur, noch höher tritt keine Vegetation mehr auf.

Jugoslawien.

Von den Teilen des jugoslawischen Staates, die früher zu Österreich-Ungarn gehörten, sind Kroatien durch A. SANDOR und die Voivodina durch P. TREITZ bodenkundlich bearbeitet worden. In Serbien hatte E. TIMKO[3] eine Teilübersicht ausgeführt. Im übrigen war nach D. B. TODOROVICS[4] im ehemaligen Königreich Serbien außer wenigen chemischen und mechanischen Bodenanalysen nichts Bodenkundliches vorhanden. 1921 wurden die bodenkundlichen Institute in Bel-

[1] Bodenkarten, S. 80.

[2] Ebenda, S. 82.

[3] TIMKO, E.: Die agrogeologischen Verhältnisse des westlichen Serbiens mit besonderer Berücksichtigung der Bodenentwicklung der Mačva und der Posavina. Jber. k. ung. geol. Reichsanst. **1916**.

[4] TODOROVICS, D. B.: Les recherches pédologiques dans la Serbie. Etat de l'étude et de la cartographie des sols, S. 295—300. Bukarest 1924.

grad und in Agram (Zagreb) errichtet. Das Institut in Belgrad wurde A. Stebutt unterstellt, der eine Anzahl Monographien serbischer Böden, allerdings ohne Karten, und später einen sehr bemerkenswerten Atlas der landwirtschaftlichen Hauptgebiete Jugoslawiens[1] verfaßt hat. Über die Untersuchung des Bodenprofils im Freien, wie sie bei diesen Arbeiten ausgeführt wurde, und über die dabei in Jugoslawien aufgefundenen und serbisch neu benannten Bodentypen hat auch D. B. Todorovics in der obengenannten Übersicht ausführlich berichtet.

A. Stebutts Atlas Jugoslawiens besteht aus 13 Karten im Maßstabe 1:3500000, die teils farbig, teils im Schwarzdruck ausgeführt sind. Sie umfassen 1. die Klimagebiete, 2. die Verteilung der jährlichen Niederschlagsmengen, 3. die Verteilung der Wälder nach Baumart, 4. die Waldfläche in Prozent der Landfläche mit Angabe der beständigen, der unbeständigen Wälder, der Macchien und des Steppengebietes, 5. die Bodenkarte, 6. die bearbeitbare Bodenfläche, Weiden und Wiesen, 7. Getreideanbau in Prozenten der produktiven Fläche, 8. die Gebiete der stenotopen und eurytopen Getreidearten, 9. Maisanbau in Prozenten der produktiven Fläche, 10. Anbau von Rotklee, Kartoffeln, Lein, Luzerne in Prozenten der produktiven Fläche, 11. Verteilung der Weingärten in Prozenten der produktiven Fläche, 12. die Gebiete der Äpfel, Birnen, Nußbäume und Pflaumen, 13. Kultur der Ölbäume und Feigen, des Reises und der Baumwolle. Die Mehrzahl der Karten sind kartographische Übertragungen der land- und forstwirtschaftlichen Statistik Serbiens. Die farbige Bodenkarte zeichnet sich in ihrer Art durch Grundsätze aus, die z. T. auf vielen Übersichtskarten, wenn auch versteckt, angewandt, aber so klar und systematisch sonst nicht durchgeführt worden sind. U. a. heißt es auf der Karte: Die Grundfarbe der Fläche entspricht dem regionalen bodenbildenden Prozesse, die Streifen den verschiedenen sekundären Bodenarten. Dargestellt sind: I. unentwickelte Böden, a) Felsen, Schotter, Sand (agenetische Böden), b) Alluvium, Deluvium, Skelettböden (genetisch junge Böden), II. Entwickelte Böden: 1. Dealkalisation, a) salzhaltige Halbwüstenböden (Dealkalisation mit Versalzung der Oberfläche), b) Tschernosiom, Rendzina (Dealkalisation mit Entlaugung), 2. Destruktion, a) Podsolböden (saure Podsolierung), b) Mineralmoore (saure Podsolierung mit Anschlämmung), c) Solonetz (Sodapodsolierung), d) Solontschak (Sodapodsolierung mit Anschlämmung, e) Braunerden (Verbraunung, Rubifaktion), f) Terra rossa (Laterisation), g) Torfmoore, Alpenwiesen (Vertorfung). Die Karte zeigt 3 Streifen, die ungefähr von Nordwest nach Südost verlaufen, doch biegt der östliche mehr in die Nordsüdrichtung um. Der westliche Streifen an der Adria ist das Gebiet der Roterde der mittlere das der Podsolböden; in den östlichen Teilen sind 2 Gebiete, Tschernosem und Rendzina (teils im Norden, teils im Süden), getrennt durch ein Gebiet der Braunerden, vorhanden, ganz im Südosten tritt ein kleines Gebiet der salzhaltigen Halbwüstenböden auf. Alle übrigen genannten Typen werden nur mit farbigen Schraffuren in den Gebieten der Roterde, des Podsolbodens, der Tschernoseme, Braunerden und Halbwüstenböden angegeben. Es sind in dieser Übersichtskarte also nicht die im Felde kartierten Böden in ihrer Mannigfaltigkeit nebeneinander dargestellt, sondern die hauptsächlichen bodenbildenden Faktoren. Der eigentliche Nachdruck liegt auf den oben in Klammern hinter den Typennamen genannten Vorgängen, die von A. Stebutt[2] an anderer Stelle näher erläutert werden. Im Text zu dem Atlas nennt A. Stebutt Jugoslawien geradezu ein Bodenmuseum Europas. Bodenzonen wie in Rußland könne man in Serbien

[1] Stebutt, A.: Landwirtschaftliche Hauptbodengebiete des Königreichs S. H. S. Belgrad 1926. — Vgl. auch H. Stremme: Neue Bodenkarten. Ernährg. Pflanze 1927, Nr 11.

[2] Stebutt, A.: a. a. O., S. 26.

nicht finden. Die Zonalität würde durch den mächtigen Einfluß des Reliefs, der Oberflächenneigung, gestört. Die schwierigen Bodenverhältnisse im einzelnen nach Bodentypen und Bodenarten darzustellen, hat Stebutt nicht versucht, sondern er hat vielmehr eine vorläufige Bestimmung der typischen bodenbildenden Vorgänge des Gebietes gegeben. Vergleicht man die Bodenkarte mit der Klima- und der Waldkarte, so ist das Gebiet der Roterde zugleich das des mediterranen Klimas und der Macchien. Mit Streifen ist das Vorkommen agenetischer Böden angegeben. Das Gebiet der Podsolböden hat atlantisches Gebirgsklima und ist zugleich das Gebiet der beständigen Wälder, es ist sogar zumeist bis über 45 % der Totalfläche von Wald bedeckt. Mit Streifen sind im Nordwesten, Westen und Südwesten des Podsolgebietes die genetisch jungen Böden und die Mineralmoore, im Nordosten die agenetischen Böden angegeben. Die dritte Zone hat Steppen- und Kontinentalklima, der nördliche Teil des Tschernosems ist das Steppengebiet, die übrigen sind die Gebiete der unbeständigen Wälder und haben zumeist nur 0—25 % Waldbedeckung auf der Gesamtfläche. Das nördliche Tschernosem- und Rendzinagebiet zeigt in Streifen agenetische Böden, Mineralmoore und Braunerden, das südliche Gebiet sowie die westlich und östlich angrenzenden Teile der Podsolzone bzw. der Halbwüste haben nur die agenetischen Böden, das Braunerdegebiet hat Podsol- und Mineralmoorstreifen. Die Karte ist in ihrer Art eine der eigenartigsten und anregendsten. Die hier grundsätzlich nach den bodenbildenden Faktoren Klima, Relief, Vegetation durchgeführte Darstellung der Bodengebiete dient, wie schon erwähnt, auch anderen Bodenübersichtskarten als Grundlage, ohne dann allerdings so klar und offen hervorzutreten.

Der jugoslawische Anteil an der Bodenkarte Europas im Maßstab 1:10000000 rührt ebenfalls von A. Stebutt her.

In P. Krisches Werk über die Bodenkarten hat Koch[1], Zagreb, eine Bodenübersichtskarte Jugoslawiens gebracht, deren Einteilung wie folgt lautet: leichter Sandboden, mittlerer armer Boden (Karstlehm, Terra rossa, lehmiger Sand), mittlerer besserer Boden (Schwemmlanddolinen, feiner lehmiger Sand, überwiegend kalkarm; Heideboden) günstiger schwerer Boden (Ton- und Lehmboden, humusreicher Waldboden), mittlerer Boden (sandiger Lehm und lehmiger Sand) und Moore.

Lettland.

Wie in Estland und in Litauen (außer dem Memelland) ist auch in Lettland die russische Bodenkartierung betrieben worden, und zwar die geologische hauptsächlich von Deutschbalten (Grewingk, Fr. Schmidt, Doss). Mehr auf eine Bodenbonitierung hat G. Thoms[2] Wert gelegt. Eine Karte der Bodenarten hat H. Hausen[3] veröffentlicht und J. Wityn später nachgedruckt. Eine Reihe wertvoller neuerer Arbeiten mit Karten und z. T. farbigen Bodenprofilen hat J. Wityn[4] ausgeführt. Auf seiner Bodenkarte Lettlands hat J. Wityn die russischen Bezeichnungen gewählt. Besonders bemerkenswert ist die Feststellung solcher Gebiete, in denen podsolige Böden infolge des Ackerbaus verbessert worden sind.

---

[1] Koch, A: Die Bodenübersichtskarte Jugoslawiens. In P. Krische: Bodenkarten, S. 54. 1928.

[2] Thoms, G.: Wertschätzung der Ackererde auf naturwissenschaftlich-statistischer Grundlage. Mitt. Riga 1—3 (1888—1900).

[3] Hausen, H.: Materialien zur Kenntnis der pleistocänen Bildungen in den russischen Ostseeländern. Fennia 34. Helsingfors 1913—1914.

[4] Wityn, J.: Die Sande und sandigen Böden von Lettland. Riga 1924. — A brief Survey of Soil Investigations of Latvia. Riga 1927.

Litauen.

Der ehemals zum russischen Kaiserreich gehörige Anteil Litauens ist von den russischen Pedologen[1] nach Bodenentstehungstypen, das ehemals preußische Memelland z. T. von der Preußischen Geologischen Landesanstalt[2] auf geologisch-agronomische Weise kartiert worden. Eine besondere Karte hat S. MIKLASZEWSKI[3] herausgegeben. Der Maßstab ist 1:1500000. Unterschieden sind mit Farben: Sande (leichte und starke humose Sande, Dünensande, bewegliche Sande, Sande mit hydrostatischem Wasser auf Diluvium), echte Podsole auf Diluvium, schwarze Erde der Sümpfe auf Diluvium, bisweilen auf Alluvium, tonige Podsole auf Diluvium, tonige und sandige Alluvionen; mit Schraffuren: devonischer Gips im Untergrunde (bildet keine Gipsrendzina), Kreidekalke und -mergel im Untergrunde (bildet keine Rendzina), tertiäre Sande und Tone im Untergrunde (nicht bodenbildend). Die echten Podsole überwiegen bei weitem. Die schwarzen Sumpferden sind im Südwesten des Landes verbreitet. Die Erläuterung zur Karte enthält eine große Zahl von Korngrößen- und Kalkkarbonatbestimmungen.

Niederlande.

Die älteste Bodenkarte eines Teiles der Niederlande ist nach J. VAN BAREN[4] diejenige der Provinz Groningen von G. A. STRATHING 1839, welche 13 Unterscheidungen aufweist.

Die ersten, sehr ausgedehnten und gründlichen Untersuchungen über die geologischen Bildungen des Gesamtbodens der Niederlande hat nach J. VAN BAREN[5] W. C. STARING ausgeführt. Schon 1844 hatte er in holländischer Sprache eine Abhandlung über die Geologie und die Landwirtschaft der niederländischen Sandböden veröffentlicht. Er schrieb 1860 ein zweibändiges Werk über den Boden der Niederlande und gab 1869 auf Staatskosten einen geologischen Atlas mit 27 Karten heraus. Darin unterschied er den Boden nach folgenden Gesichtspunkten: mariner Lehm, fluviatiler Lehm, Meeresdünen, Hochmoortorf, Flachmoortorf, Löß, Verwitterungslehm, Kiesböden, Sandböden. Im gleichen Jahre erschien seine agronomische Karte der Ackerbausysteme in den Niederlanden, die auf der Grundlage der Bodeneignung ruht.

Gleichzeitig mit den Arbeiten STARINGS wurden auch von anderen Seiten Untersuchungen über den niederländischen Boden veröffentlicht, so 1852 von S. J. VAN ROYEN eine Abhandlung über die Bodenarten der Provinz Drente, worin der Autor die chemische und mineralogische Zusammensetzung, die physikalischen Eigenschaften und die landwirtschaftliche Bedeutung der Bodenarten der Provinz bespricht. In der Provinz Groningen wurde 1854 eine Kommission für die statistische Beschreibung dieser Provinz eingesetzt, welche viele Abhandlungen ihrer Mitglieder veröffentlichte, darunter 1861 den „Versuch einer statistischen Beschreibung der Landwirtschaft in der Gemeinde Winschoten“ von A. COHEN mit einer ausführlichen Bodenkarte. Sie gab Ver-

[1] K. D. GLINKA (Die Typen der Bodenbildung, S. 256. Berlin 1914) nennt als Autoren in der polnisch-litauischen Region AMALITZKI, GEDROIZ, KRISCHTAFOWITSCH, MIKLASZEWSKI, NIKITIN, SIEMIRADZKI und DUNIKOWSKI, SIBIRCEW.

[2] Lieferung 207 die Blätter Nidden, Perwelk, Schwarzort, Schmelz, Memel und Nimmersatt umfassend. Berlin 1916.

[3] MIKLASZEWSKI, S.: Mapa Gleb Litwy. La carte des sols de la Lithuaine. Warszawa 1927.

[4] BAREN, J. VAN: Die Hauptbodenarten der Niederlande. Ernährg. Pflanze Berlin 1915. — Wieder abgedruckt in P. KRISCHE: Bodenkarten usw., S. 89—97. Berlin 1928.

[5] BAREN, J. VAN: La cartographie agrogéologique aux Pays-Bas. Etat de l'étude et de la cartographie des sols, S. 143—145. Bukarest 1924.

anlassung zu J. M. VAN BEMMELENS[1] Untersuchungen über die chemische Zusammensetzung der alluvialen Bodenarten der Provinz Groningen im Jahre 1865. Nach STARINGS Tode 1877 schwand das Interesse für das geologische und das agrogeologische Studium, bis es J. LORIE wieder aufnahm. Seit 1877 veröffentlichte er eine Reihe von Abhandlungen über die Geologie der Niederlande und der angrenzenden Länder. 1906 gab J. VAN BAREN anläßlich des hundertsten Geburtstages W. C. STARINGS die erste Lieferung einer modernen Arbeit über die Geologie der Niederlande mit Karten, Tafeln, Abbildungen und dergleichen heraus.

In chemischer Hinsicht hat J. M. VAN BEMMELEN in zahlreichen Abhandlungen seit 1863 den niederländischen Boden beschrieben. Nach seinem Tode (1911) wurden sie besonders von seinem Schüler D. J. HISSINK weiter fortgesetzt, der sich neuerdings in seinen Arbeiten über den Landgewinn im Haarlemer Meer auch der kartographischen Methode bedient.

Im Verfolg seiner Arbeiten über die Geologie der Niederlande veröffentlichte J. VAN BAREN 1913 eine Abhandlung über die Hochmoore der Niederlande (in „Ernährung der Pflanze") und 1915 die oben erwähnte über die Verteilung der Hauptbodenarten in den Niederlanden. Sie enthält 2 Karten, erstens eine auf Grund der geologischen Karte von STARING und eigener Aufnahmen 1914 entworfene Bodenkarte und zweitens eine Agrikulturkarte der Niederlande. Die Maßstäbe dürften etwa 1:1,5 bzw. 1:2,25 Millionen sein. Die Bodenkarte teilt die Böden in leichte, mittlere, schwere Bodenarten und Moorböden ein. Als leichte Bodenarten sind fluviatile und glaziale Sand- und Grandböden, Flugsandbildungen, marine Sandböden (Dünen- und Geestböden), als mittlere Flußtonböden, Lößböden und als schwere Seekleiböden (Marschböden) genannt. Die Moorböden werden in Hochmoor- und Niederungsmoorböden eingeteilt. Die Agrikulturkarte hat die Einteilung: hauptsächlich Seekleiböden mit gemischtem landwirtschaftlichen Betrieb; meistens Ackerbau, hauptsächlich Flußtonböden und Lößböden mit gemischtem landwirtschaftlichen Betrieb; meistens Weidewirtschaft, hauptsächlich Moorböden; meistens Weidewirtschaft, Sandböden mit Landwirtschaft, Ackerbau und Weidebetrieb haben gleichen Anteil; hauptsächlich Moorkolonien, Gartenbaugebiete. Diese liegen auf Grund des Vergleiches mit der Bodenkarte teils auf Flugsandböden, teils auf Seekleiböden.

Im Jahre 1920 ist eine staatliche Geologische Landesanstalt mit dem Sitz in Haarlem gegründet worden, deren Ziele jedoch geologische, nicht bodenkundliche sind.

Den niederländischen Anteil an der ersten allgemeinen Bodenkarte Europas hat 1927 J. VAN BAREN geliefert, desgleichen den entsprechenden an der in Arbeit befindlichen vergrößerten Karte.

Eine umfassende neue Zusammenstellung über den Boden der Niederlande hat ebenfalls J. VAN BAREN[2] veröffentlicht.

Norwegen.

Die Bodenkartierung Norwegens datiert seit der Errichtung der Geologischen Landesanstalt unter TH. KJERULF im Jahre 1858. Über ihre Tätigkeit in bodenkundlicher Hinsicht berichtete K. O. BJÖRLYKKE[3]. Während der Jahre 1858—1863 gab TH. KJERULF Karten mit Beschreibung der Böden von Romerike, Aken, Hadeland, Ringerike und Hedemark heraus. Unter seinem Nachfolger H. REUSCH

[1] BEMMELEN, J. M. VAN: Bodenuntersuchungen in den Niederlanden. Landw. Versuchsstat. **8**, 255 (1866).

[2] BAREN, J. VAN: De bodem van Nederland. Amsterdam 1927.

[3] BJÖRLYKKE, K. O.: On Soil Survey, Investigation and Mapping in Norway. Etat de l'étude et de la cartographie des sols, S. 146—156. Bukarest 1924.

erschien eine Bodenkarte von Jaeren, aufgenommen durch A. GRIMNES 1910, ferner eine agrogeologische Kartenskizze der Umgebung von Trondhjem, aufgenommen von BLAKSTAD und H. REUSCH 1901 und schließlich Torfuntersuchungen mit Karten von G. E. STANGELAND. 1908 bildete die Landesanstalt zusammen mit der Kgl. Gesellschaft für die Wohlfahrt von Norwegen ein aus 3 Mitgliedern und einem zeitweiligen Mitarbeiterstabe bestehendes Kommittee, welches von 1909—1921 18 Bodenbeschreibungen mit Kartenskizzen herausgab. 1921 wurde seine Tätigkeit vom Staate übernommen und mit der Landwirtschaftlichen Hochschule in Aas unter der Bezeichnung Statens Jordundersägelse (bodenkundliche Landesaufnahme) vereinigt. Sie ist jetzt als dauernde Einrichtung dem Geologischen Institut der Landwirtschaftlichen Hochschule angegliedert und dessen jeweiligem Leiter unterstellt. Diese Landesaufnahme betreibt zur Zeit systematisch das Studium des Bodenprofils mit Boden und Untergrund, woraus sich für den gedachten Zweck die Bedeutung der klimatischen Faktoren, der Topographie und des Grundwassers ergeben hat.

Der norwegische Boden ist vergleichsweise zu den Böden anderer Länder jung, erst vor 10—20000 Jahren sind die Gesteine eisfrei geworden und ist das Land aufgestiegen. Infolgedessen ist die Verwitterung nicht so weit vorgeschritten wie in vielen anderen Ländern, doch ist sie gut bemerkbar und makroskopisch an der Färbung der Bodenhorizonte zu erkennen. Unter den wissenschaftlichen Ergebnissen der Landesaufnahme mögen hervorgehoben werden die Feststellungen der Verschiedenheit der Böden an Abhängen einerseits, auf flachem Lande andererseits, desgleichen unter dem Einfluß verschiedener Temperaturen und Niederschläge sowie nach der Natur des Humus.

An Veröffentlichungen sind bis 1924 20 Bodenbeschreibungen und 12 Flugschriften erschienen. Die erste Übersichtskarte der Böden ist von K. O. BJÖRLYKKE im Maßstabe 1:10000000 ausgeführt und für die Bodenkarte Europas im gleichen Maßstabe verwendet worden.

Im Maßstabe von etwa 1:6 Millionen hat K. O. BJÖRLYKKE[1] neuerdings eine weitere Übersichtskarte veröffentlicht, welche die Einteilung in Hochgebirgsregionen, Region mit geringem Niederschlag (< 500 mm) und angereichertem Boden, Region mit mittlerem Niederschlag (5 zu 600 bis 1000 mm) und schwach ausgelaugtem Boden, Region mit hohem Niederschlag (> 1000 mm) und stark ausgelaugtem Boden hat. Die letztgenannte Region zieht sich fast an der ganzen Küste entlang. Die Region mit schwach ausgelaugtem Boden ist in zwei weit auseinanderliegende Teile zerlegt. Der südliche umgibt den Christiania-Fjord, der nördliche zieht sich von Narwik am nördlichsten Teil der Küste vorbei bis zum Varanger Fjord. Zur Region mit angereichertem Boden gehört Zentralnorwegen (Dovre und Skjåk). Hier begegnet man oft Profilen mit gekrümeltem, tiefem A-Horizont und fehlendem oder schwach ausgebildetem B-Horizont. Die Reaktion ist bisweilen alkalisch. Das Ostland um den Christiania-Fjord herum hat anscheinend kaum oder schwach gebleichte Böden mit schwachen Rostbildungen im B-Horizont und geringer Versauerung, das stärker ausgelaugte Westland mehr podsoligen Charakter, während in Finnmarken ausgesprochene Podsolprofile auftreten.

Österreich.

Ein früher Vorschlag zur Beschaffung einer Bodenkarte im alten Österreich rührt von J. C. SCHMIDT[2] her. Er beantragte 1861 im Werner-Verein in Mähren,

[1] BJÖRLYKKE, K. O.: Om Norges Jordsmonn. Norsk geologisk tidsskrift B XII, 1931. S. 89—116. 4 Taf. 1 Karte.

[2] SCHMIDT, J. C.: Antrag auf Beschaffung einer Bodenkarte von Mähren und Schlesien. Jber. Werner-Verein 11, 29—35 (1861).

eine Karte des „Urbodens" für Mähren und Schlesien herzustellen, unter welchem er die Erdarten verstand, welche aus den Gesteinsmassen infolge der Zersetzungen und Umbildungen unter dem Einfluß von Wasser und Atmosphärilien entstehen. Die Herstellung einer solchen Karte war seiner Auffassung nach Sache des Geologen, „während eigentliche agronomische Karten, auf welchen die Fruchtbarkeitsdetails bis ins kleinste berücksichtigt und ersichtlich gemacht werden können, dem forst- und landwirtschaftlichen Fachmanne zur Aufgabe anheimfallen, welcher die Fruchtbarkeits- und Erträgnisverhältnisse darzustellen allein in der Lage ist".

Einen der ersten Versuche einer Bodenkarte hat H. WOLF 1866 ausgeführt[1]. Es wurden die Gemeinden Atzgersdorf und Erlaa bei Wien im Maßstabe 1:2880 kartiert, und zwar wurde „der Ackerkrume, welcher bei Darstellung rein geologischer Karten gar keine Berücksichtigung zuteil wird, der Vorrang gegeben". Die Ackerkrume — welche in der land- und fortswirtschaftlichen Ausstellung im Wiener Prater 1866 durch 63 Erd- und Gesteinsproben vor Augen geführt wurde — war dem äußeren Ansehen nach in den beiden Gemeinden wesentlich gleichartig, „jedoch durch die Beschaffenheit und Zusammensetzung des Untergrundes sowie durch ihre eigene Mächtigkeit, mit welcher sie diesen deckt, verschiedenen physikalischen Einflüssen unterworfen, die für die Ertragsfähigkeit des Bodens maßgebend sind". Dargestellt waren auf der Karte 3 Bodenkategorien mit Bezugnahme auf ihren Untergrund, dessen Höhenlage und Neigungsverhältnisse. Die 1. Kategorie bezeichnet die Ackererden mit Sand- und Tonunterlagen auf Cerithienschichten als mittelfeuchte warme Böden. Die 2. Kategorie benennt die Ackererden mit mächtigen groben Schotterunterlagen (Lokalschotter) als trocken warme Böden. Die 3. Kategorie bezeichnet die Ackererden mit reinen Tonunterlagen auf Congerienschichten als nasse, kalte, schwere Böden. Von diesen Bodenkategorien hat H. FICHTNER die wasserdunstaufnehmende (durch Trocknen bei 100°) und die wasserhaltende Kraft (durch Benetzen der getrockneten Probe) bestimmt, die in der Erläuterung mitgeteilt werden. Ferner gibt die Erläuterung auch in tabellarischer Übersicht die Durchschnittserträge der einzelnen Bodenkategorien und deren Gesamtverbreitung in Zahlen an. An Weizen, Roggen, Gerste, Hafer, Kartoffeln, Rüben und Klee gibt die 1. Kategorie mehr als die 2. und diese mehr als die 3., doch steht durchschnittlich die 2. der 3. näher als der 1. Nur im Heuertrag gibt die 3. mehr als die beiden anderen, die sich ziemlich gleich darin verhalten. H. WOLF war Geologe der k. k. Geologischen Reichsanstalt.

Kurz danach erschien nach Graf LEININGEN[2] eine im Programm des Salzburger Gymnasiums 1867 wiedergegebene landwirtschaftliche Bodenkarte des Herzogtums Salzburg von I. WOLDRICH mit einer Darstellung der petrographischen Verhältnisse, wobei Torf, Sand, Schotter usw. besonders ausgeschieden wurden. Nach B. RAMSAUER ist sie durch die nachstehend erwähnte Arbeit von I. R. LORENZ beeinflußt. Ähnlich war auch die von H. WOLF entworfene Bodenübersichtskarte Vorarlbergs 1867 durchgeführt.

In besonderer Weise wurde die Bodenkartierung Österreichs 1867/68 durch I. R. LORENZ (VON LIBURNAU)[3] gefördert. In seinem Werke über die Kultur-

[1] FICHTNER, JOHANNES u. HEINRICH WOLF: Erläuterungen zur geologischen Bodenkarte. Ausgestellt in der Allgemeinen Land- und Forstwirtschaftlichen Ausstellung im k. k. Prater. Wien 1866. (Die Karte selbst liegt hier nicht vor, da sie anscheinend nicht gedruckt wurde.)

[2] LEININGEN, W. Graf ZU: Die Bodenkartographie in Österreich. Etat de l'étude et de la cartographie des sols, S. 159—163. Bukarest 1924.

[3] LORENZ, I. R.: Die Bodenkulturverhältnisse des österreichischen Staates. Wien 1867. — Die kartographischen Darstellungen auf der Pariser Ausstellung 1867. Peterm. Mitt. 1867, 367.

verhältnisse des österreichischen Staates führte er die Unterscheidung der einzelnen Bodenarten derart durch, daß er alle jene geologischen Ablagerungen und Gesteinsarten zu einer Gruppe zusammenfaßte, welche ohne Rücksicht auf Alter und Entstehung gleiche oder wesentlich verwandte Bodenarten darstellen oder bei der Verwitterung liefern. Damit war die Loslösung von der Geologie, und bis zu einem gewissen Grade auch von der Petrographie, erfolgt. Ein Jahr später veröffentlichte I. R. LORENZ[1] seine grundlegende Arbeit: „Grundsätze für die Aufnahme und Darstellung der landwirtschaftlichen Bodenkarten." Durch sie fand die Systematik der Bodenkartierung ihre erste grundlegende Fassung überhaupt, die sowohl in der Darstellung wie in den zugehörigen Erläuterungen im wesentlichen noch heute nicht überholt ist[2]. LORENZ unterschied: 1. Generalkarten in einem Maßstabe von mindestens 1:360000 mit der oben wiedergegebenen Bodeneinteilung. 2. Übersichtskarten, welche im Maßstabe von 1:85400 die Bodenkrume selbst, wenigstens in den Hauptgruppen oder Kategorien ihrer Verwendbarkeit samt ihren Beziehungen zum Untergrunde darzustellen hätten. 3. Detailbodenkarten im Maßstabe 1:2880—7200, die eine ganz ins Einzelne gehende Darstellung aller Unterklassen der Böden zu bringen hätten und außerdem durch einen Bericht über die chemischen und physikalischen Eigenschaften zu ergänzen wären. Auf dem beigefügten Beispiel einer Detailbodenkarte waren auch einzelne Profile angebracht.

Im einzelnen ist zu den 3 Karten noch das Folgende zu sagen: Die „Generalbodenkarte Österreichs, dargestellt in Gruppen von landwirtschaftlich gleichwertigen Gesteinen und Ablagerungen" gibt mit Farben und farbigen Signaturen 8 Gruppen wieder: 1. Kalksteine (Kalksteine im eigentlichen Sinne, Kalksandstein, Dolomit); 2. eruptive Tonerdesilikate (Basalt, Trachyt, Porphyr usw.); 3. ältere Silikatschiefer (Glimmer-, Urton-, Grauwackenschiefer usw.); 4. granitisch gemengte Feldspatgesteine (Granit, Gneis usw.); 5. tonige und kieselige Sandsteine (weichere tonig-mergelige, härtere, vorwiegend kieselige Sandsteine); 6. jungtertiäre Ablagerungen (sandige Letten, lettige Sande, Tegel, Mergel, Schotter, Sande); 7. diluviale und alluviale Sande und Schotter (Sand, Schotter); 8. diluviale und alluviale Lehm- und Lößablagerungen (Lehm und Löß, Schwarzerde = Tschernosem). Die Einteilung beruht auf einer Vermischung von petrographischen und historisch-geologischen Prinzipien, zum Schluß tritt auch etwas rein Bodenkundliches in Gestalt des Tschernosems auf. Dieser wird als in südlichen, östlichen und nordöstlichen Teilen der ungarischen Tiefebene und in Galizien östlich Tarnopol vorhanden angegeben.

Die Übersichtsbodenkarte der Umgebung von St. Florian in Oberösterreich bringt Farben und farbige Zeichen für Bodenarten mit und ohne nachschaffenden Untergrund und schwarze Umgrenzungslinien für ausgedehntere lokale Abarten des Bodens. Als Bodenarten mit nachschaffendem Untergrund werden angegeben: fetter, ziemlich strenger Lehm, schwach kalkhaltig (gut kleefähiger Weizenboden), angemagerter Lehm, schwach kalkhaltig (gut kleefähiger Gerstenboden, stellenweise Haferboden), Löß, mehlig, sehr kalkreich (schwach kleefähiger Roggenboden). Als Bodenarten ohne nachschaffenden Untergrund werden benannt: abgeschwemmter Lehm (meist etwas milderer, gut kleefähiger Weizenboden), angemoorter Lehm, lokal Pechboden (warmer, sehr gut kleefähiger Weizen- und Rapsboden), quarzsandiger lockerer Lehm, humusreich (ungleich gemengter, noch gut kleefähiger Weizenboden in Gersten- und Roggenboden übergehend), kalk-

---

[1] LORENZ, I. R.: Grundsätze für Aufnahme und Darstellung von landwirtschaftlichen Bodenkarten, 20 S. Text, 3 Karten. Wien 1868.

[2] RAMSAUER, B.: Die Bodenuntersuchung und -kartierung im Lande Salzburg. Etat de l'étude et de la cartographie des sols. S. 293. Bukarest 1924.

sandig-toniger Schlickboden (noch kleefähiger, schwächerer Weizenboden), Heideboden, stark kalkhaltig (ziemlich hitziger, nicht mehr kleefähiger Roggenboden), kalkreicher Flugsand (nur Gras- und Auenboden). Mit den schwarzen Umgrenzungslinien wird auf den Flächen der vorbezeichneten Bodenarten absoluter Waldboden und absoluter Wiesenboden ausgeschieden, und zwar werden auch die hierfür in Frage kommenden Ursachen angegeben und zwar: Waldboden wegen seichtliegenden Schotters oder Sandes unter Lehm, wegen übermäßig strengen groben Lehmes, wegen seichtliegenden Schieferuntergrundes, wegen zu mageren Lehmgrundes, wegen durchfeuchteten Sand- und Schotterbodens (Auenbodens); Wiesenboden wegen Durchfeuchtung mit Seihwasser oder Stauwasser längs der Bäche. Mit Zahlen ist die Mächtigkeit der Erdarten auf fremdem Untergrunde in den Tälern bezeichnet. 5 Profile am Rande der Karte geben als die 3 Haupttypen die Bodenlagerung im Hügellande, die Bodenlagerung längs der Donau und die Bodenlagerung längs der Traun wieder. Die Profile sind teils geologisch, teils aber auch bodenkundlich. So wurden besondere Buchstaben für die Bodenkrume verwendet und in der Erklärung zum Ausdruck gebracht, aus welchem Gestein sie entstand, und ferner die Abschlämmassen als aus der Bodenkrume hervorgegangen bezeichnet.

Die Detailbodenkarte ist ein kleiner Ausschnitt aus der Übersichtsbodenkarte. Die beiden Hauptgruppen mit und ohne nachschaffenden Untergrund kommen mit 2 bzw. 3 Bodenarten vor und sind diesmal sehr eingehend erläutert. Jede der Bodenarten ist in 8 senkrechten Reihen nach allen Richtungen durchgeprüft: summarische Bezeichnung der Bodenarten, Zusammensetzung (Körnung, hygroskopische Feuchtigkeit, Löslichkeit in Königswasser, qualitative Zusammensetzung des Salzsäureauszuges), Bezeichnung nach dem Verhalten zur Vegetation überhaupt, Bezeichnung nach der Tragbarkeit, lokale Abänderungen, Verhältnisse der Mächtigkeit (mit Ziffern) und des Untergrundes, Angabe der Bodenklasse des Katasters, der normalen Bodenart und die der lokalen Abänderungen. Eine Reihe von besonderen Zeichen geben die Bodenlage an: Umgrenzung der Hochebenen, Umgrenzung der Tiefebenen längs der Wasserläufe, waagerechte Lage der Parzellen, Exposition der geneigten Parzellen (schwach, stark, sehr stark geneigt), Quellen und quellsumpfige Orte, Zahlen für die Mächtigkeit der nicht nachschaffenden Bodenarten. Die Böden sind im Einzelnen so genau beschrieben und gekennzeichnet und die für die Bodennutzung wichtigen Faktoren so klar erkannt, daß eine moderne Aufnahme dieser fast 70 Jahre zurückliegenden Kartierung nur wenig hinzuzufügen hätte.

1884 wurde von F. TOULA[1] eine neue Bodenübersichtskarte Österreichs veröffentlicht, sie ist eine Übertragung der geologischen Karte ins Petrographische. Die Einteilung war 1. Silikatgesteine, 2. Karbonatgesteine, 3. jüngere Sedimentbildungen: a) fette und magere Tone (Tegel), sandige Tone und tertiäre tonige Sande, b) Löß, c) Flugsand, d) gefestigter Sand, e) grober Sand und Kies, f) Moorböden, g) Teilanschwemmungen.

Die Geologische Reichsanstalt (jetzt Bundesanstalt) in Wien hat sich nach Graf LEININGEN[2] 1910 gutachtlich zu der Frage der Bodenkartierung geäußert. A. TILL[3] bemerkt, daß ihr Direktor E. TIETZE sich grundsätzlich für die Trennung der Bodenaufnahme von der geologischen ausgesprochen habe. Die

---

[1] TOULA, F.: Bodenkarte von Österreich-Ungarn nebst Bosnien-Herzegowina. 1:250000. Phys. stat. Atl. Österr.-Ung. Nr. 11. Wien 1884. Zitiert bei Graf W. ZU LEININGEN: Die Bodenkartographie in Österreich, a. a. O., S. 159.

[2] LEININGEN, Graf W. ZU: Die Bodenkartographie in Österreich, a. a. O., S. 159.

[3] TILL, A.: Die Bodenkartierung, S. 73.

gleiche Ansicht wurde auch von W. VON LEININGEN vertreten[1]. Er verkennt nicht den Wert der geologischen Feststellungen für die Bodenkunde, wünscht aber mindestens eine Trennung in geologische Karte und in Bodenkarte, wie sie die Ungarische Geologische Reichsanstalt durchgeführt habe. Noch besser sei eine besondere bodenkundliche Kartierung, die in Österreich zunächst an mehreren Stellen erprobt werden möchte, ehe man sie allgemein einführe.

Gegenwärtig werden einerseits in Niederösterreich und dem Burgenlande seit 1921 von A. TILL, andererseits in Salzburg seit 1922 von B. RAMSAUER Bodenkarten verschiedener Systeme ausgeführt.

A. TILL[2] hat eine ganze Reihe von Bodenkarten veröffentlicht, welche der landwirtschaftlichen Praxis dienen. Die einschlägigen Vorstudien sind in dem kleinen Werk „Die Bodenkartierung und ihre Grundlage" niedergelegt. Eine Übersicht enthält A. TILLS[3] Arbeit in dem von G. MURGOCI herausgegebenen Bande über den Zustand des Studiums und der Kartierung der Böden in vielen Ländern. Danach unterscheidet A. TILL Karten mit dem genetischen Bodentypus und solche mit der physiographischen Bodenart. Die Bodentypenkarten werden in Übersichtskarten und Spezialkarten getrennt.

Wichtig erscheint ihm in beiden Fällen, daß man sich nicht von „praktischen" Gesichtspunkten und auch nicht von bestimmten Theorien leiten lasse, sondern in allen Fällen die Differentialdiagnose auf Grund der beobachteten Merkmale anwende. „Die eminent praktische Bedeutung solcher rein wissenschaftlicher Bodenkarten wird sich gewiß später von selbst ergeben." Um die Bodentypen richtig zu verstehen, erscheint es ihm vorteilhaft, Hilfskarten, und zwar eine morphologische, eine petrographische, eine klimatologische und eine geobotanische beizugeben.

„Die Bodenartenspezialkarte soll unmittelbar praktischen Zwecken dienen. Ihr Maßstab kann selbst bei einfachsten Verhältnissen nicht unter 1:25000 gewählt werden." Als Hilfskarten werden den Bodenartenkarten eine Karte der hydrographischen Verhältnisse (Wasserführung) und eine Karte, die in fortlaufender Nummerierung die Stellen der Probeentnahmen und Bohrungen verzeichnet, beigegeben. Auch die wichtigsten Fundpunkte nutzbarer Bodenmineralien wie Schotter, Bausand, Mergel, Kalk usw. sind eingezeichnet.

Unterstützt wird das Verständnis und die praktische Auswertbarkeit der Karten durch eine Tabelle der Profile aller Probestellen und durch einen ausführlichen erläuternden Text, der grundsätzlich folgende Teile enthält: 1. An-

---

[1] LEININGEN, Graf W. ZU: Bodenkartierung und bodenkundlicher Unterricht. Zbl. Forstwesen 1914, H. 3/4. — Zur Frage der Bodenkartierung. Naturwiss. Z. Forst- u. Landw. 1914, 114—122. — Die Bedeutung der Bodenkarte für Land- und Forstwirtschaft. Österr. Vjschr. Forstwesen 1915, H. 3 u. 4.

[2] TILL, A.: Bodenartenkarte der Umgebung von Kirchschlag, N.-Ö., mit Erläuterungen. (Aufgenommen 1922, veröffentlicht 1927.) 1 : 25000. — Bodenübersichtskarte des Bauernkammerbezirks Zistersdorf nach den Feldaufnahmen von K. BITTNER. 1 : 75000, mit Erläuterung. 1927. — Bodenkartierung, 3. H.: Bodenkarte des Bauernkammerbezirks Ravelsbach. 1 : 25000, mit Erläuterung. 1927. — Ebenda, H. 4: Die Bodenverhältnisse des Bauernkammerbezirks Laa an der Thaya. Bodenkarte 1 : 75000. 1927. — Bodenkarte des Bauernkammerbezirk Schwechat. 1 : 75000. 2 H. Erläuterungen. A. Allgemeiner Teil. B. Besonderer Teil. Februar 1928. — Bodenkarte des Bauernkammerbezirks Haag an der Westbahn. Mit 1 Tafel Profile. 1 : 25000. März 1928. — Bodenkartierung. 7. H.: Bodenkarte des Bauernkammerbezirks Korneuburg. 1 : 50000. Mit 2 H. Erläuterungen, 1 Tafel Profile. Juni 1928. — Erläuterungen zu den Gemeindebodenkarten des Burgenlandes. Allg. Teil. Beilage: Düngungstabellen. 1930. — Bodenkarte der Gemeinde Rust. 1 : 10000. Aufg. von L. POZDENA. 1930. — Bodenkarte des Bezirks Mattersburg 1:50000. 1931.

[3] TILL, A.: Die Bodenkartierung in Österreich. Etat de l'étude et de la cartographie des sols, S. 163—166. Bukarest 1924.

leitung zum Kartenlesen (Maßstab, Höhenlinien usw.). 2. Lokalgeographie (Lage, Oberflächengestalt, Geologie und Petrographie, Klima, Pflanzenwelt, Wirtschaftliches). 3. Erläuterung der Bodentypenkarte. 4. Erläuterung der Bodenartenkarte mit den genauen Analysenergebnissen. 5. Nutzanwendung hinsichtlich Bodenkultur. Eine beigelegte Karte wird in kurzer Übersicht folgendermaßen erläutert: Für die Gliederung der Bodentypen kommen in Betracht 1. die ortsständige Verwitterung (der allgemein herrschende zonale Verwitterungstypus ist die Braunerde, die dem Muttergestein entsprechend mehrere Modifikationen aufweist; doch ist ihr Profil durch Umlagerungsvorgänge und die Bodenkultur mehr oder minder gestört. Ortstypen bilden: Podsol unter Fichtenwald, Bergwiesenböden und Gleiböden (dazu kommt fossile Roterde). 2. Die Muttergesteine (den größten Einfluß auf die Bodenbildung üben einerseits die festen kristallinen Gesteine des Grundgebirges, darin mit Besonderheiten die kalkigen Gesteine, andererseits die tertiären Blocklehme mit sandigem oder Kalkgeröll führenden Abarten aus). 3. Die Umlagerung (Abtragung bedingt durch Flächenspülung = Denudation) und die Erosion in den Tälern. Stoffzufuhr zeigen die pluviatilen Kolluvien, die fluviatilen Ablagerungen in breiteren Tälern und die Schotterkegel der früheren Wildbäche. Außerdem sind die in langsamen Abwärtsbewegungen befindlichen Senkböden angegeben.

Durch das verschiedenartige Zusammenwirken der gesamten Bodenbildungsfaktoren sind folgende Typen gebildet: I. Ohne Profil. 1. Denudationsskelettböden des Kristallins. Flachgründige, schuttige, überaus arme Ackerböden auf den schmalen Bergrücken. Untertypus auf Kalkphyllit. 2. Erosionsböden des Kristallins. Waldbedeckter humoser Schutt, stellenweise kahler Fels der engen Schluchten. Untertypus auf Marmor oder Kalkphyllit. 3. Fluviatiler Schwemmboden. Sandig-tonig geschichteter humoser Wiesenboden. Untertypus im Gebiet des Blocklehms, schwerer geröllreicher Weideboden. 4. Wildbachablagerungen, z. T. mit Wald bestandene, z. T. noch vegetationslose Sand-, Schutt- und Geröllablagerungen mit wenig Feinerde. II. Braunerdeprofile, gestört. 1. Böden mit steter Denudation, Ausschwemmung der Feinerde, gelegentlich Abtrag größerer Teile des Verwitterungsbodens, auf Kristallin. Sandiglehmige, ziemlich flachgründige und flachkrumige Ackerböden. Untertypus auf Kalkphyllit. 2. Wie 1 auf tertiärem Blocklehm. Lehmige, tiefgründige, aber nicht flachkrumige Ackerböden mit Untertypen auf Sand oder auf kalkführendem Blocklehm. 3. Mischböden auf Kristallin. Der ortständige Boden erhält fortgesetzt Stoffzufuhr von den höheren Geländelagen, daher Verwitterungsboden + Kolluvium. Lehmige bis tonig-schuttige, humose braune Waldböden, seltener Ackerböden, der tieferen Lagen und Talmulden. 4. Wie 3. des Blocklehmgebietes. Schwere Tonböden, z. T. vegetationslos, z. T. Weideland, seltener Ackerböden. Anmoorige Senkböden mit deutlichem Rasenwerfen. III. Ortstypen. 1. Podsol auf Kristallin. Rohhumus-, Bleichsand-, Orterde unter Fichtenwald. 2. Bergwiesenböden auf Kristallin. 3. Gleiböden auf Blocklehm. Tonige sumpfige Wiesenböden.

Die oben aufgeführten einzelnen Bodenkarten sind voneinander nicht unerheblich verschieden. Gemeinsam ist allen trotz zahlreicher Angaben eine klare, leichte Lesbarkeit.

Die Bodenartenkarte der Umgebung von Kirchschlag beschränkt sich in der Hauptsache auf die Bodenarten, die, dargestellt mit Farben, Kies, Grus, Sand, leichten sandigen Lehm, mittelschweren und tonigen Lehm, lehmigen und mittleren Ton, kalkigen Sand-Lehm und Tonmergel umfassen. Mit Buchstaben, Zahlen und Zeichen sind kiesig, grusig, lehmig, tonig, schwach humos, humos, eisenschüssig angegeben; die Bodenreaktion ist mit p_H-Zahlen für Wald-, Wiesen- und Ackerböden getrennt eingetragen, und zwar in Hinsicht auf sehr flachgründig (unter 2 dm), sehr tiefgründig (über 2 m), hochstehendes Grundwasser (dränagebedürftig) und Senkböden (Rutschgebiet). Die Buchstabengröße variiert je nach der Angabe analysierter Probestellen oder geschätzter Bodenflächen. In 15 Profilen, deren Lage auf der Karte eingezeichnet ist, wird die Aufeinanderfolge der Bodenarten mit ihrer Mächtigkeit dargestellt, daneben jedesmal eine allgemeine Kennzeichnung der Lage, besonderer Bodeneigenschaften und der Eignung beigegeben, so zum Beispiel Profil 1: Ausflachendes Ostgehänge 450 m; steinarm, tiefgründig. Gerstenboden. Profil 2: Ziemlich steiler Westhang 470 m, flachgründig und flachkrumig. Haferboden. Profil 4: Bachalluvium, 430 m, frisch. Weizen-, Rübenboden, kleefähig usw. Die Topographie der Karte gibt Höhenschichtlinien mit einzelnen Höhenpunkten, Gehöfte, Berg- und Flurnamen sowie Wasserläufe wieder. Die Erläuterung umfaßt 7 Seiten.

Die Bodenübersichtskarte Zistersdorf unterscheidet sich von derjenigen Kirchschlags dadurch, daß die Böden mit Namen versehen und zugleich ihr Bodenartenprofil (die Bodenschichtung) bei der Erklärung der Farben mit angegeben ist, wie zum Beispiel Steinberg-Tonboden: entkalkt, aber auf Kalksteinuntergrund, schwer. Marchauboden: zumeist entkalkter, mittelschwerer Boden auf Sandgrund. Die Buchstaben und Zeichen fehlen, die Zahlen geben die Nummern der Probestellen an. Die 16 Profile zeigen den Wert als Standort auch figürlich (z. B. beim Rübenboden sind in die Krume Rüben eingezeichnet). Die Erläuterung umfaßt 14 Seiten, davon 6 Seiten Tabellen der Proben mit den Analysenergebnissen, ihrer Kulturfähigkeit und Bonität. Die Topographie enthält einzelne Höhenlinien und Höhenpunkte, Ortschaften, Hauptwege, Wasserläufe.

Die Bodenkarte des Bezirks Ravelsbach bringt mit Farben die Bodentypen zur Darstellung, so z. B. Schwarzerde, verschiedene Braunerden, Rohböden ohne Profil und Wiesentone. Dazu treten mit Buchstaben die Bodenarten in Profilen, mit Zahlen die Profilnummern. Die Topographie beschränkt sich auf Höhenpunkte, Ortschaften, Hauptwege, Eisenbahnen, Wasserläufe, Berg- und Flurnamen. Die Erläuterung von 27 Seiten geht auf Bodentypen, Grundgesteine, landwirtschaftlich wichtige Merkmale und landwirtschaftliche Bodenklassen ein. Profile und einzelne analytische Bestimmungen sind damit verwoben.

Die Bodenkarte des Bezirks Laa hat als Obereinteilung der Böden in farbiger Darstellung den allgemeinen Kalkgehalt (kalkreich, kalkfrei), den Humuszustand (humusarm, humos, humusreich) und die Reaktion (neutral, sauer). Die Unterteilung erfolgt nach den Bodenarten. Mit Zeichen werden Seichtgründigkeit, Kies und Schotter, hochstehendes Grundwasser und Salzböden angegeben. Die 12 Profile am Rande gleichen denen der Zistersdorfer, die Topographie der Ravelsbacher Karte. Die Erläuterung von 32 Seiten gibt ein Regenkärtchen und eine photographische Profilaufnahme wieder. Die Bodeneinteilung der Karte wird in einer Übersicht der landwirtschaftlichen Bodenklassen wiederholt, und dazu der Bodentypus gekennzeichnet.

Blatt Schwechat hat wieder als Obereinteilung die Bodentypen, als Untereinteilung die Bodenarten mit Bodenschichtung. Mit Buchstaben sind Kalkschicht, Quarzschotter, Grundwasser, blaue Gifterde und Austauschsäure, mit Zeichen tiefkrumig, seichtkrumig, Quarz- oder Kalksand eingetragen. 18 Profile sind am Rand ohne Figuren vorhanden, die Topographie ist die gleiche der Karte Zistersdorf. Der allgemeine Teil der Erläuterung (15 Seiten) umfaßt die allgemeine Kennzeichnung der Bodenarten und der Bodentypen oder Bodenklassen. An einer Photographie ist die Profilaufnahme erklärt. Der besondere Teil, 24 Seiten, äußert sich über die landwirtschaftlichen Verhältnisse von Schwechat, über das Klima und die Pflanzenwelt, über das Muttergestein die

Geländeausformung, die Bodentypen (Bodenklassen), Bodenprofile und Bodenanalysen.

Ähnlich ist die Einteilung auf Blatt Haag. Die Bodentypen sind hier: podsolige Braunerden, Braunerden, Schlier-Skelettboden, Schwemmböden der Flüsse, Moorboden. Die Unterteilung der beiden Braunerdegruppen wird nach den Gesteinen vorgenommen, auf denen sie entstanden sind. Mit Buchstabenprofilen sind Bodenart und Gründigkeit, mit *Rh* Rohhumus, mit 5 Austauschsäure, mit Schraffen der Senkboden und mit Zahlen und Kreisen die erläuterten Profile angegeben. Die Topographie ist wie auf Zistersdorf. Eine große Profiltafel gibt 42 Profildarstellungen wieder, die sich durch die besonders sorgfältige Benennung auszeichnen, wie z. B. Waldgrauerde (Podsol) ohne Rohhumus mit verdichtetem Unterboden auf Lößlehm; stark vernäßter Schwemmboden mit rostiger Gleischicht mit Gifterde, Grundwasser in 3—5 dm.

Blatt Korneuburg hat neben der Bodenkarte ebenfalls eine Tafel mit 30 Profilen, die diesmal zur Erleichterung des Aufsuchens die Nummern in buntfarbigen Kreisen zeigen. Die Zeichenerklärung gibt 6 Gruppen an: entkalkt austauschsauer, entkalkt schwach sauer, entkalkt alkalisch, kalkhaltig humos alkalisch, kalkhaltig seichtkrumig humusarm alkalisch, Schwemmböden kalkig alkalisch. Die Unterteilung wird bei allen durch die Bodenart gegeben. Mit Buchstaben werden Stellen gekennzeichnet, die humusreich sind oder hochstehendes Grundwasser oder Gifterde haben. Die Topographie umfaßt Straßen, Wege, Bahnen, Stationen, Brücken, Kreuzungen, Kirchen, Ziegelöfen, Höhenlinien, Höhenpunkte, Gräben, Bäche. Die Profile sind wieder sehr sorgfältig dargestellt, ihre Benennung wie auf Blatt Haag, z. B. sehr tiefgründiger und tiefkrumiger humusreicher Lehmboden, Oberkrume kalkiger und etwas humusärmer als die entkalkte Unterkrume, Schwarzerde mit Überlagerung von Gehängelehm; humoser kalkiger Lehmboden auf Kalkmergel (Kalkhumusboden, humose Rendzina). Der besondere Teil der Erläuterung umfaßt 38 Seiten und enthält Besprechungen des Klimas, der Landschaft und des geologischen Aufbaus, der klimatischen Hauptbodentypen und ein Kapitel über den Einfluß von Grundgestein und Oberflächenform auf die Bodenbeschaffenheit mit 3 Analysen-Tabellen; sodann die wirtschaftlichen Bodenklassen, die landwirtschaftlichen Verhältnisse und die der landwirtschaftlichen Auswertung der Bodenkarte. In einem Anhang wird die Unzulänglichkeit der Schlämmanalyse erörtert. Die analytischen Tabellen bringen Untersuchungen der Konsistenzeigenschaften nach Atterberg, Schlämmanalysen getrennt nach Boden und Feinboden, Gehalt an $CaCO_3$, p_H-Zahl, Charakteristik des Humus nach der Farbe des lufttrockenen Bodens in 3 Graden geschätzt (1—2%, 2—4%, über 4%), das Symbol für die Bodenart und die Einreihung in die landwirtschaftlichen Bodenklassen. Im Kapitel über die landwirtschaftlichen Verhältnisse sind auch Erträge an Nutzpflanzen, allerdings nicht auf die Böden bezogen, mitgeteilt. Bei der landwirtschaftlichen Auswertung kommt es zunächst zu der Einteilung in die Bodenklassen I—VI, die mit den Gruppen der Karte übereinstimmen. Die Unterteilung der Klassen entspricht der der Gruppen, ist also innerhalb dieser nach den Bodenarten vorgenommen. Bei jeder Klasse und Unterklasse ist die Art der Bodenverbesserung und Bearbeitung, sowie auch die Eignung für die verschiedenen Pflanzen, eingehend erläutert. Die besten Böden sind die der Klasse IV, die Ziffern stellen also nicht, wie es sonst meist üblich ist, zugleich eine Bewertung in auf- oder absteigender Reihenfolge dar.

Der allgemeine Teil der Erläuterungen der Bodenkarten des Burgenlandes beginnt (28 Seiten) mit einer genauen Erörterung der neuen Bodenkarten (seit 1929), die jetzt aus der Hauptkarte und einer Oleate bestehen. Die Gemeindekarten haben den Maßstab 1:10000. Die Topographie enthält Höhenlinien in 10 m Abstand,

Höhenpunkte, Wege, Straßen, Eisenbahnlinien, Wassergräben, Bäche, Gehöfte, Waldungen, Riednamen. Es folgt eine Erörterung der Bedeutung von Bodenprofil und Untergrund mit besonderen Abschnitten über die Krumentiefe und den Untergrund. Die Bodenarten sind nach Schwere und Humusgehalt eingeteilt und werden durch die Flächenfarben hervorgehoben. Auf der Oleate, dem Deckblatt, werden Kalkreaktionszustand und Feuchtigkeitsverhältnisse angegeben. Besonders wird dann noch der Ernährungszustand und die Bodenbearbeitung behandelt. Den Schluß bildet eine kurze Anleitung zum Gebrauch der Bodenkarte. Nach dieser wird die Bodenart der Krume durch die Flächenfarbe der Hauptkarte, der Bau des Bodens, insbesondere Gründigkeit, Krumentiefe, Art des Unterbodens und des Grundgesteins durch die am Kartenrand gezeichneten Bodenprofile, der Kalk- und Reaktionszustand der Krume auf dem Deckblatt gefunden. Beigegebene Düngungstabellen enthalten in Zahlen die Doppelzentner, welche an Stallmist, Stickstoff, Phosphor, Kali den einzelnen Böden zukommen. Hierbei sind die Ackerböden nach dem Reaktionszustand gruppiert und nach der Bodenart abgestuft.

Die Karte der Gemeinde Rust hat die Farben mit eingeschriebenen Ziffern für die Bodenarten, Lehm, toniger Lehm, lehmiger Ton, mittelschwerer Ton und nach ihrem Humusgehalt, zur Darstellung der drei Gruppen humusarm, humos, humusreich gewählt. In diese sind mit blauen Schraffen feuchte oder vernäßte Stellen und mit schwarzen Schraffen Untergrundsignaturen eingezeichnet, so daß das Profil die Krume über Untergrund darstellt. Teils ist keine, teils eine, teils sind zwei Untergrundschichten ermittelt. 31, z. T. mit Mächtigkeitsmaßstäben in Dezimetern versehene Profile erläutern am Rande die Überlagerung. Eine durchsichtige Ölpapieroblate, welche über die Karte gedeckt ist, gibt mit Signaturen die Reaktion der Krume in 9 Abstufungen an.

Die Bodenkarte des Bezirkes Mattersburg im Burgenlande hat den Maßstab 1:50000. Dargestellt sind mit Farben die genetischen Bodentypen: Kalkhumusboden, Schwarzerde, desgl. schwach ausgelaugt, desgl. stark ausgelaugt, Braunerde, desgl. stark ausgelaugt und versauert, Bleierde, Rostschwarzerde und kalkiger Rohboden, saurer Kalkboden, junger kalkhaltiger Schwemmboden (z. T. vernäßt, z. T. anmoorig), junger saurer Schwemmboden (desgl.). Mit Signaturen sind die Grundgesteine eingetragen: Gneis und silikatisches Urgestein, Kalkstein usw. Am Rande stehen einzelne bezifferte Profile mit der Horizontfolge, den Bodenarten und dem Volumenanteil an fester, flüssiger und luftförmiger Masse. Auf einer Kare sind die Bodenarten Sand, Lehm, Ton der Oberkrume angegeben.

Alles in allem liegen hier beachtenswerte Versuche vor, die Bodenkartierung in der Landwirtschaft heimisch zu machen. Die Mittel für die Kartierung sind von der Landwirtschaft selbst, nämlich von den Bauern- und Landwirtschaftskammern, aufgebracht worden.

Im Lande Salzburg ist die Bodenkartierung andere Wege gegangen, worüber B. Ramsauer mehrfach berichtet hat[1]. Seit dem Jahre 1922 besitzt das Land Salzburg ein „Pedologisches Laboratorium des Landesmeliorationsamtes", welches der Leitung von B. Ramsauer untersteht. Seine Aufgaben sind folgende: 1. Die kulturtechnische Bodenuntersuchung; 2. die Bodenuntersuchung für land- und

[1] Ramsauer, B.: Bodenuntersuchung und Bodenkarte des Schulgutes Oberalm, 64 S., mit Bodenschema, Bodenkarte, Profiltafel, Kulturenkarte (diese in Dreifarbendruck), 4 Tabellen von Analysen, 9 Abbildungen und 1 Skizze im Text. Salzburg 1924. — Die Bodenuntersuchung und -kartierung im Lande Salzburg. Etat de l'étude et de la cartographie des sols, S. 293 u. 294. Bukarest 1924. — Bodenkartierung im Lande Salzburg. Fortschr. Landw. 4, 423—434 (1929).

forstwirtschaftliche Zwecke; 3. die Mitwirkung bei Bonitierung und Taxationen; 4. die Ausarbeitung von Gutsbodenkarten im Maßstabe der Katasterblätter 1:2880 oder 1:2000 mit Erläuterungen, an welchen land- und forstwirtschaftliche Fachleute mitarbeiten; 5. die Verwertung der gesammelten Untersuchungsresultate nebst gesonderten Aufnahmen zur Anfertigung einer Bodenkarte des Landes Salzburg im Maßstabe 1:22000.

Als geologische Grundlagen der Feldaufnahmen dienen die Aufnahmen der Geologischen Bundesanstalt in Wien. Dazu werden von den ausführenden Pedologen die Bodenproben entnommen und untersucht. Den Ausgang der Arbeiten bilden Projekte der Entwässerung von Talgründen, deren Untersuchungen auch auf die benachbarten trockenen Freilandgebiete und Wälder ausgedehnt werden. Die Arbeit wurde derartig organisiert, daß für alle Meliorationsprojekte Bodenuntersuchungen durchgeführt bzw. dem Laboratorium Bodensorten zugestellt werden müssen. Bei den kleineren und kleinen Projekten müssen die Wiesenbaumeister Profilproben an das Laboratorium einsenden, während die größeren Aufnahmen von den Pedologen vorgenommen werden. Für die Waldgebiete unterstützen die Förster die Maßnahmen und in den Hochgebirgsteilen helfen interessierte Bergsteiger mit. Eine Karte der Moore des Landes Salzburg hat SCHREIBER ausgeführt. Die Kartierung der Mineralböden gliedert sich in die der Bodentypen und die der Bodenarten. An Typen kommen im Lande Salzburg vor: im Kalkgebiet Skelettböden und profillose Böden, Humuskarbonatböden (Rendzina), Braunerde, podsolige Typen, Podsol, Wiesenpodsole (Gleiböden), Alpenhumus; im Silikatgebiet Skelettböden und profillose Böden, Braunerden, podsolige Typen, Podsol, alpine Humusböden. An Bodenarten sind schwere Ton- und lehmige Tonböden vielfach mit kalkhaltigem Untergrund im Flachgau verbreitet, während die mittleren Böden im übrigen Teil vorherrschen, letztere können im Kalkgebirge auch in schwere Böden übergehen. Die Talsohle der Gebirgsgegenden und auch das Alluvialgebiet der Salzach im Vorlande weisen Sand- und Schotter- bzw. leichte Böden auf.

Zur Darstellung der Typen werden Farben, zur Darstellung der Bodenarten Schraffuren verwendet. Von diesen werden nur die Gruppen schwere, mittlere, leichte und Skelettböden benutzt. Buchstaben oder Beschreibungen auf der Karte werden als störend abgelehnt, dagegen Profildarstellungen in der Legende angegeben. Für Übersichtskarten kommen kombinierte Typenartenkarten in Frage, für den Landwirt gilt allein die Detailkarte oder der Bodenplan im Maßstab 1:2880 oder kleiner. An weiteren Arbeiten sind für die Kennzeichnung der Typen erforderlich: die Klarlegung 1. des Wasser- und Lufthaushaltes und der physikalischen Verwitterung, 2. des Chemismus bzw. der chemischen Verwitterung; ferner das Festhalten des Farbenbildes. Für die Herstellung der Artenkarte genügt die durch Konsistenzbestimmungen, Kalk- und Humusermittlung ergänzte mechanische Bodenanalyse.

Von den Salzburger Spezialarbeiten ist bis jetzt die Bodenkarte des Schulgutes Oberalm im Jahre 1924 veröffentlicht, Maßstab 1:2880, die allerdings den vorstehend erwähnten Grundsätzen aus dem Jahre 1929 noch nicht entspricht. Die Farben sind für die Bodenarten genommen, deren Unterteilung, z. B. sandiger, staubsandiger, steinigsandiger, toniger Lehm, durch Signaturen angegeben wird. Durch schmale schräge Streifen von anderen Farben oder Signaturen wird der Schichtwechsel innerhalb von 1 m Tiefe angegeben, mit Buchstaben die Profile, mit roten Zahlen die Mächtigkeit der Oberschicht. Die Topographie ist der Genauigkeit des Maßstabes angepaßt. Außer einem geologischen Querprofil sind 8 Bodenquer- und 2 Längsprofile auf dem Kartenrand angebracht. Zur Ergänzung dient eine gleich große Karte der Verteilung der Kulturgattungen. Darin sind in roten

Zahlen die Bonität, ferner mit schwarzer Schrift die Eignung zu Roggen-, Kartoffel-, Weizen-, Buchen-, Fichtenboden eingetragen. Rot eingekreist ist ein entwässerungsbedürftiges Stück. Die ausführlichen Erläuterungen behandeln das Geologische, Geographische, Hydrologische, das Klima, die Bodenuntersuchung und ihre Ergebnisse und Praktisches. Die Analysen sind zahlreich, die Korngrößenbestimmungen werden zu einer Dreiecksprojektion benutzt.

Auf der allgemeinen Bodenkarte Europas[1] ist Österreich z. T. von A. TILL, z. T. von B. RAMSAUER dargestellt worden.

Eine Karte der Verteilung der Hauptbodenarten in Deutsch-Österreich hat R. MAYER[2] für P. KRISCHES Werk über die Bodenkartierung entworfen. Es sind hier folgende Böden zusammengefaßt worden: leichter Boden (Sand- und Schuttboden, auch Auboden an den Flüssen, in den Alpen auch die Gletscher), Heide- und grober Schotterboden, mittlerer Boden (sandiger Lehm, lehmiger Sand), Lehm, Lößboden und Tonboden, günstiger Gebirgsboden (nördl. der Donau auch stark grusiger Lehmboden), ungünstiger Gebirgsboden (ganz unproduktiv), ungünstiger Gebirgsboden (Kalkboden), Moorboden.

Polen.

Die Bodenkartierung entwickelte sich in Polen ungleichmäßig[3]. Der früher preußische Teil (jetzt Großpolen) besaß die geologisch-agronomische Kartierung der Preußischen Geologischen Landesanstalt im Maßstabe 1:25000, der früher österreichische (jetzt Kleinpolen) außer der gesamtösterreichischen Generalkarte von J. R. LORENZ aus dem Jahre 1868 im Maßstabe 1:3800000 noch eine in den neunziger Jahren des vorigen Jahrhunderts nach A. ORTHS Vorbild durchgeführte Bodenkartierung, der früher russische Teil (Kongreßpolen) besaß außer Karten der Bodenarten für Güter die Kartierung der Bodenentstehungstypen nach russischer Art mit einem etwas stärkeren geologischen und petrographischen Einschlag in einer Übersichtskarte mit dem Maßstab 1:1500000[4]. Die preußische Aufnahme wird in der gleichen Weise nicht mehr fortgesetzt, dagegen die russische von Warschau, Pulawy, Lemberg aus betrieben, und eine andere Art ist in Posen eingeführt, die nur die Bodenarten darstellt.

Nach einer Mitteilung von W. LOZINSKI ging die Kartierung in Kleinpolen (Galizien) 1890 von CZARNOMSKI aus. Die Polnische Akademie der Wissenschaften in Krakau förderte seine Arbeiten und veröffentlichte sie in dem Organ ihrer physiographischen Kommission. Auf diese Weise wurden das innerkarpathische Becken von Neu-Sandec durch K. MICZYNSKI, die Gegend von Cieszanow im Tieflande durch K. MICZYNSKI und K. MOSZICKI, das Rendzinagebiet um Zloczow durch H. JASINSKI bodenkundlich kartiert. Außerdem erschien eine Reihe von Gutskartierungen als Doktordissertationen. Das System der Aufnahme und Kartendarstellung war dasjenige A. ORTHS und der Preußischen Geologischen Landesanstalt. Diese Arbeiten der CZARNOMSKIschen Schule werden als die ersten wissenschaftlichen Anfänge der Bodenkartierung in Polen angesehen.

---

[1] Allgemeine Bodenkarte Europas. Danzig-Berlin 1927.

[2] MAYER, ROB.: Die Verteilung der Bodenarten in Deutsch-Österreich. Abb. 48 in P. KRISCHE: Bodenkarten usw., S. 60 u. 61.

[3] MIECZYNSKI, T.: Polská. Hauptsächliche pedologische Karten und Bücher. Etat de l'étude et de la cartographie des sols, S. 167. Bukarest 1924.

[4] MIKLASZEWSKI, S.: Carte pédologique du royaume de Pologne (en 20 couleurs) avec une carte des précipitations atmosphérique (sur papier transparent). Warschau 1907; auch umgearbeitet in: Ernährg. Pflanze Berlin 1916.

Eine geschichtliche Übersicht über die Bodenkartierung in Kongreßpolen hat S. MIKLASZEWSKI[1] gegeben. Im Jahre 1900 wurde die pedologische Abteilung der landwirtschaftlichen Kommission der Gesellschaft für Industrie und Handel, die eine Zweigabteilung der Petersburger Gesellschaft ist, in Warschau gegründet. Sie wandelte sich 1906 in eine landwirtschaftliche Zentralgesellschaft um und schuf das Pedologische Laboratorium zum Studium der Böden Polens. Dasselbe wird von S. MIKLASZEWSKI geleitet, der 1913 das Büro des Bodenatlasses begründete und 1914 mit 20 Mitarbeitern die Bodenaufnahme Polens im Maßstabe 1:200000 begann, wie es auf der ersten und der zweiten internationalen agrogeologischen Konferenz beschlossen war. Durch den Krieg wurde die Arbeit aber unterbrochen und 1919 die pedologische Sektion unter der Leitung von P. MIECZYNSKI in Pulawy (früher Nowo Alexandria) am dortigen Institut der ländlichen Ökonomie neu geschaffen. Anfänglich hat S. MIKLASZEWSKI pedologische Detailkarten privater Landgüter im Maßstabe 1:5000 aufgenommen (etwa 50), die auf den Maßstab 1:25000 reduziert wurden. Auf den Karten wurden die Bodenarten dargestellt. Außerdem wurden Übersichtskarten in Maßstäben von 1:26000, 1:50000, 1:126000, 1:200000 ausgeführt. Aber bei ihrer Aufnahme ergab sich, daß sie weder einen wissenschaftlich bodenkundlichen noch einen landwirtschaftlichen Zweck hatten und auch keinen baldigen Erfolg zeitigten. Mit großer Schnelligkeit häuften sich nur die Einzelerkenntnisse über die Böden, und zwar besonders in dem Gebiet der alten Gesteine, wo ein starker Bodenwechsel vorhanden ist. Infolgedessen wurde der Wunsch nach einer Übersichtskartierung der gesamten polnischen Böden laut, und zwar einer Übersicht in kleinem Maßstabe zur allgemeinen Orientierung, mit deren Hilfe in großen Zügen die Bodenbildungsbedingungen und ihre besonderen Formen im ganzen Lande festzustellen seien. Doch war deren Voraussetzung die tatsächliche Aufnahme im Freien. Im Jahre 1906 und nochmals 1916 wurde der Plan, nach welchem die Böden in Polen zu studieren seien, entworfen. Die beiden wichtigsten der 16 Punkte dieses Planes waren: 1. Untersuchung und Aufstellung der Bodentypen und ihre Vereinigung zu einer provisorischen Klassifikation. 2. Herstellung einer Bodenkarte in kleinem Maßstabe. Bereits 1907 waren beide Punkte erfüllt. Die erste Übersichtskarte im Maßstabe 1:1500000 wurde mehrfach veröffentlicht, z. T. in Farben, z. T. schwarz, ferner gibt MIKLASZEWSKI 3 Karten von Gesamtpolen aus den Jahren 1921, 1922, 1924 an, welche damals noch nicht veröffentlicht waren, sondern erst 1927 in Gestalt der großen Übersichtskarte Polens im Maßstabe 1:1500000 herauskamen.

Der Schwarzdruck der Karte von 1907 in der Zeitschrift „Die Ernährung der Pflanze", der auch in P. KRISCHEs Werk über die Bodenkarten aufgenommen worden ist, hat die Einteilung: leichter Sandboden, Bleisandboden, mittlerer Boden günstiger humusreicher Lehmboden (Schwarzerde), günstiger Lehm- und Tonboden, ungünstiger Gebirgsboden, Moorboden, Borowina (Tonboden auf Kalkunterlage). Es liegt hier eine Vermischung der Bodenentstehungstypen mit der Bezeichnungsweise, wie sie von A. MEITZEN für die Bodenkarten nach der preußischen Katasteraufnahme des Jahres 1861 geprägt und von P. KRISCHE für seine Bodenkarten Deutschlands übernommen wurde, vor. Die große Bodenkarte Gesamtpolens von 1927 hat die gleiche Einteilung der Veröffentlichung von 1907, nämlich: I. Podsol, II. podsolig, aber endodynamomorph (Rendzina), III. gemischte Typen a) ehemals Steppe, b) ehemals Sumpf, jetzt podsolig. Die drei Gruppen sind in der Zeichenerklärung angegeben. Unter ihrem Obertitel sind die Farben verteilt, bei dem

[1] MIKLASZEWSKI, S.: Etat actuel de la cartographie des sols. Etat de l'étude et de la cartographie des sols, S. 313—323. Bukarest 1924.

Podsol auf 1. diluviale Sande, 2. kambrische quarzitische Sande, 3. typische Podsole an Abhängen und mit Glei auf rotem, magerem, sandigem Ton, auch Podsole der Flußplateaus (Diluvial), 4. diluvialer Löß, schwach und stark podsoliert, 5. alluviale, sandige, magere und fette tonige Alluvionen, alluviale Sande, Sümpfe, 6. tertiärer Flysch der Karpathen, sehr oder wenig podsoliert, 7. diluviale Tone von Ciechanow, sehr stark, 8. podsolige diluviale Sandmergel von Dzisna, 9. triasischer Ton des Buntsandsteines, 10. diluvial-triasisch: wenig mächtige Diluvialsande auf Buntsandstein mit stellenweisem Zutagetreten des letzteren, 11. Skelettböden ohne Profil, entwickelt auf primären Muttergesteinen, auf denen die Böden fehlen, dabei hervorgehoben: Karbon. Bei den Rendzinen finden sich 12. kalkige Böden der kretazischen Kalkmergel, schwarz, weiß, gelb. Darin besonders kretazische Sandmergel der Karpathen. 13. Lateritrendzina oder Podsolrendzina auf jurassischem Kalk, 14. Rendzina auf devonischem Marmor, 15. Rendzina auf Triasdolomit, 16. körnige Rendzina auf Tertiär, 17. Gipsrendzina auf Tertiär, 18—21. Sande, Löß, Podsol auf den verschiedenen Rendzinen oder Kalken, Mergel mit Ausbissen von diesen. Bei den Böden gemischter Entstehung sind angegeben: 22. wahre, degradierte Tschernoseme, Podsoltschernoseme auf Diluvium, 23. Schwarzerden ehemaliger Sümpfe, auch Sumpftschernoseme gegenannt, auf Diluvium, 24. Sumpfschwarzerden, Torfe, Sümpfe. Auf dem Rande der großen Karte sind zwei kleine Karten im Maßstabe 1 : 10 000 000 wiedergegeben, die eine mit Isohyeten und Isothermen nach Angaben des polnischen Wetterdienstes versehen, die andere ist eine schematische Karte der Bodenbildungsregionen. Diese enthält in farbiger Darstellung mit römischen Ziffern: I. schwache Podsolierung, selbst teilweise Degradation der letzteren, II. höhere Stufe der Podsolierung als I, III. höhere Stufe der Podsolierung als II, IV wie III, aber mit Gleihorizont, Alluvionen, Torfe, Sümpfe (Pripjet), V. stärkere Podsolierung als III und IV, VI. starke klimatische Podsolierung, aber bisweilen ohne Wirkung auf wiederstandsfähigen Muttergesteinen, VII. in der Regel starke Podsolierung, stärker als V, die jedoch ebenfalls schwach erscheint, VIII. Gebiete der Tschernoseme, mittlerer, sehr variabler Podsolierung, Degradation der Tschernoseme, Podsolierung des Löß, ehemalige Steppen, IX. Rendzina. Ein Vergleich dieser Karte mit den beiden anderen zeigt, daß es sich hier mehr um eine Zusammenfassung des Beobachteten als um eine Anpassung an das Klimakärtchen handelt.

Es war die Absicht MIKLASZEWSKIS[1], sich sowohl von der deutschen wie von der russischen Kartierungsweise zu entfernen, denn jene wäre nur auf das Lokale, diese nur auf das Zonale eingestellt. Aber auch die frühere polnische Kartierung mit ihrer alleinigen Unterscheidung der Bodenarten, die keinen genetischen Wert hätten, wäre abzulehnen. Es wäre danach zu trachten, „Bodenindividuen" darzustellen[2], die sowohl für die Bodenkunde als Wissenschaft als auch für die praktische Landwirtschaft von Wert seien, und zwar für die praktische Landwirtschaft insofern, als es möglich sein müßte, die Ergebnisse von Versuchen auf solchen „Bodenindividuen" für alle Gebiete mit den gleichen dieser Art nutzbar zu machen. Trotz dieser Einstellung sei die leitende Idee der polnischen Untersuchungen in der Hauptsache die der russischen naturwissenschaftlichen Schule geworden, aber ein wenig modifiziert und angepaßt an die natürlichen Bedingungen Polens. Es sei das Profil bei der Aufgrabung genau untersucht und danach der genetische Typus festgestellt worden. Allerdings müßte man wissen, daß das Profil sich ändere. Während und nach dem Kriege seien manche Ackerböden in Polen 7 Jahre lang nicht be-

[1] MIKLASZEWSKI, S.: Etat actuel usw., a. a. O., S. 316 u. 317.

[2] MIKLASZEWSKI, S.: Les sols comme individues. Mémoires sur la nomenclature et la classification des sols, S. 235—244. Helsingfors 1924.

ackert worden. Ihr durch die Kultur verändertes Profil habe sich allmählich wieder in das ursprüngliche zurückgewandelt. Durch den Ackerbau sei der natürliche Zyklus, d. h. eine lange Vegetationsperiode unterbrochen durch einen langen Winter, abgelöst worden, der in Polen durchweg der des gemäßigten Waldes sei. Der Ackerbau führe den Zyklus der Steppe ein, d. h. die Vegetationsperiode im Frühling oder Frühsommer mit Unterbrechung im Spätsommer, neue Vegetationsperiode im Herbst und abermalige Unterbrechung im Winter. Solches schaffe auch künstliche Steppenböden, die sich jedoch nach dem Aufhören des menschlichen Eingriffes schnell wieder in die ursprüngliche Form zurückverwandeln. Eine kleine Übersichtsskizze Polens mit 8 ausgeschiedenen Typen vervollständigt den Inhalt dieser Arbeit in G. MURGOCIS Sammelwerk.

Wie oben erwähnt, wird auch seitens der bodenkundlichen Abteilung des landwirtschaftlichen Institutes in Pulawy unter Leitung von T. MIECZYNSKI[1] eine Kartierung ausgeführt. Darüber berichtet dieser folgendes: In Pulawy werden systematische Untersuchungen auf dem Gebiete der Methodik der Bodenerforschung im Freien ausgeführt. Zunächst werden 1. Vor- oder Marschrutenuntersuchungen allgemeinen Charakters ausgeübt, denen sich 2. detaillierte Untersuchungen anschließen. Zu 1. gehören: a) das Erkennen der Entstehung des Geländes, d. h. die Feststellung der Vorgänge, die ihm die jetzige Form und den jetzigen Charakter verliehen haben; b) das Unterscheiden der auftretenden Muttergesteine und das Festlegen ihrer Grenzen in den Marschrutenlinien; c) das Bestimmen der morphologischen Grundformen der Böden, die sich auf den vorkommenden Muttergesteinen der Hochflächen entwickeln; d) das Bezeichnen des Grundwasserspiegels in den Marschrutenlinien; e) das Eintragen der Grenzen verschiedener Pflanzenarten; f) das Gruppieren der auftretenden Formen der Makroreliefs nach Kategorien; g) das Einteilen des Geländes auf Grund der vorstehenden Punkte in Bodenlandschaften. Die Marschrutenuntersuchungen werden von je einer Marschruteneinheit mittels eines Wagens ausgeführt, zu welcher ein Pedologe, ein Assistent (je nach dem Gelände Geologe oder Botaniker) und zwei Arbeiter gehören. An Geräten werden Spaten, Bohrer, ein Präzisionsaneroid, ein Taschennivellierapparat, ein Schrittzähler, ein photographischer Apparat, ein Binokular, 20—30 Monolithkästen u. a. m. mitgenommen. Die Karte des zu untersuchenden Geländes wird in 2 Stücken mitgeführt. Der Pedologe und sein Assistent führen unabhängig voneinander Tagebücher, die jeden Abend verglichen und vervollständigt werden. Außerdem wird ein Profilbuch angelegt, das Auskunft über Art, absolute Meereshöhe, Lage im Relief, Tiefe des Aufbrausens mit HCl, angenäherte mechanische Zusammensetzung, Tiefe des Grundwasserspiegels, pflanzlichen Charakter, Merkmale der Tiertätigkeit, Kulturzustand, ausführliche Profilbeschreibung, Ortsnamen und wissenschaftliche Benennung des Bodentyps gibt. Jeder Bodenlandschaftsteil wird auf Grund der Beantwortung folgender Fragen definiert: 1. Welche Muttergesteine walten in ihm vor? 2. Welchen allgemeinen Regeln ist ihr Auftreten unterzogen? 3. Welche morphologische Grundform des Bodens entspricht dem gegebenen Muttergestein? 4. Welchen Einfluß haben die Hauptelemente des Reliefs auf die Ausbildung der festgestellten Bodenformen? 5. Welche Formen und welche Entstehung hat das Relief? 6. Welche Rolle spielt das Grundwasser? 7. Welche Rolle spielen die Pflanzen und welcher Art sind sie? Die Laboratoriumsuntersuchungen sollen das Zahlenmaterial für die Kennzeichnung der Bodenbildungsvorgänge liefern (Bauschanalyse, Auszug mit 10proz. Salzsäure, Wasser-

---

[1] MIECZYNSKI, T.: Zur Methodik der Bodenuntersuchungen im Freien. Etat de l'étude usw., S. 168—173.

auszug, mechanische Analyse für jeden Horizont). Von den wichtigsten morphologischen Typen werden Monolithe genommen.

Die Klassifikation der Böden wird nach 3 Gesichtspunkten vorgenommen, die den morphologischen Bau zur Grundlage haben.

I. Morphologische Typen. a) Akkumulationstypus, z. B. Schwarzerden; b) Fluvialtypus, z. B. podsolartige Böden; c) Gleitypus, z. B. Böden mit hochstehendem Grundwasserspiegel; d) Typus der wenig differenzierten Böden, z. B. Flugsandböden, Mehrzahl der alluvialen Böden.

II. Morphologische Untertypen nach Bau und Eigenschaften des dominierenden Horizontes, z. B. bei dem Akkumulationstypus: Tschernosemböden, Rendzinaböden, Torfböden.

III. Morphologische Klassen nach Art der Ausbildung der anderen Horizonte außer dem dominierenden, wie z. B. degradierter Tschernosiom, humoser Podsol. Die morphologischen Klassen bilden in Verbindung mit den definierten Muttergesteinen Bodenserien.

Die Muttergesteine werden nach der Art ihrer Entstehung als residual, deluvial, illuvial, alluvial, äolisch unterschieden, ferner nach ihrer mechanischen Zusammensetzung, z. B. als degradierter Tschernosem auf deluvialem Schluffton gekennzeichnet.

Die detaillierten Bodenuntersuchungen, die noch in weiterer Ausbildung begriffen sind, haben das Ziel, einen engeren Zusammenhang zwischen den Landschaftselementen und den auftretenden Bodenformen aufzusuchen, sie sollen außerdem die Feststellung der Grenzen der Veränderung jeder definierten Bodenform ermöglichen. Die Bodenformen treten nicht kontinuierlich, sondern stets komplexartig auf. Die Bodenkomplexe passen sich den minimalen Veränderungen der Bodenfaktoren an (Mikrorelief, Höhe des Grundwassers, lokale Veränderungen der Muttergesteine usw.). Das Relief bedingt das Auftreten verschiedener Bodenkomplexe, die jedoch in kausalem Zusammenhange miteinander stehen. „Solche kausal verbundenen Bodenkomplexe bezeichnen wir als Bodenpartien[1].“ Jeder Landschaftspartie entspricht nicht ein gegebener Boden oder Bodenkomplex, sondern eine oder mehrere Bodenpartien. Es sind folgende Punkte zu beachten: A. 1. Untersuchungen über den Einfluß des Mikroreliefs auf die Veränderung der Bodenformen; 2. Untersuchungen über die Bewegung der Grundwässer und ihren Einfluß auf die Entwicklung der Bodenkomplexe; 3. Untersuchungen über den Einfluß der verschiedenen Eigenschaften und der verschiedenen Genesis der Muttergesteine; 4. Untersuchungen über den Einfluß der menschlichen Arbeit auf den Boden. B. 1. Das Relief reguliert die Bodendränage und bedingt die Verteilung der Feuchtigkeit im Boden; 2. das Relief hat großen Einfluß auf die Ausbildung des Bodenklimas; 3. das Relief bedingt die Transportprozesse des Bodenmaterials. C. Während bei den Marschrutenuntersuchungen das Makrorelief betrachtet wird, wird bei den detaillierten Bodenuntersuchungen das Hauptaugenmerk auf das Mikrorelief gerichtet. Mit dem Taschennivellierapparat werden die Kleinformen festgestellt, und bei den Bodenprofilen im Zusammenhange damit die Bodenhorizonte genau gemessen und ihre mechanische Zusammensetzung festgestellt. Auch die Exposition ist zu beachten. Bei Nordexposition können sich auf Lößhängen podsolige Böden, bei Südexposition Braunerden entwickeln. D. Bei Depressionen sind zu beachten: 1. Die absolute und relative Höhe; 2. die Steilheit der Abhänge und ihr allgemeiner Charakter; 3. der geologische Bau der Wölbungen und der Charakter ihres Deckmaterials; 4. die Art der Übergänge der Abhänge in das Talland; 5. ihre

[1] MIECZYNSKI, T.: a. a. O. S. 171.

Entstehung. E. Bei den Feuchtigkeitsverhältnissen hat man es in Felduntersuchungen nur mit dem Grundwasser zu tun; andere Arten der Bodenfeuchtigkeit müssen speziellen und periodischen Untersuchungen überlassen bleiben. 1. Grundwasser in toten; 2. in lebenden Tälern; 3. Grundwasser in diluvialen Plateaus, auch Lößhügeln, Dünenwällen. Die Untersuchungen sollen Antwort auf die folgenden Fragen geben: Ist das Grundwasser bewegt oder unbewegt? Schwankt der Grundwasserspiegel? Welcher Charakter kommt den wasserführenden und den undurchlässigen Schichten zu? Wie ist die chemische Zusammensetzung des Wassers? Auch das zeitliche Auftreten des Grundwassers im Muttergestein muß festgestellt werden, nämlich ob es bei Beginn der Bodenbildung vorhanden war oder erst später eintrat oder nach einiger Zeit verschwand.

Auf Grund aller dieser sehr mannigfaltigen und durchdachten Vorstellungen soll die Bodenkarte nicht nur Auskunft darüber geben, was für ein Boden an einem bestimmten Ort zu finden ist, sondern auch warum er dort ist. Dazu darf man sich nicht nur der klimatischen Daten bedienen, sondern eine gute Bodenkarte muß auch über den geologischen Bau des Geländes, seine Plastik, Tiefe und den Verlauf der Grundwässer, sowie über Auftreten und Entstehung der Muttergesteine unterrichten. Da es unmöglich sein würde, alle diese Daten auf einer Karte zur Darstellung zu bringen, so müssen mehrere ausgeführt werden. Die erste derselben stellt dann eine Muttergesteins- und Reliefkarte dar. Die zweite gibt eine Übersicht über die Bodenformen und den Verlauf der Grundwässer, die dritte über Vegetation und Klima usw. Auskunft. Die Karten müßten in mit Zahlen und Buchstaben versehene Quadranten eingeteilt werden, so daß man sich leicht auf ihnen orientieren und Vergleiche anstellen kann.

An Karten des Instituts von Pulawy ist bisher eine Übersichtskarte der wolhynischen und südpolnischen Böden (südliche Hälfte) erschienen[1]. Sie hat den Maßstab 1:800000 und die folgende Einteilung: nördliche Tschernoseme auf Löß, degradierte Tschernoseme auf Löß, graue waldige Böden auf Löß, podsolige feinsandige Lehme, podsolige grobsandige Lehme, Podsolböden auf Geschiebelehmen und Verwitterungstonen, sandige und sandig-lehmige Rendzinaböden, Sande (in der Pripetniederung), Sümpfe und Moore (desgleichen), Komplex von degradierten Tschernosemböden und grauen waldigen Böden, Komplex von grauen waldigen Lehmen, angeschwemmten und feinsandigen Lehmen, Komplex von sandigen Lehmen und Sanden. In der Pripetniederung überwiegen die Sande (ohne Bodenbildung), die Sümpfe und Moore, neben welchen noch die podsoligen grobsandigen Lehme hervortreten. Sehr spärlich sind dagegen podsolige, feinsandige Lehme vertreten. In dem sich südlich anschließenden, trockneren Gebiet des Raumes von Luck, Dubno und Rowno überwiegen die Komplexe der degradierten Tschernoseme und grauen waldigen Lehme mit dazwischen liegenden Inseln von nördlichem Tschernosem, die umrandet von degradierten Tschernosemen an Ausdehnung im Süden gewinnen. Zwischen diesen Komplexen und der Pripetniederung sind kleine Streifen der anderen Komplexe eingeschoben, die z. T. auch am Rande einer größeren Rendzinainsel zwischen den Komplexen der degradierten Tschernoseme und der grauen waldigen Böden auftreten.

Wie schon oben erwähnt wurde, wird auch in Lemberg (Dublany) die Bodenkartierung in Anlehnung an die russische Methode betrieben. Sie steht hier unter Leitung von J. ZOLCINSKI. Eine aus dieser Schule stammende Arbeit ist die von J. W. PLONSKI über den Einfluß des Mikroreliefs und verschiedener Boden-

[1] MIECZYNSKI, T.: Wartośz uzytkowa gleb i gruntów na Wolyniu i na poudniowem Polesiu. Pulawy 1928.

typen auf die Bildung der mittleren Bestandeshöhe[1]. Die Bodenkarte eines Teiles des Forstreviers Marjowka gibt im Maßstabe 1:4000 auf einer topographischen Grundlage mit Höhenschichtlinien von 5 zu 5 m (ansteigend von 0—73,5 m) an Bodentypen graue Waldböden, Skelettböden und humose Karbonatböden und an Untertypen Übergangsböden und Schluchtböden wieder. Die Übergangsböden liegen an Hängen dicht unterhalb der Plateaus, die Schluchtböden auf dem Boden einiger tiefer Risse. Darüber ist mit durchsichtigem Papier eine Karte der Bestandsaufnahme gelegt, und zwar sind Linien gleicher Bestandesmittelhöhen ausgeschieden. Es handelt sich um einen reinen gleichalterigen Buchenbestand auf einer Fläche von 43 ha. Die Mittelhöhen schwanken zwischen 17 und 32 m. Die hohen Zahlen finden sich zumeist in den Schluchten und Tälern, wo die Wasserführung gut ist. Die niedrigen Zahlen befinden sich auf den Plateaus und ihren oberen Hängen, wobei die niedrigsten Zahlen auf einem Hang mit ausgedehntem Auftreten von Skelettböden und dem sich daran anschließenden Plateau mit humosen Karbonatböden liegen. Im Text sind die Ergebnisse dieser wertvollen Kartierung graphisch dargestellt. Danach ist der Verlauf der absoluten Bestandeshöhenzunahme dem des Terrains entgegensetzt, dagegen stimmt die Linie des wirklichen Kronendaches mit der des Terrains überein. Die durchschnittliche Bestandesmittelhöhe ist in der deluvialen Schlucht 30,50 m, in der eluvialen Schlucht 28,26 m, auf dem Rücken 21,75 m, auf den grauen Waldböden 21,69 m, den Skelettböden 20,70 m, auf den Übergangsgebieten 20,33 m und auf den humosen Karbonatböden 20,31 m. In einer Tabelle ist der Einfluß der Neigung auf die Bestandeshöhe bei den verschiedenen Bodentypen zahlenmäßig festgestellt. Dabei nimmt die mittlere Bestandeshöhe mit zunehmender Neigung bei allen Bodentypen stark ab, z. B. bei den grauen Waldböden bei einer Neigung von 10% gegenüber dem flachen Gelände um 0,51 m, bei 20% um 1,69 m, bei 30% um 2,90 m, bei 40% um 3,90 m, bei 50% um 7,30 m, bei 60% um 11,80 m. Diese Zahlen sind auch graphisch dargestellt.

Die unter Leitung von F. Terlikowski stehende Posener Kartierung[2] hat andere Wege eingeschlagen als die bisher erwähnten. Dargestellt sind auf den Karten nur Bodenarten teils mit, teils ohne Bodenartenprofil; z. B. Sandböden, lehmige Böden, humose Böden mit hohem Grundwasserstand, sandig-lehmige Böden auf Lehmuntergrund (Tiefe bis 50 cm), sandig-lehmige Böden auf tiefem Lehmuntergrund (100—150 cm), sandig-lehmige Böden, Sandböden auf Lehmuntergrund (Tiefe bis 50, von 50—100, von 100—150 cm), gemischte Böden, wenig produktive Sandböden, Dünen (Bodentyp Neutomischl), humose, lehmige Böden (Typ Zbongschin = Kopowitza). Auf den Karten von T. Wloczewski ist die Einteilung etwas eingehender. Es sind Bodenkarten von Forstrevieren. Die Böden sind hier in Beziehung zu den Bonitäten in Schwappachscher Einteilung gebracht. Allerdings sind die Beziehungen nur textlich, nicht kartenmäßig durchgeführt. Zum Beispiel heißt es in Heft 3: frische Böden auf sandigem Lehm

[1] Plonski, J. W.: Über den Einfluß des Mikroreliefs und verschiedener Bodentypen auf die Bildung der mittleren Bestandeshöhe. Sylvana **47**, 2 (Lwowa (Lemberg) 1929). (Polnisch mit deutscher Zusammenfassung.)

[2] Terlikowski, F. u. B. Kurylowicz: Materjaly do mapy gleboznawozorolniczej Polski. Roczniki Nank Rolniczych i Lesnych **17**, 2. Posen 1927. — Terlikowski, F., B. Kurylowicz u. L. Krolikowski: Ebenda **18**, 5. Posen 1927. Terlikowski, F.; u. L. Krolikowski: Ebenda **20**, 6. Posen 1928. — Terlikowski, F., M. Kwinichidze u. L. Krolikowski: Ebenda **20**, 7. Posen 1928; **21**, 8. Posen 1929. — Die bisher genannten Arbeiten haben Karten im Maßstabe 1 : 100000, die folgenden im Maßstabe 1 : 25000. — Wloczewski, T.: Warneki nèdliskove nadlesnictwa Zielonki 1. Riczniki Nank Rolniczych i Lesnych **18**. Posen 1927. — Wloczewski, T.: Ebenda **19**, 2. Posen 1928; **20**, 3. Posen 1928. (Sämtlich polnisch mit deutscher Zusammenfassung.)

(Bonität II), frische, feinkörnige, geschichtete Sandböden (Bonität I/II und III), frische, feinkörnige, geschichtete Sandböden (Bonität II/III), trockene, verschiedenkörnige Sandböden (Bonität III/IV), geschichtete Tonböden mit kohlensaurem Kalk (Bonität I), frische Sandböden auf Tonuntergrund (Bonität III). Hin und wieder werden Moränenlehm und Geschiebelehm sowie auch anmoorige Böden auf Sandglei und dergleichen erwähnt. Im ganzen ist die Kartierung infolge ihrer Beschränkung auf die Bodenarten als primitiv zu bezeichnen.

In einer Arbeit „Beziehungen zwischen ältester Besiedlung, Pflanzenverbreitung und Böden in Ostdeutschland und Polen" hat W. MAAS[1] die Schwarzerdeflächen in Kujawien und Westpolen mit neolithischen und bronzezeitlichen Funden kartenmäßig verglichen. Die Schwarzerdegebiete waren zumeist bereits in der jüngeren Steinzeit dicht besiedelt, außerhalb von ihnen sind verhältnismäßig wenige Funde gemacht worden. Auch in der späteren Vorzeit bleibt die dichte Besiedlung, wenn auch die Funde wesentlich darüber hinausgehen.

Gegenwärtig ist eine Bodenkartierung der Wojewodschaft Tarnopol in Arbeit, die von den landwirtschaftlichen Referenten eines jeden Bezirksausschusses unter der Leitung von V. LOZINSKI ausgeführt wird. Die Kartierung im Felde geschieht auf Karten im Maßstabe 1:100000. Eine nachherige Veröffentlichung in Form von mindestens einer Übersichtskarte ist vorgesehen.

Rumänien.

Die Bodenkartierung in Rumänien datiert seit der Begründung der Geologischen Landesanstalt im Jahre 1906. An dieser wurde eine agrogeologische Abteilung errichtet, deren Leiter bis zu seinem Tode G. MURGOCI[2] war, nachdem bereits in den sechziger und siebziger Jahren des vorigen Jahrhunderts JON JONESCU, in den achtziger M. DRAGHICEANU die Herstellung bodenkundlicher Karten Rumäniens angeregt und zu diesem Zwecke viel Material gesammelt und veröffentlicht hatten. Die erste Karte, die tatsächlich herauskam, war eine Isohumosenkarte des Baragan, der Schwarzerdesteppe der östlichen Walachai. Sie wurde nach Analysen von G. MURGOCI und P. ENCULESCU durch den Sammler der Proben, RUSESCU, der nationalen Ausstellung von 1906 übergeben. Von Anfang an legt die agrogeologische Abteilung ihren Arbeiten als Leitgedanken die Ergebnisse der russischen naturwissenschaftlichen Schule DOKUTSCHAJEFFS zugrunde. In ihrem Sinne wurden Instruktionen abgefaßt, Vorlesungen und Spezialkurse abgehalten, gemeinsame Exkursionen und dergleichen veranstaltet. Die Aufnahmen im Felde gehen unter der Entnahme von Bodenmonolithen nach russischem Muster vor sich. Ausgerüstet sind die Agrogeologen mit Bohrern, Spaten, Messer, Lupe, Meßband mit Gewicht (um die Brunnen auszuloten), Nivellierinstrument, Buntstiften, Kasten mit Reagentien (besonders einer Salzsäureflasche nach TREITZ) usw.

Das erste Ziel war die Herstellung einer Übersichtskarte Rumäniens im Maßstabe 1:500000, welche in 3—4 Jahren fertig sein sollte. Zunächst mußten aus Mangel an Mitteln die Aufnahmearbeiten zu Fuß durchgeführt werden und erst später konnten Pferd und Wagen zur Verfügung gestellt werden. Die Erfahrung hat dabei gezeigt, daß man, um den Typus der Böden eines einigermaßen ausgedehnten Gebietes feststellen zu können, zuerst seine Beziehungen zu den Böden der Nachbarschaft studieren muß. Nur nachdem man einen ziemlich großen Teil eines Gebietes gesehen hat, kann man zutreffend die hauptsächlichen Typen

---

[1] MAAS, W.: Beziehungen zwischen ältester Besiedlung, Pflanzenverbreitung und Böden in Ostdeutschland und Polen. Dtsch. wiss. Z. Polen, Posen, **1928**, H. 13.

[2] MURGOCI, G.: La cartographie des sols en Roumanie. Etat de l'étude et de la cartographie des sols, S. 181—193. Bukarest 1924.

und ihre Variationen, die Besonderheiten ihrer Verteilung, ihre Beziehungen zur Vegetation, zum Muttergestein, zu den geologischen Formationen und zum Grundwasser herausfinden. Viele Analysen mechanischer und chemischer Art sollten zunächst die Bodenbestimmung im Felde unterstützen, jedoch als wichtiger erwies sich das Studium des Bodenprofils, welches in besonderer Weise durch NABOKICHS[1] Bodenbeobachtungsbuch, das in genauen Vordrucken alle feststellbaren Eigenschaften enthält, gefördert und erleichtert wird.

Die erste Bodenkarte Rumäniens wurde 1909 von G. MURGOCI[2] der 1. internationalen agrogeologischen Konferenz in Budapest vorgelegt. Die Kartierung ist von G. MURGOCI, E. PROTOPOPESCU-PAKE und P. ENCULESCU ausgeführt worden und gibt bereits eine recht ins Einzelne gehende Übersicht über die Böden. Die Einteilung benutzt die folgenden Bodentypen: 1. brauner sandig-toniger Boden der trockenen Steppe; 2. kastanienfarbiger tonig-sandiger Boden der trockenen Steppe; 3. schokoladenfarbener Tschernosem der Kraut- und Buschsteppe; 4. gewöhnlicher Tschernosem mit ca. 8% Humus; 5. degradierter Tschernosem; 6. kastanienfarbiger sandiger Boden ehemaliger Dünen; 7. braunroter Eichenwaldboden; 8. Podsol im Buchen- und Eichenwald; 9. Region mit Wald- und Skelettböden; 10. Terra rossa als Unterboden eines ehemaligen Podsols auf Kalkstein; 11. Torf und Moorböden; 12. Alkali-, Salzböden, Salzseen; 13. gegenwärtige Flußalluvionen; 14. Sande, Meeres- und Festlandsdünen; 15. Sümpfe; 16. Grenze des Eindringens des Eichenwaldes in die Steppe; 17. südöstliche Buchengrenze; 18. Moräste im unteren Donautal und -delta; 19. Tabakkultur; 20. gute Weingegenden; 21. westliche Grenze des guten Getreidebodens. Die Darstellung dieser Bodentypen und Grenzen ist mit Farben und farbigen Signaturen erfolgt. Die Karte hat den Maßstab 1 : 2500000. In einer Ecke der Karte ist eine kleinere klimatologische Skizze Rumäniens angebracht, auf der die jährlichen Durchschnittsniederschläge mit Farbennuancen in Blau angegeben sind, desgleichen sind die Jahresisothermen in Rot, Minima der relativen Feuchtigkeit im Mai bis April bzw. im Juli-August bzw. 2 Minima, das Zusammentreffen des Feuchtigkeitsminimums mit dem Niederschlagsminimum und die Richtung der vorherrschenden Winde wiedergegeben. Die Karte ist durch die eingetragenen Beziehungen zu den Pflanzenvereinen und Nutzpflanzen und durch die Klimaskizze sehr lebendig gestaltet, was durch die gute Farbenwahl unterstützt wird. Die Tabakgebiete finden sich fast sämtlich auf braunroten Eichenwaldböden, dagegen sind die guten Weingegenden auch über podsolige und Steppenböden verteilt. Die Grenze des guten Getreidebodens überschneidet mehrfach die Grenzen zwischen den Steppen und den Waldböden und verläuft z. T. im Podsolgebiet. Eine zweite Auflage der Karte ist der oben erwähnten Arbeit MURGOCIS über die Bodenkartographie 1924 beigegeben worden. Zum Vergleich mit der Bodentypen- und der Klimakarte ist noch eine Skizze der Vegetationsformen nach P. ENCULESCU hinzugefügt, die Klimakarte ist durch 4 Skizzen ergänzt (vorherrschende Windrichtung und ihr Einfluß auf die Verteilung der Feuchtigkeit, Jahresisothermen, Januar-, Juliisothermen). Die Bodentypen werden durch 5 Abbildungen von Kastenprofilen der Haupttypen erläutert. Die Vegetationskarte zeigt die alpine Zone, die des Koniferenwaldes, des Eichenwaldes, die randlichen Übergangsteile der Steppe, die Trockensteppe, die Grenze der Buche, die Flußauen, die Seemarschen und die Kastanienwälder.

---

[1] NABOKICH, A. J.: I. Cartography of Soils in three phases. II. Pedologische Arbeit im Felde. (Aus dem Russischen übersetzt von A. TILL.) Veröffentlicht von der 5. internationalen bodenkundlichen Kommission. Mem. Inst. Geol. al. Românici **2** (1924).

[2] MURGOCI, G.: Die Bodenzonen Rumäniens. C. r. I. Conférence intern. d'agrogéol. Budapest **1909**.

G. MURGOCI kündigte in seiner Arbeit über die Bodenzonen Rumäniens eine neue größere Übersichtskarte Großrumäniens im Maßstab 1 : 1500000 an, deren Erscheinen er nicht mehr erlebt hat. Sie ist 1927 veröffentlicht[1] worden und besitzt eine ähnliche Einteilung wie die kleinere Karte von 1909, denn es werden unterschieden: hellbrauner sandig-lehmiger Boden, kastanienfarbiger Boden aus der Reihe der Schwarzerden, schokoladenfarbene Schwarzerde, eigentliche Schwarzerde reich an Humus, degradierte Schwarzerde, rötlichbrauner Waldboden mit Flecken von Podsol in Depressionen, Podsol, Podsol und Skelettböden, Skelett- und Torfböden der Hochgebirge, Torfböden und Wiesentorf, Sümpfe, Rendzina auf Kalkstein, Gips oder Mergel, Sanddünen bewegt oder festgelegt, Salzboden und Salzseen, marine Salzablagerungen, Überschwemmungsgebiet der Donau (Plaur), junge Alluvionen nicht überschwemmt. Die Farbenwahl erweist sich sehr zurückhaltend, sie ist nicht mehr so lebhaft wie die der ersten Karte.

Zu einer Spezialkartierung neben der Übersichtskartierung ist die agrogeologische Abteilung nicht übergegangen. Es schien G. MURGOCI die Zeit dazu noch nicht gekommen, denn seiner Ansicht nach mußten erst bedeutendere Erfahrungen gesammelt werden. Er erstrebte daher zunächst die Vergrößerung der Übersichtskarte auf den Maßstab 1 : 500000.

Die heutige rumänische Provinz Bessarabien hat während ihrer hundertjährigen Zugehörigkeit zu Rußland ihre eigne bodenkundliche Entwicklung genommen, worüber N. FLOROV[2] berichtet hat. Die russischen Forscher GROSSOUL-TOLSTOI, DOKUTSCHAJEFF, NABOKICH, PANKOW, KATSCHEWSKI und FLOROV haben dortselbst gearbeitet, aber die bedeutendsten Studien hat NABOKICH ausgeführt, der ihnen durch die Begründung eines pedologischen Museums in Kischinew einen Mittelpunkt gab.

Die erste Skizze der bessarabischen Böden rührt von GROSSOUL-TOLSTOI[3] her. Er unterschied die Zone des Tschernosems, die Zone des tonig-sandigen Tschernosems, die Zone der tonigen Böden mit etwas Kalk und die Zone der tonig-kalkigen Böden. Auch brachte er bereits ihre Verteilung mit dem Klima in Beziehung.

A. J. NABOKICH[4] hat dann ebenfalls eine Skizze der bessarabischen Böden gebracht. Er unterscheidet: podsolige Böden, sandig oder Sand, mit 0,3—2% Humus; podsolige tonig-sandige Böden, 2—3% Humus; dunkelgraue tonig-sandige Böden, 3—5% Humus; Kutchugour 0—1% Humus; degradierter Tschernosem, 5—10% Humus; podsolige sandige Böden mit Karbonaten; kastanienfarbiger Tschernosem, 3—5% Humus; Tschernosem, 5—7% Humus; dunkelbraune tonig-sandige Böden, 2—3% Humus; fetter Tschernosem, 7—10% Humus.

Neuerdings hat N. FLOROV[5] eine Humus- und Bodenkarte der südlichen Hälfte Bessarabiens veröffentlicht. Die Karte im Maßstab 1 : 3000000 zeigt Böden mit

---

[1] Harta solurilor României. Intocmita de Sect. agrogeol. Inst. Geol. pe baza ridic. fac. de P. ENCULESCU, EM. PROTOPOPESCU-PAKE, TH. SAIDEL vech reg. sub conduc. lui G. MURGOCI (†). Editia 1927.

[2] FLOROV, N.: Sur les recherches et le musée pédologique de Bessarabie. Etat de l'étude et de la cartographie des sols, S. 194—199. Bukarest 1924.

[3] GROSSOUL-TOLSTOI: Description générale des sols de la Bessarabie. 1858.

[4] NABOKICH, A. J.: Cartography of soils in three phases. Etat de l'étude usw. S. 208.

[5] FLOROV, N.: Einige Bemerkungen im Zusammenhang mit den Bodenuntersuchungen in Bessarabien. Bull. Muz. Nation. de ist. nat. din Chisinau 2, 3, 149. Kischinew 1929. — Vgl. auch N. FLOROV: Humus- und Bodenkarte der südlichen Hälfte Bessarabiens. Proc. and Papers of the I. Intern. Congr. of Soil Science 4 (1927). Hierin ist die Bodenkarte im Maßstab 1 : 1000000 aufgeführt. Außerdem enthält die Arbeit eine Bodenkarte des Kodri-Gebietes Bessarabiens im gleichen Maßstabe mit der Einteilung: degradierter Tschernosem; dunkelgrauer, wenig podsolierter Lehm; dunkelgrauer podsolierter Lehm der Waldsteppe;

1—2% Humusgehalt; Böden mit 2—3% Humus, Tschernosem stark erodierter Bezirke, abgeschwemmte tschernosemartige Böden der Abhänge, Serosem; Tschernosem und Serosem mit 3—4% Humus; Tschernosem mit 4—5% Humus; Tschernosem mit 5—6% Humus; Tschernosem mit 6—7% Humus; halbsumpfige und ein wenig salzige Böden litoraler Bezirke, Flußterrassen und der Überschwemmung ausgesetzter Sand. Dieser Übersichtskarte sind noch 4 Kärtchen im Maßstab 1 : 20000 von der Farm Kostinjeni angefügt, welche den Humusgehalt im oberen Horizont des Bodens, die Tiefe der Linie, bis zu der das Aufbrausen mit Salzsäure stattfindet, die hypsometrische Karte und die Bodenkarte darstellen. Diese hat 9 verschiedene Typen, nämlich: Tschernosem mit 4,5—4% Humus, mit 4—3,5% Humus, mit einem Gehalt unter 3,5% Humus, degradierter Tschernosem, dunkelgrauer Podsol-Tschernosem, grauer Tschernosem-Podsol, grauer erodierter Tschernosem-Podsol, die unter dem Einfluß der Grundwässer an Karbonaten angereicherten Böden, Alluvialböden und Tschernosem der Schlucht. Die Kärtchen sollten zu einer vereinigt werden, aber sie mußten in Schwarzdruck und Schraffuren ausgeführt und infolgedessen geteilt wiedergegeben werden. Eine Reihe von Profilen, sowohl Photographien wie Zeichnungen als auch graphische Darstellungen von Analysen ergänzen die Übersichts- und Spezialkarte.

Schweden.

Von den schwedischen Böden hat H. HESSELMAN[1] eine Übersichtsdarstellung verfaßt, in welcher er die bodenbildenden Faktoren, welche die schwedischen Bodentypen gebildet haben, schildert. Das Klima ist ein ausgesprochenes Waldklima. Da die Bodenbildung in erster Linie von der Vegetation abhängt, so sind die Waldböden die hauptsächlich vorkommenden Böden Schwedens. An Waldarten sind auf HESSELMANS Waldkarte im Maßstab 1 : 10000000 Hochgebirgsregion und alpiner Birkenwald, nördliches Nadelwaldgebiet, südliches Nadelwaldgebiet und Buchenwaldgebiet angegeben. Die beiden Nadelwaldgebiete sind durch die Nordgrenze der Eiche von einander getrennt. Innerhalb der Buchenwaldregion herrscht die Braunerde, innerhalb der Nadelwaldregion der Podsol vor. Dazu kommen die Torfböden, die im südlichen und mittleren Schweden etwa 10% der gesamten Oberfläche, im nördlichen dagegen 30% einnehmen. Im Gegensatz zu Nordwestdeutschland und Jütland ist die Podsolierung in Schweden auf den Sanden schwächer als auf den weniger durchlässigen Böden. Sie ist hier von der Rohhumusdecke, die auf den leicht durchlässigen Sanden mit Kiefernheiden nur unbedeutend ist, abhängig. Größer ist sie auf den feuchteren Moränenböden, auf denen die Fichte einen besser passenden Standort hat und die Zwergsträucher üppiger gedeihen. Selten erreicht die Bleicherde mehr als 10—15 cm Mächtigkeit, die Orterde ist gewöhnlich locker; Ortstein kommt nur ausnahmsweise und lokal, dagegen im hohen Norden häufiger vor. Die Podsolierung ist auch in hohem Grade von der chemischen Beschaffenheit des Untergrundes, vor allem von seinem Kalkgehalt abhängig. Auf kalkhaltigen Böden, besonders an Abhängen, entstehen Mull- und Braunerde, während auf den Plateaus der Kalk-

grauer podsolierter Lehm der Waldsteppe; Komplex der grauen und hellgrauen podsolierten Böden auf Sand und Sandlöß; Komplex des grauen und hellgrauen podsolierten Lehms auf Löß und Tertiärlehm; halbsumpfige und ein wenig salzige Böden litoraler Bezirke, Flußterrassen und der Überschwemmung ausgesetzter Sand; Tschernosem mit 3—4 % Humusgehalt (Tschernosem stark erodierter Bezirke, abgeschwemmte tschernosemartige Böden der Abhänge). Von den Karten der Farm Kostinjeni sind drei im Maßstabe 1 : 17000 mit eingeschriebenen Höhenlinien wiedergegeben.

[1] HESSELMAN, H.: Kartographie der schwedischen Böden. Etat de l'étude et de la cartographie des sols, S. 233—239. Bukarest 1924.

gehalt ausgewaschen wird und der Podsoltypus infolgedessen allein herrscht. Auf kalkhaltigem Untergrund trifft man bis in den Norden nach Lappland hin an den Abhängen nur Braunerdeprofile an, während sonst das Podsolprofil vorherrscht. Auch die Laubbäume neigen zur Mullbildung, wodurch die Auswaschung des Bodens herabgesetzt wird. Die Lehmböden bilden in großer Ausdehnung das Ackerland, dieses ist daher mit Böden von „ariderem" Gepräge, als dem Klima entspricht, ausgestattet, auch sind die Böden zumeist sehr jung. Bei der Kartierung der klimatischen Bodentypen muß man alle diese Momente, wie Vegetation, Gestein, Topographie, menschliche Arbeit und Alter berücksichtigen, so daß die Kartierung auf große Schwierigkeiten stößt und bis 1924 auch kein Versuch zu ihrer Durchführung unternommen worden war.

Erst O. TAMM[1] hat 1927 eine Skizze im Maßstabe 1 : 10000000 veröffentlicht, welche die vorstehend erörterten Feststellungen HESSELMANS entsprechend der Kleinheit des Maßstabes schematisiert hat. Die Karte ist für die Allgemeine Bodenkarte Europas in 1 : 10000000 (Danzig und Berlin 1927) verwendet worden.

Die Kartierung der Bodenarten ist seit 1858 von der schwedischen Geologischen Landesanstalt (Sveriges Geologiska Undersökning[2]) erfolgt. Es wird zu diesem Zwecke von ihr der Gehalt der Bodenarten an Lehm, an Humus, die Mächtigkeit der humosen Schicht und die Korngröße der Sandteile bestimmt. Nach diesen Analysen werden die Bodenarten klassifiziert. Bei der Kartierung, die in großen Maßstäben erfolgt, verschafft sich der Quartärgeologe, dem die Arbeiten übertragen werden, durch Bohrungen eingehende Kenntnis von Lagerungsverhältnissen und Bildungsweise der Bodenarten. Die Proben werden im Laboratorium untersucht und danach ihre Bezeichnung festgestellt. Nach diesen einleitenden Feststellungen wird mit dem 1-m-Bohrer unter Eintragung und Numerierung der Bohrpunkte das Gelände systematisch abgebohrt. Die dadurch gewonnenen Profile der Bodenarten, ihre Lagerung, die Mächtigkeit des Humushorizontes, etwaige Besonderheiten, wie speziell dichte oder besonders lockere Lagerung, Höhe des Grundwasserspiegels, werden ins Tagebuch eingetragen, aus welchen Daten je eine besondere Karte der Kulturschicht und des Unterbodens hergestellt wird. Die Bodenarten werden durch Farben, der Humusgehalt durch Schraffur und Strichelung, ihre Bildungsweise durch Buchstaben gekennzeichnet. Es gibt kombinierte Berg- und Bodenkarten in den Maßstäben 1 : 50000 (bis 1924 waren 153 veröffentlicht), 1 : 100000 (davon sind 8 herausgegeben) und 1 : 200000 (15). Auf diesen Karten sind die Mineralböden eingeteilt in Moränenböden, fluvioglaziale Kies- und Sandbildungen, Schotter, Strandkies, Sand und Lehme in ehemaligen Meeren oder größeren Binnenseen abgelagert, Alluvialsand und Alluviallehme der jetzigen Flüsse, Verwitterungsböden, Kalktuff, Limonit usw. Vielfach erfolgt auch eine weitere Unterteilung, wie z. B. die der Moränenbildungen in blockreiche, sandige, lehmige, sowie auch in Endmoränen und Drumlins. Die organogenen Bodenarten werden in Torfbildungen (mit Hoch- und Niederungsmoortorf), Gyttja, Kalkgyttja, Muschelkies eingeteilt. Ferner ist eine Anzahl Sonderkarten im Maßstabe 1 : 100000 von einzelnen Bezirken mit Rücksicht auf die Bodenbehandlung ausgeführt worden. Daran schließen sich Übersichtskarten in kleineren Maßstäben wie die der Ausbreitung des glazialen Lehms im süd-

---

[1] TAMM, O.: Die klimatischen Bodenregionen in Schweden. Proc. and Papers of the I. Intern. Congr. of Soil Science. Washington **1928**. — Auch teilweise veröffentlicht in O. TAMM: Om Brunjorden i Sverige. Svenska Skogsvårdsföreningens Tijdskr. 1, 8 (1930).

[2] Sveriges Geologiska Untersökning. Etat de l'étude usw., S. 241—242. — GAVELIN, A.: Die Karten der S. G. U. Ebenda, S. 243 u. 244. — POST, L. VON: Torfuntersuchungen der S. G. U. Ebenda, S. 245 u. 246.

lichen Schweden (1 : 1000000), der quartären Meeresablagerungen und des Vorkommens von Kalk und Mergel (1 : 2000000), von Schwedens Ackerareal (1 : 1000000) mit Angabe der Verteilung des bebauten Bodens in den verschiedenen Landesteilen, der Meeresablagerungen und der Kalkgebirgsarten, die für den Ackerbau wichtigeren Bodenbezirke im südlichen und mittleren Schweden (1 : 500000), der Bodenarten des südlichen und mittleren Schwedens (1 : 300000). In den achtziger und neunziger Jahren des vorigen Jahrhunderts und später wurden auch agrogeologische Spezialkarten einzelner Güter in größeren Maßstäben, wie 1 : 4000, 1 : 6000, 1 : 10000, 1 : 15000, 1 : 20000, aufgenommen. Dazu wurden die Profile der Bodenschichten in kleineren Zwischenräumen, ihr Kalkgehalt, die Tiefe der Krume, der Grundwasserstand, die Vegetationsverhältnisse festgestellt. Beispiele[1] dafür sind die Krumen- und Untergrundkarte des Gutes Skattory im Maßstab 1 : 4000 u. a.

Seit 1917 ist eine systematische Untersuchung über die Größe und Beschaffenheit der Torfvorräte in Schweden ausgeführt worden, die sich der Kartierung im Maßstabe 1 : 100000 bedient. Eine Übersichtskarte der Torfböden im mittleren und südlichen Schweden hat den Maßstab 1 : 500000. Die Einzelkarten bringen Angaben über Lage, Areal, Oberflächengestaltung, Neigungsverhältnisse, Bau, gegenwärtige Anwendung, mögliche Ausbeutung. Auch wird zwischen Brenntorfmooren, Torfstreumooren, Kulturböden usw. unterschieden.

Eine Anzahl bemerkenswerter Karten im Zusammenhange mit Wasserströmungen und im Vergleiche mit Vegetationstypen hat O. Tamm[2] veröffentlicht. In einer Arbeit über Grundwasserbewegungen und Versumpfungsprozesse, die durch Sauerstoffanalysen des Grundwassers nordschwedischer Moränen erläutert werden, sind zwei Karten im Maßstabe 1 : 20000 von C. Malmström abgedruckt, welche beide als Grundlage eine Bodenkarte mit der Einteilung nach Felsenboden, trockenem Moränenboden, Sumpfboden, Gyttja, Wasser haben. Die eine hat ein Isohypsennetz von 1 m Abstand und außerdem feine Linien für Vegetationsgrenzen, die andere zeigt die Wasserbahnen in den Sumpfböden mit Grundwasserseen (Wasserlinsen), stärkeren Oberflächen- und Grundwasserströmen mit ihrer Stromrichtung, ferner Quellen und Abflußgräben. Dazu hat C. Malmström[3] eine Reihe sehr bemerkenswerter Profile wiedergegeben.

O. Tamm[4] hat 1926 je eine geologische Karte der Bodenarten der Versuchsforste von Svartberget und von Kulbäcksliden im Maßstabe 1:20000 veröffentlicht, welche auf einer feinen topographischen Grundlage mit Isohypsen nachstehende Bildungen ausgeschieden zeigen: mächtigen Torf, dünnen Torf auf Sand oder Kies bzw. auf Moräne, Schluff (Silt), dünnen Glazialton mit Geschieben, Glazialton, Sand oder Kies, Grundmoräne an der früheren Meeresgrenze oft fortgewaschen, archäischen Fels (Gneis), felsigen Untergrund. Durch Buchstaben werden außerdem kleine Vorkommen von Ton und Schluff und die Endmoräne angegeben. C. Malmström und K. Lundblad haben außerdem Waldtypenkarten

---

[1] Holmström, L. u. A. Lindström: Krumen- und Untergrundkarte mit Niveaukurven der Äcker und Wiesen des Gutes Skattory. Stockholm 1881. — Johannsen, S.: Agrogeologische Karte des Gutes Ultuna, 1 : 4000. — Johannsen, S. u. G. Ekström: Agrogeologische Karte des Gutes Valinge. 1 : 4000. — Ekström, G.: Agrogeologische Karte des Versuchsfeldes der Centralanstalt för jordbruksversök. 1 : 2000.

[2] Tamm, O.: Grundvattenrörelsor och försumpningsprocesser belysta genom bestämmigar av grundbattnets syrehalt i nordsvenska moräner. Meddel. fr. Statens Skogsförsöksanst. Stockholm 1, 22 (1925).

[3] Malmström, C.: Några riktlinjer för torrläggning av norrländska torvmarker. Meddel. fr. Statens Skogsförsöksanst. Stockholm 1925, Skogliga rön Nr. 4.

[4] Tamm, O. u. C. Malmström: The experimental forests of Kulbäcksliden and Svartberget in North Sweden. Skogsförsöksanst. Exkursionsledare 11.

aufgenommen, welche den Vergleich zwischen den Bodenarten und den darauf wachsenden Vegetationen ermöglichen.

Eine spätere Arbeit O. TAMMS[1] enthält eine Reihe Karten von Kulbäcksliden und von Rokliden in den Maßstäben 1:3333 bzw. 2000, und zwar sind nebeneinandergestellt die geologische, die Boden- und die Vegetationskarte. Es handelt sich um Gebiete mit Moränen, Sanden und Torf bzw. Eisen- und Humuspodsol mit oder ohne Ortstein und Torfdecke bzw. sphagnumfreie Wälder des Vaccinium- und Dryopteristyps auf Eisenpodsol, sphagnumreiche Moore, Sumpfwälder, Fichtenwälder mit Vaccinium und Dryopteris auf Humuspodsol und Torf. Auch zwischen der geologischen und der Bodenkarte gibt es mancherlei Übereinstimmung.

Eine der ersten Bodenreaktionskarten hat O. ARRHENIUS[2] veröffentlicht, auf welcher im Maßstabe 1:10000 die Wasserstoffionenexponenten von 5,4—7,9 in Abständen von je 2 zu 2 Zehnteln mit bunten Schraffuren eingetragen sind.

Schweiz.

J. FRÜH[3] hat sich 1911 ausführlich über die geologische Landesaufnahme der Schweiz vom Standpunkte der Agrogeologie geäußert. Die Veranlassung gaben dazu die kartographischen Erörterungen auf der 2. Internationalen Agrogeologenkonferenz in Stockholm 1910[4] und eine Anregung von WALDVOGL[5] auf der 10. Schweizerischen Landwirtschaftslehrerkonferenz, Bodenkarten nach einheitlichen Grundsätzen herzustellen. J. FRÜH gibt eine Übersicht über die der Geologie verwandten Methoden der Agrogeologie, die in der Feststellung des Bodenprofils einerseits, in der Kartierung andererseits bestehen. Er unterscheidet Bonitätskarten, speziell landwirtschaftliche Bonitätskarten für rein wirtschaftliche Zwecke in großen und kleineren Maßstäben, geologisch-agronomische Karten, darunter allgemeine Bodenkarten wie die russische von W. DOKUTSCHAJEFF, N. SIBIRTZEFF, G. TANFILJEFF und A. FERCHMIN[6] im Maßstabe 1:2500000 und die geologisch-agronomischen Karten, die sich zu einer Bonitätskarte wie eine geologische Karte zu einer solchen der nutzbaren Mineralien, Gesteine und Erze verhalten. Hier werden außer den finnischen Plänen und J. KOPECKYS Karte von Welwarn die der preußischen und der württembergischen Geologischen Landesanstalten hervorgehoben, ferner die Karte 1:75000 des Ecsedi Lap von W. GÜLL, A. LIFFA und E. TIMKO[7] und die von der Kgl. Selskap for Norges Vels jordbuntsutvalg in Angriff genommenen Bodenkarten Norwegens.

Die schweizerische geologische Landesaufnahme kennzeichnet sich im wesentlichen durch die Herausgabe von Karten und deren Erläuterungen. Die Karten

[1] TAMM, O.: Studier över jordmånstyper och der as förhållande till markens hydrologi i Nordsvenskas skogstorränger. Medd. fr. statens skogsförsöksanstalt 26. 2. Stockholm 1931.

[2] ARRHENIUS, O.: Försök till bekämpande av betrotbrand. Meddel. Nr. 240 fr. Centralanst. för försöksväsendet på jordbruksområdet. avdeln. för landbruksbot Nr. 26. Stockholm 1923.

[3] FRÜH, J.: Unsere geologische Landesaufnahme vom Standpunkte der Agrogeologie. Eclogae geologicae Helvetiae 11, Nr. 6, 713—725 (1912).

[4] Vertr. II intern. Agrogeolog. Konf. Stockholm 1910. Hrsg. von Org. Kommittee durch G. ANDERSON und H. HESSELMAN. Stockholm 1911.

[5] WALDVOGL: Protollkolauszug der X. Landwirtschaftslehrerkonferenz Luzern, 2. Oktober 1909, S. 7.

[6] Carte du sol de la Russie d'Europe dressée sur l'initiative et d'après le plan de W. DOKUTSCHAJEFF par N. SIBIRTZEFF, G. TANFILJEFF et A. FERKHMIN. 1 : 2500000. Ministère de l'Agriculture. St. Petersburg 1900.

[7] GÜLL, W., A. LIFFA u. E. TIMKO: Bodenkarte von Ecsedi Lap. Mitt. kgl. ung. geol. Anst. Budapest 14, 5 (1906).

haben eine exakte topographische Grundlage, dazu Einträge für Wald, Moor oder Sumpf. Sowohl die ganze Dufourkarte 1:100000 ist geologisch koloriert wie auch zahlreiche Spezialkarten in den Maßstäben 1:25000 und 1:50000 auf der Siegfriedkarte. Auf diesen Aufnahmen ist mit der Zeit die Schutt- oder Bodendecke immer eingehender gegliedert worden. Praktisch ist es ebenfalls von Bedeutung, daß an Stelle der rein stratigraphischen Bezeichnung und der Farben mehr die Fazies zur Geltung kamen. Agrogeologisch ist die historisch-geologische Seite der geologischen Karten viel weniger wichtig als die petrographische, weil Natur und Stellung des Gesteins bei der Bodenbildung und dem Wasserhaushalt in erster Linie maßgebend seien. „Es bedeutet für weitere Bezirke wenig bis gar nichts, wenn Pflanzengeographen, Geographen, Forst- und Landwirte, Kulturtechniker in ihren Darstellungen von ‚Tertiärland', ‚auf Buntsandstein', ‚innerhalb der Kreide' usw. sich ausdrücken, um einen Zusammenhang zwischen Boden, Pflanzendecke und Wasserökonomie einerseits und der geologischen Unterlage andererseits hervorzuheben [1]." Das Gestein sei für den Praktiker das eigentlich Wichtige. Die Gliederung des Schuttes und die petrographischen Faziesunterschiede sind in besonders weitgehender Weise von M. LUGEON[2], ARN. HEIM und J. OBERHOLZER[3], P. ARBENZ[4] u. a. durchgeführt worden. Schon in älteren Zeiten[5] wurde oft auf die Zusammenhänge zwischen Gestein, Pflanzenwuchs und Land- und Forstwirtschaft hingewiesen. J. FRÜH vermißt allerdings chemische Gesteins- und noch weit mehr Bodenuntersuchungen in den Kartenerläuterungen. Auch gehe im allgemeinen die petrographische Beschreibung nicht weit genug. Die Dekalzifikation sei nirgendwo so eingehend beschrieben wie von M. E. FOURNIER[6] im französischen Jura. Mehr sei auf Mischböden, Schuttmassen, Gehängeschutt, Solifluktion geachtet worden. Bildungen, wie Ortstein und Roterde, wurden auch nur selten erwähnt. Den Anfang mit einer agrogeologischen Spezialaufnahme hat W. BANDI[7] bei der Domäne Rüti gemacht.

HANS BURGER[8] hat diese Überlegungen von J. FRÜH im Jahre 1924 weiter zu ergänzen versucht. Eine einheitliche Organisation zur Untersuchung und Kartierung der Böden der Schweiz bestand zwar 1924, jedoch gegenwärtig nicht mehr. Veranlaßt durch C. GIRSBERGER und DISERENS wurde eine Kommission zum Zwecke der Gründung einer Spezialabteilung für Bodenuntersuchung und Bodenkartierung eingesetzt, ohne daß aber die Bodenkartierung stärker gefördert werden konnte. Wohl sind für kleinere Gebiete und zu besonderen Zwecken Bodenkarten, so z. B. anläßlich von Güterregulierungen und zu Steuerzwecken ausgearbeitet worden, aber veröffentlicht ist von diesen bisher nichts. Einer allgemeineren und systematischen Bodenkartierung stellen sich in der

---

[1] FRÜH, J.: vgl. Anmerkung 3 auf S. 352.

[2] LUGEON, M.: Carte géol. des hautes Alpes calcaires entre la Lizerne et la Kander. 15 Schuttarten, 8 petrographische Faziesbezeichnungen. 1 : 50000. Aufgenommen 1898 bis 1909.

[3] HEIM, ARN. u. J. OBERHOLZER: Geologische Karte der Gebirge am Walensee. Beitr. zur geol. Spezialkarte der Schweiz, N. F. **44**. (13 Schuttarten, 30—40 petrographische Faziesbezeichnungen.) 1 : 50000. Aufgenommen 1903—1906.

[4] ARBENZ, P.: Das Gebirge zwischen Engelberg und Meiringen. Beitr. z. geol. Karte Schweiz, N. F., Lief. **26**, Nr. 55 (1911). 1 : 50000.

[5] JACCARD, A.: Jura vaudoise. 1869. Darin: Les Terrains sous le rapport agricole. — GILLIÉRON, V.: Monsalvans 1873 (darin Agriculture), Lief. **18** (1885) (géologie appliquée).

[6] FOURNIER, M. E.: L'interprétation des cartes géologiques au point de vue de l'agriculture. Bull. Services de la carte géol. France, **15**, Nr. 9 (Paris 1904).

[7] BANDI, W.: Der Kulturboden der Domäne Rüti. Jber. landw. Schule Rüti, 16 S, mit Profilen und Analysen, **1909** u. **1910**.

[8] BURGER, H.: Pedologische Studien in der Schweiz. Etat de l'étude et de la cartographie des sols, S. 101—108.

Schweiz sehr große Schwierigkeiten entgegen, die H. BURGER drastisch beschreibt. Mehr oder weniger gute Grundlagen dafür würden die topographischen Karten, die Katasterpläne 1:500—1:5000, Gemeindübersichtspläne 1:5000—1:10000, die geologischen Karten und Reliefs, die geobotanische Landesaufnahme, Waldkarten, Holzartenkarten, Forsteinrichtungswerke, Anbaukarten landwirtschaftlicher Gewächse, hydrologische Untersuchungen, Klimakarten, Lawinenkarten ergeben, die eine Fülle kartographischen Materials darstellen und für eine Bodenkartierung vortreffliche Vergleichsmöglichkeiten bieten.

Die erste Bodenübersichtskarte der Schweiz ist 1925 von H. JENNY[1] ausgeführt und mit Unterstützung von G. WIEGNER der ersten allgemeinen Bodenkarte Europas 1927 zur Verfügung gestellt worden. Sie unterscheidet 3 Gebiete, in denen Böden mit geringer Umlagerung der Karbonate und Sesquioxyde, solche mit starker Umlagerung der Karbonate (Rendzina) und solche mit starker Umlagerung der Sesquioxyde (Podsol) angegeben sind. Die Einteilung bevorzugt eine auf chemischer Grundlage ruhende Klassifikation, ist aber auf klimatischer und nicht auf geologischer Basis entstanden. H. JENNY findet, daß die klimatischen Gesichtspunkte interessantere Beziehungen als die geologischen zwischen den Böden erkennen lassen. Zum Vergleich ist die Übersichtskarte der Böden des Kantons Aargau von A. AMSLER[2] herangezogen worden. Diese geologische Bodenkarte gibt über die Textur der Böden Auskunft, sie zeigt Kies-, Sand-, Tonboden und liefert Aufschluß über Wasserdurchlässigkeit, sie unterrichtet also in erster Linie über die physikalische und mechanische Beschaffenheit der Böden. „Sie ist eine statische Bodenkarte, beschreibt das Beständige, wenig Veränderliche, ist sozusagen das Knochengerüst.“ Anders erweist sich die Klimabodenkarte, der man zunächst nicht ansieht, ob die Böden schwer oder leicht, tiefgründig oder flachgründig sind. Dafür gestattet sie aber einen Einblick in die Verwitterungsvorgänge; sie zeigt, welche chemischen und biologischen Änderungen stattgefunden haben und berührt damit das Problem der Bodenfruchtbarkeit. AMSLERs Karte hat im Jura die Kalkböden ausgeschieden, welche aus den kalkreichen Schichten des oberen weißen Juras aus dem Rogenstein und dem Muschelkalk hervorgegangen sind. Viele dieser Böden haben aber gar keinen Kalk mehr, er ist teilweise oder vollständig ausgewaschen worden, und es haben sich eigenartige, selbständige Bodentypen entwickelt.

Der Ausdruck Kalkböden erweckt beim Landwirt eine unrichtige Vorstellung, weil dieser damit einen hohen Kalkgehalt verbindet. Jedoch müssen die Böden vielfach selbst gekalkt werden, weil sie bereits stark sauer sind. Die klimatische Bodentypenkarte berücksichtigt dagegen die Entwicklungstendenz der Böden und interessiert sich für das Schicksal der Pflanzennährstoffe. Sie ist gewissermaßen als eine Stoffwechsel- oder dynamische Karte zu bezeichnen und nur die Vereinigung beider Gesichtspunkte würde eine ideale Bodenkarte ergeben.

Mehrere Arbeiten, die zwar nur Übersichtsskizzen von Pflanzengesellschaften neben Bodenprofilen enthalten, sich aber dennoch zu kleinen modernen Bodenkarten entwickeln könnten, sind von H. GESSNER und R. SIEGRIST[3] veröffentlicht worden.

---

[1] JENNY, H.: Bemerkungen zur Bodentypenkarte der Schweiz. Landw. Jb. Schweiz **1928**, 379—384.

[2] AMSLER, A.: Übersichtskarte der Böden des Kantons Aargau. Aarg. landw. Winterschule. Brugg 1925.

[3] GESSNER, H. u. R. SIEGRIST: Bodenbildung, Besiedlung und Sukzession der Pflanzengesellschaften auf den Aareterrassen. Mitt. Aargauische naturf. Ges. **17**, 87—141 (1925). — SIEGRIST, R. u. H. GESSNER: Über die Auen des Tessinflusses, eine Studie über die Zusammenhänge der Bodenbildung und der Sukzession der Pflanzengesellschaften. Festschr. C. SCHRÖTER. Veröff. Geobotan. Inst. Rübel in Zürich **1925**.

Spanien.

M. FAURA I SANS[1] berichtet in G. MURGOCIS Etat de l'étude et de la cartographie des sols über die Bodenkartierung in Katalonien. Schon 1869 hatte die Deputation von Barcelona die Herstellung einer geologischen Karte, welche die Zusammensetzung der Böden erkennen lassen sollte, an den französischen Geologen J. MOULIN in Auftrag gegeben. Aber der vorzeitige Tod MOULINS verhinderte ihre Fertigstellung[2]. Im Museum des geologischen Dienstes von Katalonien bewahrt man noch eine Skizze dieses Anfanges der Kartierung im Maßstabe von 1:100000 und viele wertvolle Feststellungen geologischer und agronomischer Art auf. Später wurde der Geologe JAUME ALMERA von der gleichen Provinzdeputation beauftragt, MOULINS Karte fortzusetzen. 1887 wurde ihr erstes Blatt, Barcelona und Umgebung, im Maßstabe 1:100000 veröffentlicht, das später auf 1:40000 vergrößert wurde. Es folgten dann noch 6 weitere Blätter. Der Tod ALMERAS und die Umorganisation der Behörden änderten die Richtung dieses Werkes. Zunächst wurde nunmehr eine topographische Karte Kataloniens in Angriff genommen, und erst 1922 kam man auf die agronomische Kartierung zurück, mit deren Herstellung die höhere Ackerbauschule von Barcelona betraut wurde. Hier war R. CAPDEVILA der aufnehmende Agronom. Die neue Karte, die auf die topographischen Karten im Maßstabe 1:100000 eingetragen worden ist, wurde auf der Grundlage der gleichzeitig unter Leitung von FAURA I SANS in Arbeit befindlichen geologischen ausgeführt. Sie enthält selbst keine geologischen Feststellungen, sondern man gewinnt solche erst durch Vergleich mit der geologischen Karte. Mit verschiedenen Farben sind auf ihr die hauptsächlichen Kulturarten dargestellt. Einheitliche und auf kleinem Raume schnell wechselnde Kulturen sind ebenso wie die bewässerten Gebiete und die Stellen der Probeentnahmen zu finden. Jedes Kartenblatt enthält eine Erläuterung, in der neben den agronomischen Beschreibungen der Gegend die Analysen der Bodenproben, ihres Untergrundes und des Wassers, sowie die Bohrverzeichnisse, agronomische Längs- und Querprofile und landwirtschaftliche Statistiken mitgeteilt werden. Zur Zeit des Berichtes von M. FAURA I SANS waren 4 Blätter fertiggestellt.

Für die 1. Allgemeine Bodenkarte Europas im Maßstab 1:10000000 wurde der Anteil der Iberischen Halbinsel von P. TREITZ und E. DEL VILLAR[3] hergestellt. E. DEL VILLAR[4] hat hierbei mehrere neue Bodentypen aufgestellt, über die er im Zusammenhange mit der Karte auch später eingehend berichtet hat. Es sind die Trockenwald- und die Calveroböden, die außer auf der Iberischen Halbinsel in Europa noch nicht festgestellt worden sind.

Eine Übersicht über die Verteilung der landwirtschaftlichen Hauptbodenarten in Spanien nach der Art der von P. KRISCHE auch in Deutschland und anderen Ländern angegebenen Einteilung hat A. DE ILERA[5] hergestellt. Es sind leichte, mehr sandige Böden, Mittelböden sandig-lehmiger und lehmig-sandiger Natur und mehr lehmige und tonige Böden, Gebirgsgegenden, Moor- und Torfböden unterschieden.

Tschechoslowakei.

Den Anfang zu einer selbständigen Bodenkartierung in der Tschechoslowakei bildet die Karte des Bezirkes Welwarn, von welcher bereits 1908 ein Teil mit

[1] FAURA I SANS, M.: Carte agronomique de la Catalogne. Etat de l'étude usw., S. 277, 278.

[2] Eine neue geologische Kartierung spanischer Gebiete wird z. Z. von H. STILLE und R. BRINKMANN-Göttingen durchgeführt.

[3] Proc. and Papers of the I. Int. Congr. of Soil Science Washington **1927**.

[4] VILLAR, E. DEL: Espana en el mapa international de suelos. Bul. agric. techn. econom. 1927. — Auch abgedruckt in P. KRISCHE: Bodenkarten, S. 84—88. 1928.

[5] ILERA, A. DE: Die Verteilung der landwirtschaftlichen Hauptbodenarten in Spanien. In P. KRISCHE, Bodenkarten.

erläuterndem Text, der ganze Bezirk dagegen 1915 erschienen[1] ist. Die Karten waren für kulturtechnische Zwecke von J. KOPECKY und R. JANOTA ausgeführt worden. Sie geben mit Farben die geologischen Formationen in Übersichtsnamen, z. B. Alluvium, Diluvium, Kreideformation, Rotliegendes, Karbon, Urgebirge, wieder. Darauf erhebt sich mit Schraffuren in denselben Farben das petrographische Bodenprofil, und zwar ist mit senkrechten Schraffuren der Untergrund, mit schrägen die Ackerkrume dargestellt. Eine große Zahl von farbigen Profilen — 115 sind es bei der vollständigen Karte — ist auf dem Rand der Karte angebracht. Ihre Nummern finden sich auf dieser selbst wieder und zeigen ihre Lage im Gelände. Die Profile geben mit Ziffern die Mächtigkeit der Ackerkrume und des Untergrundes bis 1,5 m Tiefe, außerdem die Bodenfarben und die petrographischen Beziehungen (Sand, Lehm usw.) an.

Über die allgemeinen Grundlagen ihrer Kartierung haben sich J. KOPECKY[2] und R. JANOTA[3] auf der bodenkundlichen Konferenz in Prag im Jahre 1922 geäußert. Der agronomische Zweck, dem Landwirt in Form von bodenkundlichen Karten ein genaues Bild seines Bodens zu geben, habe die Form der Kartierung in Böhmen, die von der in anderen Ländern abweiche, veranlaßt. Der Landwirt soll im Bereich seines Bodenbesitzes über Ackerkrume und Untergrund unterrichtet werden, ferner über den Gehalt an wichtigen Nährstoffen, die wasserhaltende Kraft, die Luftkapazität, die Porosität und über die Abstammung der Böden. Auf die Karte wird von diesen Feststellungen nur das Profil und die Abstammung des Bodens gebracht. Bei der Untersuchung des Geländes wird in der Richtung gegen seine Neigung vorgegangen. Man ist dabei bestrebt, mit Hilfe des Handbohrers Gebiete von gleicher Bodenbeschaffenheit und gleicher Lagerung festzustellen und abzugrenzen. Diese Gebiete nennt J. KOPECKY Bodentypen. Nach Abgrenzung des Bodentypus wird in der Mitte des Gebietes eine Probegrube stufenweise ausgehoben, um die Bodenlagerung, die Beschaffenheit der einzelnen Bodenschichten festzustellen und Material für die Bodenanalysen zu entnehmen. Die physikalischen und chemischen Untersuchungen werden teils im Felde, und zwar vielfach noch am gleichen Tage, teils später im Laboratorium ausgeführt. Für die späteren Karten hat man sich entschlossen, die Profile nicht ebenfalls bunt, sondern im Schwarzdruck auf die Karte zu bringen, und zwar die Bodenarten in 7 Gruppen: Ton- oder Lettenböden (die schwersten Bodenarten); tonig-lehmige oder sandig-tonige Böden, schwere tonige Lehme (mildere Stufen von schweren, bündigen Böden); sandige tonig-lehmige Böden, tonige Sandböden (verhältnismäßig bündige, sandige Böden); gewöhnliche Lehmböden, toniglehmige Sandböden (mittelschwere, etwas krümlige Bodenarten); sandige Lehme, stark lehmige Sande (leicht krümlige lehmige Sandböden); reine Sande oder mit schwachen Beimengungen von Tonteilchen, Lehm oder Humus (lose Sande). Für diese 7 Gruppen sind Liniensysteme eingeführt, deren schräge Stellung immer die Ackerkrume, deren senkrechte den Untergrund, und zwar eventuell in mehreren Schichten angibt. Dazu werden mit Zusätzen an den Linien noch das Vorhandensein von Humus, Kalk und Eisenrost gekennzeichnet.

R. JANOTA bezeichnet die Grundlage der Kartierung als eine agrophysikalische, da es ihr hauptsächlich auf die Ermittlung der physikalischen Eigenschaften an-

[1] KOPECKY, J. u. R. JANOTA: Bodenkarte des Bezirkes Welwarn 1 : 25000. Prag 1908. — Bodenkarte des Bezirkes Welwarn 1 : 2000. Arch. naturwiss. Landesdurchf. v. Böhmen **16**, Nr. 1 (Prag 1915).

[2] KOPECKY, J.: Über den Vorgang bei den bodenkundlichen Kartierungsarbeiten in Böhmen. C. r. conf. extraord. (III. intern.) agropédologique à Prague 1922, Prag **1924**, 318—324.

[3] JANOTA, R.: Einige Erfahrungen auf dem Gebiete der Bodenkartierung. Ebenda, S. 325—335.

komme. Für das Kartieren größerer Bezirke von etwa 200—300 km² eignet sich am besten die Karte von 1:25000, während bei kleineren zum Katastermaßstab von 1:2880 gegriffen wurde. Möglichst sei die Topographie mit Höhenschichtlinien zu verwenden, und der Maßstab der Karte bedinge die Dichte der Bohrlöcher. Als Grundlage der Arbeiten ist eine ausführliche und genaue geologische Karte erforderlich, da sonst die Feststellung der geologischen Zugehörigkeit zu lange aufhalte. Der draußen Arbeitende nimmt die grobe Bodeneinteilung vor, wählt die Bodenproben aus und grenzt im Felde die einzelnen Typen ab. Im Laboratorium wird dann die Einteilung der Bodenarten nach der mechanischen Analyse verbessert. Erst dann wird an das endgültige Abgrenzen der Typen auf der Karte und an deren Herstellung herangetreten. Die Bohrungen sollen senkrecht auf das Geländegefälle angelegt und im Einzelnen so angestellt werden, daß sie die Mächtigkeit aller Lagen zum Ausdruck bringen. Im ebenen Gelände ist die Arbeit leichter, die Bohrungen werden weiter auseinanderliegen, wohingegen das kupierte Gelände eine größere Dichte verlangt. Um sich aber nicht in Einzelheiten zu verlieren, soll der Aufnehmende im kupierten Gelände besser ein verallgemeinerndes Verfahren anwenden, bei dem eine kleinere Zahl der Bohrungen ausreicht und ähnliche Bodenarten zu größeren Typen verbunden werden. Im Bezirk Welwarn wurden auf 27 km² 4600 Bohrungen, d. h. eine je 5 ha, im kupierten Gelände sogar eine je 4 ha ausgeführt. Bei einer dichten Stellung der Bohrungen werden weniger Proben als bei einer weiteren entnommen. Je mehr Proben genommen werden, um so langwieriger fällt die Laboratoriumsarbeit aus, und je mehr Ergebnisse vorhanden sind, desto mehr wird der Vergleich erschwert. „Je eingehender die Untersuchung, um so erschwerter die Arbeit im Felde wie im Laboratorium und beim Zusammenstellen der Karte; das Erscheinen der Karte wird hinausgeschoben und dem Gesamtzwecke wird durch solche Einzelheiten nicht sonderlich gedient. Denn je weniger Ergebnisse, je weniger besondere Typen, um so übersichtlicher und zugänglicher ist die Bodenkarte, um so leichter ist auch der Überblick über die Analysenresultate[1]". Außer der Kartendarstellung nach der Art der Welwarner schlägt R. JANOTA noch eine andere vor, bei welcher der Hauptwert (ausgedrückt durch die Farben) auf die Ackerkrume gelegt wird. Die Bodenschichtung und die geologische Bezeichnung des Ursprungsgesteins werden in die Profile verlegt. Eine derartige Karte würde das für den Landwirt Wichtigste, d. h. die Ackerkrume in ihrer verschiedenen Ausbildung , wiedergeben und das genauere Studium der Einzelheiten auf die Profile beschränken lassen, wodurch die Karte leichter lesbar und leichter verwendbar würde. „Dadurch nähern wir uns schon merklich der Physiognomie des Feldes und emanzipieren uns von der geologischen Karte, die durch verschiedene Farben die Zugehörigkeit der einzelnen Erd- zu den Bergarten des Untergrundes darstellt, uns sie also in abgedecktem Zustande zeigt, von der uns wichtigsten oberen krümligen Schichte entblößt. Demgegenüber drückt die pedologische Karte gerade die Erdoberfläche, die Grundlage und den Träger der Kulturpflanzen, aus[2]".

J. KOPECKY und J. SPIRHANZL[3] haben 1924 über den Fortschritt der Kartierungsarbeiten in der Tschechoslowakei, und zwar besonders in Böhmen berichtet. Gleiches hat V. NOVÁK für Mähren[4] getan. Bei Errichtung des tschechoslowakischen Staates wurde der Entschluß gefaßt, die Bodenkartierung in der Art, wie sie KOPECKY durch die Aufnahme von Welwarn begonnen hatte, allgemein durch-

[1] JANOTA, R.: a. a. O., S. 328. [2] JANOTA, R.: a. a. O., S. 335.

[3] KOPECKY, J. u. J. SPIRHANZL: Pedologische Kartierung in der tschechoslowakischen Republik. Etat de l'étude et de la cartographie des sols, S. 25—32. Bukarest 1924.

[4] NOVÁK, V.: Bodenuntersuchung im Terrain und Kartographie in Mähren. Ebenda, S. 33—36.

zuführen. Zu dem Zwecke wurden in den Landeszentren Prag, Brünn, Preßburg, Kaschau agropedologische Institute gegründet. Diese gehen einheitlich und planmäßig vor. Die Arbeitsmethoden werden von der „Agropedologischen Kommission beim Verbande der landwirtschaftlichen Versuchsstationen in Prag" dirigiert, in welcher die verschiedenen Anstalten ihre Vertreter haben. Die Bodenuntersuchung wird in agrophysikalischem Sinne von der Überzeugung ausgehend durchgeführt, daß die Bodenproduktivität in erster Linie eine Funktion des physikalischen Zustandes sei. Die Untersuchungen werden hauptsächlich von Ingenieur-Agronomen mit landwirtschaftlicher Hochschulbildung oder von Absolventen des kulturtechnischen Ingenieurfaches und eventuell solchen des forstwissenschaftlichen Faches ausgeführt. Von diesen wird allseitige Kenntnis der landwirtschaftlichen Wissenschaften und Erfordernisse, ferner der Hydrologie, Geologie, Physik und Chemie verlangt. In jeder Kartierungssektion sind gewöhnlich zwei Fachbeamte, die die Geländeuntersuchung vornehmen, beschäftigt. Dabei geht der Aufnehmende folgendermaßen vor. Er macht sich zunächst mit Hilfe topographischer (1:25000), geologischer und anderer Karten gründlich mit dem Gelände vertraut, bevor er es nach allen Richtungen kreuz und quer durchstreift, wobei er vorhandene Aufschlüsse zur vorläufigen Erkenntnis der Bodenprofile ausnutzt. Nachdem er auf diese Weise die nötige Übersicht gewonnen hat, geht er zur eigentlichen Untersuchung im Felde über. Dazu werden Bohrungen mit Tellerbohrer und Sondiernadel und freigelegte Gruben benutzt, in welchen die Schichtenlagerung des Profils festgestellt wird. Die Stellen für derartige Aufschlußarbeiten werden entweder mit Rücksicht auf den Arbeitszweck oder nach den Terrainverhältnissen gewählt, so daß sie ein gewisses Netz bilden. Bei größeren Flächen werden die Karten von 1:25000, bei kleineren die Karten von 1:2880 der Aufnahme zugrunde gelegt, wonach sich dann auch die Dichte der Bohrungen richtet. Bei 1:25000 ist ihr Abstand in der Regel 200—300 m. Gruben werden in Dimensionen von 150 × 50 cm und bis 150 cm Tiefe geöffnet. Die Seitenwände und eine Stirnwand sind vertikal, die andere Wand wird stufenartig angeschnitten, um den Zutritt und die Probeentnahme zu erleichtern. Über jede Hauptsonde (Grabung), Nebensonde (Bohrung mit Tellerbohrer) und Hilfssonde (Bohrung mit Sondiernadel) wird ein Protokoll geführt. Hierzu tritt die Beschreibung der festgestellten Verhältnisse und Erscheinungen im Erdprofil, die, wenn nötig, auch mit Skizzen versehen sind. Es werden festgestellt: der geologische Charakter des Bodens, die Schichtenfolge des Profils und ihre Mächtigkeit, die mechanische Zusammensetzung einzelner Horizonte und deren physikalischer Zustand, der Farbenton bei natürlicher Feuchtigkeit, der Gehalt an Humus, Eisenverbindungen und Kalziumkarbonat. Sodann werden ermittelt: Steinskelette, besondere Erscheinungen, wie Gänge von Tieren, Wurzelröhren, Grundwasserstand unter der Erdoberfläche, Pflanzendecke, allgemeine Bemerkungen über Terrainlage, Exposition, Wasserverhältnisse usw. Die Ausrüstung des Bodenkundlers besteht zu dem Zwecke aus Schaufel, Hacke, einer Garnitur von Bodenbohrern und Sondierstöcken, Apparatur für die Untersuchung mit Salzsäure, Leinwandsäckchen oder Papierdüten für die Erdproben. Zur Vornahme der Handarbeiten sind jeder Sektion 2—3 Tagelöhner zugeteilt. Die an Ort und Stelle mit gleicher Bodenbeschaffenheit und gleicher Lagerung ermittelten Gebiete werden umgrenzt und in die Karte eingetragen. — Die Analysen werden anscheinend nicht mehr mit KOPECKYS Feldlaboratorium, sondern in geschlossenen Anstalten durchgeführt.

Nach der Untersuchung an Ort und Stelle und nach der Vornahme der zahlreichen Analysen im Laboratorium wird die Bodenkarte verfaßt. Mit den Farben wird die geologische Abstammung der Ackerkrume dargestellt. Für Ackerkrume und Untergrund wird das oben genannte Liniensystem verwendet, durch welches 7 verschiedene Bodenarten unterschieden werden. Ferner werden Humus, Kalkkarbonat, Eisenrost, Schotter, Felsengrund besonders bezeichnet. Die Mächtigkeit der Schichten ist aus den 1,5-m-Profilen ersichtlich, die auf dem Rande der Karte angebracht werden, und deren Lage im Gelände durch Ziffern bezeichnet ist. Die Schraffuren sind nicht mehr wie auf Blatt Welwarn farbig, sondern schwarz.

Der Begleitbericht enthält im allgemeinen folgende Abschnitte: Allgemeine Information über das untersuchte Gebiet im geographischen Sinne, seine Ausdehnung, Geländebeschaffenheit usw.; Beschreibung der geologischen Verhältnisse; Beschreibung der klimatischen und Wasserverhältnisse; Bodenverhältnisse auf Grund der ausgeführten Untersuchungen; Beschreibung der einzelnen Bodentypen nach mechanischer Zusammensetzung, nach physikalischen und chemischen Eigenschaften, nach landwirtschaftlicher Bedeutung und eventueller Andeutung etwaiger Bodenverbesserungen. Bis zum November 1923 waren auf diese Weise einschließlich der beiden Welwarner 34 Karten aufgenommen. In der Slowakei waren vorher einige Blätter von der ungarischen geologischen Anstalt im Maßstabe 1 : 75000 kartiert.

Mähren ist in der Kartierung seine eigenen Wege gegangen. V. Novák[1] äußert sich dahin, daß die Übersicht über das ganze Land mit Hilfe der vorstehend beschriebenen Detailkartierung erst in ein bis zwei Generationen zu gewinnen sein dürfte. Für wissenschaftliche und praktische Vergleichszwecke bringt sie zur Zeit noch zu wenig. Daher wird für Mähren und Schlesien eine Übersichtskartierung neben der Sonderkartierung geplant. Für deren Feldarbeiten werden die Karten 1 : 75000 benutzt und für die Darstellung der Ergebnisse diejenigen von 1 : 200000 verwandt. Darauf werden die Hauptbodentypen nach klimazonalen Grundsätzen dargestellt. Eine erste Skizze dieser Art von Böhmen hatte V. Novák[2] bereits der Prager Konferenz von 1922 vorgelegt. Auf dieser sind dargestellt: Die jüngsten Böden der Alluvionen (Originalwiesen); Braunerden (nach Ramann) bzw. braune Waldböden, mäßig gebleicht; Braunerden in den Regionen der degradierten Schwarzerde; Braunerden deutlicher gebleicht, graue Waldböden, evtl. typische Podsole; Ascheböden südlicher Gebiete; Gebirgswaldböden mit Rohhumus und Torf. Später hat V. Novák[3] die Übersicht auf das ganze Gebiet der Tschechoslowakei ausgedehnt. Auf der „Schematischen Karte der klimazonalen Bodentypen in der Tschechoslowakei“ im Maßstabe 1 : 2000000 sind 6 Typen dargestellt, nämlich die Böden der jüngsten Abschwemmungen (Wiesen- und Aueböden), mitteleuropäische Braunerden, stark ausgeprägte Podsolböden bzw. echte Podsole, Steppenschwarzerden (meist degradiert), Rendzinaböden (humuskalkhaltige Böden) und Skelettböden. Die Wiedergabe der Typen ist mit Schraffuren erfolgt. Skelettböden sind in den Randgebirgen Böhmens, den Sudeten und den Karpathen, vorhanden, sie sind rings umgeben von ausgeprägten Podsolen. Steppenschwarzerden treten im Böhmischen Becken bei Prag, der Hanna bei Brünn und in den ehemals ungarischen Teilen des Alfölds, der großen ungarischen Ebene, auf. Um sie herum sind die mitteleuropäischen Braunerden ausgebreitet, deren Einteilung auf der oben erwähnten ersten Skizze Böhmens recht zweckmäßig ist. Rendzinaböden finden sich auf

---

[1] Novák, V.: a. a. O., S. 34.

[2] Novák, V.: La cohérence entre le climat et le sol en gard aux types des sols de Bohême. C. r. conf. extr. agropéd. à Prague 1922, Prag **1924**, 346—349. Maßstab der Skizze nicht angegeben.

[3] Novák, V.: Schematische Skizze der klimazonalen Bodentypen der tschechoslowakischen Republik. Ann. Tschechoslov. Akad. Landwirtsch. I. A. Prag **1926**, 67—76.

den Kalkgebirgen von Böhmen und Mähren, die Böden der jüngsten Anschwemmungen in den Flußtälern der Elbe und des Alfölds.

Von veröffentlichten Spezialkartierungen liegen hier die folgenden vor:

1. Spirhanzl, J.: Bodenkarte der landwirtschaftlichen Versuchsstationen in Libějovic. Zbornik vyzkumnych ustavu zemedelskych. Svazek 6 (tschechisch mit deutsch). Maßstab 1 : 6000. Prag 1925.

2. Spirhanzl, J.: Bodenkarte des Katastralgebietes der Gemeinde Štěkně bei Strakonitz in Böhmen. Ebenda 11 (tschechisch mit französisch). Maßstab 1 : 8571. Prag 1925.

3. Spirhanzl, J.: Bodenkarte des Katastralgebietes der Gemeinde Waltersdorf bei Gabel in Böhmen. Ebenda 13 (tschechisch mit deutsch). Ohne Maßstab. Prag 1925.

4. Novák, V., J. Hrdina u. L. Smolik: Die Durchforschung der Böden des Grundstückes der landwirtschaftlichen Schule in Zdar in Mähren samt nächster Umgebung. Ebenda 14 (tschechisch mit deutsch). Maßstab 1 : 5000. Prag 1925.

5. Novák, V. u. J. Hrdina: Die Durchforschung der Grundstücke der landwirtschaftlichen Schule in Kravare (Hlucin). Ebenda 24 (tschechisch mit deutsch). Maßstab 1 : 5000. Prag 1926.

6. Novák, V. u. J. Zvorykin: Untersuchung der Böden von Adamov, dem Forstgut der forstlichen Hochschule in Brünn. Bull. de l'école sup. d'agron. (tschechisch mit englisch). Maßstab 1 : 25000. Brünn 1927.

7. Die Bodenuntersuchung der Grundstücke der Wiesenbauschule in Roznov. — Hrdina, A. J. u. L. Smolik: Die Bodenuntersuchung im allgemeinen. — Novák, B. V. u. B. Malak: Die Durchforschung der Bodenreaktion. Zbornik vyzkumnych ustavu zemedelskych. Svazek 34 (tschechisch mit deutsch). Maßstab 1 : 2857. Prag 1928.

8. Novák, V.: Die bodenkundliche Durchforschung des Bezirkes Karolinental in Böhmen. Ebenda 42 (tschechisch mit deutsch). Maßstab 1 : 37500. Prag 1928.

9. Spirhanzl, J.: Die Bodenkarte des Bezirkes Brandeis a. d. Elbe. Ebenda 39 (tschechisch mit deutsch). Maßstab 1 : 37500. Prag 1929.

Mit Ausnahme der Karten 4, 5, 6, 7 und 8 sind die übrigen nach dem Typus der Karte des Bezirkes Welwarn ausgeführt, jedoch sind die Striche für die Profile nicht farbig, sondern schwarz, wodurch die Karten an Übersichtlichkeit gewonnen haben. Die Profile sind in geringerer Anzahl als bei Welwarn aufgetragen. Ihr Fundpunkt auf der Karte ist deutlich und leicht zu finden.

Die Karten von V. Novák und seinen Mitarbeitern (4, 5, 6, 7, 8) sind nach anderen Gesichtspunkten durchgeführt. Nr. 4 zeigt eine Bodeneinteilung nach den folgenden Gruppen: Die jüngsten Wiesenböden auf Alluvialanschwemmungen; schwächer ausgelaugte (podsolierte) Böden auf sekundären Diluvialanschwemmungen; schwächer ausgelaugte (podsolierte) Böden auf primären Gneisverwitterungen; stärker ausgelaugte Böden (Podsolböden) auf sekundären Diluvialanschwemmungen; stärker ausgelaugte Böden (Podsolböden) auf primären Gneisverwitterungen. Die Farben sind so verteilt, daß die Stärke der Podsolierung durch je eine Farbe in zwei Nuancen für die Diluvialablagerungen und die Gneisverwitterung dargestellt wird. Die Bodenprofile sind nur bis 120 cm Tiefe aufgenommen, sonst aber in der gleichen Weise wie auf den anderen Karten dargestellt worden. Die Geologie ist auf die Unterteilung beschränkt. Die Karten haben infolgedessen ganz anderen Charakter. Das mit Schraffuren eingezeichnete Profil erhebt sich hier nicht auf der Grundlage der geologischen Zuteilung des Gesteins, sondern stellt jetzt die Gliederung der Bodenarten im Boden selbst dar.

Auf Karte 5 sind die Farben für die Wirtschaftsweise der Böden (Acker, Wiese, Park) benutzt. Es sind allerjüngste Alluvialanschwemmungen, die sich an den höher gelegenen Stellen von lehmiger, in den Vertiefungen von toniglehmiger Zusammensetzung erweisen, aufruhend auf Schotter, der hier und da bis zur Oberfläche durchstößt oder andererseits wieder unter 2,5 m sinkt. Die Bodenbildung hat dreierlei Charakter. Stellenweise handelt es sich um eine einfache geologische Schichtung, welche jedoch im westlichen Teil unter dem Einfluß des von oben her durchsickernden Wassers größtenteils in einen podsoligen Bodentypus verändert wurde. Im östlichen Teil treten unter dem Einflusse aufsteigenden Grundwassers Böden mit Gleihorizontbildung von grünlicher Farbe und unregelmäßiger Eisenfleckenbildung auf. Zu erkennen sind diese drei Typen auf der Karte nicht. Ein besonderes Blatt gibt ein Profil der Bodenschichtung mit eingezeichnetem Grundwasserstande wieder.

Auf Nr. 6 ist die Kartendarstellung wieder ganz anders. Das Forstrevier von Adamov zeigt in geologischer Hinsicht hauptsächlich die Brünner Eruptivmasse, Devon mit Kalkstein, Tonschiefer und Sandstein, jurassische Rudistenschichten und Quartär (Diluvium und Alluvium). Darauf hat sich eine mannigfaltige Bodenbildung entwickelt, die durch das stark kupierte Gelände mit Höhenunterschieden von mehreren hundert Metern noch weiter kompliziert wird. Die Karte unterscheidet 11 Farben und Farbennuancen, die die folgenden 11 Hauptgruppen der Bodeneinteilung bedeuten: Felsen und Trümmer, steinige Böden mit undeutlichem Eluvialprofil; Humuskarbonatböden (Rendzina) auf Eluvium; rotbraune Böden (ausgewaschene Rendzina) auf Abschwemmungen; leicht podsolierte Böden auf Eluvium; mäßig podsolierte, steinige Böden auf den Abhängen mit unvollständig entwickeltem Podsolprofil (auf groben Abschwemmungen); mäßig podsolierte Böden, leicht kiesig, mit vollständig entwickeltem Profil (teils auf Abschwemmungen, teils auf Eluvium); mäßig podsolierte Böden auf diluvialem Lehm; stark podsolierte Böden (typische Podsole) auf der Abschwemmung; sumpfige Podsole mit Gleihorizont; Wiesenböden und Alluvium. Hier ist also wie auf Karte 4 die Haupteinteilung die bodengenetische, aber sie ist entsprechend dem anders gearteten Gebiete wesentlich reichhaltiger als dort. Die geologischen Angaben gehen nicht über einfache Andeutungen hinaus. Die Unterteilung in den 21 Profilen, die nach den 11 Typen gruppiert sind, richtet sich stärker danach. Die Profile gehen nur bis 1 m. Sie tragen diesmal auch mit Buchstaben *A*, *B*, *C*, *G* die Horizontbezeichnung. Eine kleine besondere Karte im Maßstabe von etwa 1 : 75000 bringt in Schwarzzeichnung die Verteilung von Felsen und Schutt, Eluvium, Deluvium und Alluvium. Dazu ergänzend ist an anderen Stellen ein Querschnitt durch die ganze Karte gegeben, wodurch sie wohl die erste moderne Bodentypenkarte großen Maßstabes in einem Gebirgslande geworden ist und als solche ganz besonders auf die Gebirgsbodenbildung eingestellt ist.

Wieder einen anderen Charakter hat Nr. 8. Hier ist mit 4 Nuancen einer Farbe die Tiefe des Schotterhorizontes in einem Flußalluvium wiedergegeben, und zwar sind für den Schotter die Tiefenstufen bis 30 cm, von 30—80 cm, von 80—120 cm und unter 120 cm gewählt. Darauf sind 18 bis 120 cm tiefe Profile eingetragen, und zwar 1 für die erste, 3 für die zweite, 5 für die dritte, 9 für die vierte Gruppe. Eine zweite Karte im Maßstabe 1 : 3000 gibt in Schwarzzeichnung Werte von 4,5—8 p_H in 7 Gruppen.

Die Kartierungsweise von V. Novák und seinen Mitarbeitern ist anpassungsreich und zeigt die Beherrschung der Darstellungsmöglichkeiten. Die Kartenzeichnung ist sorgfältig und gut.

Neuerdings hat J. SPIRHANZL[1] auf den offiziellen böhmischen Karten eine Darstellung der genetischen Bodentypen neben der der Bodenarten und Bodenartenprofile ausgeführt. DieBodenkarte 1:18000 des Katastralgebietes Dolni Ujezd gibt mit 3 Farben Kreideformation, Pleistozän, Holozän an, ferner mit Ziffern die Profile, welche am Rande der Karte dargestellt sind. Daneben gibt ein besonderes Kärtchen im Maßstabe 1:45000 die klimatischen Bodentypen mäßig, mittelstark, stark podsoliert (ausgelaugt) und die aklimatischen Typen Skelettboden, Alluvionen wieder.

Eine Übersichtskarte der Bodenarten der Tschechoslowakei nach Art der deutschen von P. KRISCHE hat R. MAYER[2] entworfen.

Dem Atlas der tschechoslowakischen Republik ist als Blatt 26[3] eine Bodenkarte beigegeben, die aus 3 Teilen von verschiedener Größe besteht. Der größte Teil im Maßstabe 1:1250000 ist eine von JOS. KOPECKY und JAR. SPIRHANZL 1927 ausgeführte pedologische Karte. Der mittlere Teil ist eine Bodentypenkarte von V. NOVÁK aus dem Jahre 1929 im Maßstabe 1:2500000. Der dritte Teil stellt eine Karte der Bodenverbesserungen nach dem Stande des Jahres 1928 von J. HORAK im Maßstabe 1:5000000 dar. Die pedologische Karte hat die Einteilung: 1. schwerste Böden (Kreideböden, besonders Mergel; schwere känozoische Tone); 2. schwere Böden (tonige und tonig-lehmige Böden auf algonkischen und silurischen Schichten, rote Böden des Perms, schwere Böden des Kulms in Nordmähren, sandig-tonige känozoische Böden, toniglehmige Böden auf Basalt usw.); 3. mäßig schwere Böden (tonig-glimmerig-lehmige und sandig-lehmige Böden auf Gneis, Glimmerschiefer und Phylliten; Böden auf Trachyt und Andesit; gewöhnliche Lehme); 4. leichte Böden (krümlige sandige Lehme; lehmige und humose Sande; reine und kiesige Sande; steinige, wenig tiefe Böden). Die Obereinteilung ist agrophysikalisch, die Unterteilung petrographisch-geologisch. V. NOVÁKS Karte der Bodentypen bringt Schwarzerden, braune Waldböden, podsolige Böden und Podsole, Humuskarbonatböden, nicht entwickelte Böden auf Alluvionen, Bergböden und Skelettböden, Torfe und Salzböden. Die Karte der Bodenverbesserungen gibt das Ausmaß der Meliorationen in Prozenten des Ackerbodens an. Dasselbe schwankt zwischen 0, 0—1, 1—4, 4—12, 12—20, 20—30 und 30—34,14%. Die drei Karten sind farbig und mit rötlichen Grenzlinien versehen. Die Vergleichsmöglichkeit ist dadurch etwas erschwert, daß die einzelnen Farben naturgemäß auf jeder Karte, obgleich sie dort stets etwas anderes bedeuten, wieder auftreten.

Weitere Übersichtskarten der Tschechoslowakei haben J. SPIRHANZL[4] und J. KOPECKY und J. SPIRHANZL[5] veröffentlicht. Auf der böhmischen Bodentypenkarte J. SPIRHANZLS sind unterschieden: 1. anmoorige Böden und Moore, 2. junge Alluvionen mit unentwickeltem Profil, 3. Humuskarbonatböden, 4. Schwarzerden und degradierte Schwarzerden, 5. mitteleuropäische Braunerden nach RAMANN, 6. mittelstark podsolierte Böden, 7. stark podsolierte Böden und Bleicherden, 8. Böden der Gebirgslagen.

---

[1] SPIRHANZL, J.: Bodenkundliche Durchforschung des Katastralgebietes Dolni Ujezd bei Leitomischl in Böhmen. Sbornik Vyzk. Ust. Zemed. RČS. 62. Prag 1930.

[2] In P. KRISCHE: Bodenkarten usw., S. 52 u. 53. Berlin 1928.

[3] Atlas der tschechoslowakischen Republik. Blatt 26. Boden (tschechisch und französisch).

[4] SPIRHANZL, J.: Schematische Karte der Bodentypen in Böhmen. In P. N. SAVITZKIJ, Otscherki potschwennoi geografii Tschechoslowakij. Arb. russ. Nationaluniv. Prag 1930.

[5] KOPECKY, J. und J. SPIRHANZL: Übersichtskarte der Bodenarten in der Tschechoslowakischen Republik. Zpravy ryzk. ust. zemed. RČS. 46. Prag 1931.

Die neue Bodenartenkarte in Schwarzdruck von J. KOPECKY und J. SPIRHANZL benutzt die geologische Karte von J. WOLDŘICH[1] und Moorkarten von H. SCHREIBER, J. DITTRICH und F. SITENSKY. Die Einteilung ist ähnlich wie die genannte im Atlas der ČSR.: schwache, schwere, mittelschwere Bodenarten, gewöhnliche Lehme und Lößlehme, leichtere mürbe sandiglehmige Böden, lehmige Sande und bündige humusreiche Sandböden, leichteste Sande (Flugsand, Geröll), steinreiche seichte Wald- und Gebirgsböden, Moor- und anmoorige Böden, Salzböden, die schwersten Böden sind am dunkelsten dargestellt; je leichter sie werden, desto hellere Schraffen haben sie erhalten. Ferner ist mit Buchstaben das führende Muttergestein angegeben. Der Maßstab ist 1:150000.

Ungarn.

In Ungarn ist die große Ebene mit ihren Schwarzerden, Sodaböden und Salpeterausblühungen für bodenkundliche Studien geeigneter als für historisch-geologische. Infolgedessen sind die geologischen Karten des Alföldes frühzeitig mit bodenkundlichen Bemerkungen versehen. So hat bereits 1822 F. S. BEUDANT[2] bei dem absoluten Mangel an Aufschlüssen im Alföld die Sodaseen, die Salpeterausblühungen bei Debreczen und die Flugsande bei Ketzkemét kartiert, mit denen sich später die Agrogeologen befaßten. Nach H. WOLF[3] hat ein k. k. Waldbereiter in Berzowa an der Marosch in seiner Eigenschaft als Forst- und Waldtaxator des provisorischen Grundsteuerkatasters während der Jahre 1850—1858 eine Karte für das Statthaltereigebiet von Großwardein entworfen, in welcher er die Schichten des aufgeschwemmten Bodens der Ebene in a) schwarzen Alluvialboden, b) Natron ausscheidenden Boden, c) Flugsand, d) gelben Lehm mit Kalkkonkretionen einteilte. H. WOLF hat von diesen Bildungen den Flugsand und den schweren, schwarzen Alluvialboden mit den Natronausblühungen in seine Übersichtskarte der östlichen Teile Ungarns aufgenommen. Die erste eigentliche Bodenkarte wurde aber erst 1861 von J. SZABÓ[4] entworfen. B. v. INKEY[5] berichtet darüber: Diese Bodenkarte der Komitate Békés und Csanad, die im Herzen der großen Tiefebene liegen, hat den Maßstab 1:576000, sie ist demnach zu klein, um mehr als eine allgemeine Übersicht zu geben. Es sind sechs Bodenarten unterschieden worden, deren ausführliche Kennzeichnung auch hinsichtlich ihres Verhaltens zur Bodenproduktion in der beigegebenen Abhandlung enthalten ist. Darin sind ihre chemischen und mechanischen Eigenschaften, die Bestimmung des spezifischen und Volumgewichts, der Bindigkeit, des Verhaltens zur Feuchtigkeit, der Farbe, der Schrumpfung, der Kali- und Phosphorsäureabsorption, des Glühverlustes mitgeteilt. Ferner werden Laboratoriumsergebnisse mit Rücksicht auf die Fruchtbarkeit der Böden und die möglichen Meliorationen diskutiert. Die Analysen wurden von J. MOLNÁR ausgeführt. Ob bei der Arbeit von J. SZABÓ und J. MOLNÁR über die Böden des Weinbaugebietes von Tokaj[6] eine Karte beigegeben ist, teilt B. v. INKEY nicht mit. Es werden Lößböden, Nyirok (Roterde), Bimssteintuff, ferner Traßboden, ge-

---

[1] WOLDŘICH, J.: Geologiska mapa ČSR. 1:750000. Prag 1927,

[2] BEUDANT, F. S.: Voyage minéralogique et géologique en Hongrie pendant l'année 1818. 3 Bände mit Atlas. Paris 1822.

[3] WOLF, H.: Übersicht der geologischen Verhältnisse des Gebietes im östlichen Teile Ungarns. Jb. k. k. geol. Reichsanst. Wien 11, 6, 147 (1860).

[4] SZABÓ, J.: Békés és Csanadmegye. (Geol. viszonyok és talajnemek ismertetése. I füz.) Pest 1861.

[5] INKEY, BELA V.: Geschichte der Bodenkunde in Ungarn, S. 10—11. Budapest 1914.

[6] SZABÓ, J. u. J. MOLNÁR: Die Bodenarten der Tokaj-Hegyalja. Pest 1867.

brannte Erde und Obsidianboden geschildert. Dagegen liegt der Arbeit[1] „Geologische Beschreibung der Komitate Heves und Szolnok" eine kolorierte geologische Karte im Maßstabe 1 Zoll = 4000 Klafter bei. Auf ihr unterscheidet J. SZABÓ im Diluvium 3 und im Alluvium 5 Bodenarten. Nach diesen Anfängen, die in die gleiche Zeit fallen, in der in Österreich, Preußen, Frankreich ähnliche Bestrebungen vorhanden waren, ist Jahrzehnte hindurch von einer Bodenkartierung in Ungarn nicht mehr die Rede.

Erst 1886 wurde einerseits von dem Direktor der Kgl. ung. geologischen Anstalt, J. BÖCKH, und andererseits von J. SZABÓ auf die Notwendigkeit einer pedologischen Landesaufnahme im Rahmen der geologischen hingewiesen, und diese wurde 1891 zu einer Tatsache. B. v. INKEY erhielt den Auftrag, die geologisch-agronomischen Aufnahmen in Deutschland zu studieren, und nach seiner Rückkehr kartierte er die Umgebung von Puszta-Szt. Lörinc[2]. B. v. INKEY und P. TREITZ haben in der Folgezeit eine größere Anzahl von Aufnahmen ausgeführt, die im Literaturverzeichnis zu B. v. INKEYS Geschichte der Bodenkunde in Ungarn genannt werden. Sie schlossen sich im allgemeinen der in Preußen üblichen Kartierungsmethode an, d. h. es wurde der Boden unter Berücksichtigung der geologischen Bildung des Untergrundes nach seiner physikalischen Zusammensetzung und seiner Bindigkeit in Arten gesondert dargestellt, wozu dann Bohrprofile bis zu 2 m Tiefe die vertikale Gliederung erläuterten. Dazu traten die gleichen Laboratoriumsarbeiten wie in Preußen, d. h. die Bestimmung der Korngrößen, des Kalkgehaltes, des Stickstoffes, der Phosphorsäure und einiger physikalischer Eigenschaften.

In der Folgezeit sind dann mehrere agrogeologische Karten im Maßstabe 1 : 75000 erschienen; von diesen sei die Karte der Umgebung von Szeged und Kistelek von P. TREITZ[3] des Näheren beschrieben. Die Flächenfarben sind für einzelne Schichten der geologischen Formationen gewählt, und zwar im Diluvium für Löß, im Alluvium für Sand, im Neualluvium für Schlicksand, Überschwemmungsgebiete der Binnenwässer und Wasser. Auf die Farben sind schwarze oder farbige Schraffuren eingetragen, welche in der Hauptsache die Bodenarten Sand, toniger Sand, sandiger Ton, Schlick, Schlicksand, Mergel, Ton, Humus, kalkhaltiger Lehm, sandiger kalkhaltiger Lehm, sandiger Mergel, mergeliger Sand, Wiesenkalk, dann aber auch kulturfähiger Sodaboden, unfruchtbarer Sodaboden und Auswitterung von Sodasalz bedeuten. Profile sind auf die mit Farben und Schraffuren sehr bedeckte Karte nicht eingetragen, sie finden sich am Rande derselben, und zwar ist das Profil genau wie bei den Karten der Preußischen Geologischen Landesanstalt unter einer Farben- und Schraffurprobe entwickelt, wobei auch Buchstaben reichlich verwendet sind. Außer den Bodenprofilen ist am unteren Rande in der Gesamtlänge der Karte ein geologischer Schnitt mit besonderer Farbengebung aufgedruckt. In den Erläuterungen heißt es, daß auf dem kartierten Gebiet (von über 1000 km²) ca. 1500 Bohrungen bis 2 m Tiefe ausgeführt seien, von denen 28 am Kartenrande dargestellt worden sind. Chemische Analysen enthält die Erläuterung nicht.

Nach B. v. INKEY[4] wurde P. TREITZ[5] um 1900 mit den russischen und rumänischen Bodenforschern bekannt und stellte daraufhin bereits 1901 die klimatischen Bodenzonen Ungarns auf einer Karte dar.

[1] SZABÓ, J.: Hevesmegye földtani, leirása. (Heves és Kielsö-Szolnok törv. egy. varm. leirása.) Eger 1868.

[2] INKEY, BELA v.: Geologisch-agronomische Kartierung von Puszta-Szt. Lörinc. Mitt. Jb. kgl. ung. geol. Anst. Budapest 10 (1892).

[3] TREITZ, P.: Umgebung von Szeged und Kistelek. Mit Erläuterungen. Budapest 1905.

[4] INKEY, B. v.: Geschichte der Bodenkunde in Ungarn, S. 15.

[5] TREITZ, P.: Die klimatischen Bodenzonen Ungarns. Földt. Közl. Budapest 31 (1900).

Reisen durch Rumänien und Rußland und die von P. TREITZ angeregte 1. internationale Konferenz für Bodenkunde, welche 1909 in Budapest stattfand, brachten diese neue Richtung in Ungarn mehr zur Geltung. G. LASZLÓ und P. TREITZ[1] berichteten 1924, daß infolge der Konferenz und ihres Beschlusses, in allen Ländern Europas bodenkundliche Übersichtskarten unter Berücksichtigung der zonalen Bodentypen anzuregen, die Übersichtsaufnahmen des ganzen Landes in Angriff genommen wurden. Diese konnten 1916 fertiggestellt und die erste Übersichtskarte im Maßstabe 1 : 3000000 1919 gedruckt werden[2]. Auf ihr sind mit Farben 5 Regionen dargestellt, und zwar 2 Regionen des Hoch- und Mittelgebirges (I Region des Nadelwaldes, II Region des Laubwaldes) und 3 Regionen des Hügellandes und der Tiefebene (III Region des gemischten Laubwaldes, IV der künstlichen Steppen, V Region der natürlichen Steppen). Die Region der künstlichen Steppen umfaßt das große und das kleine Alföld, die der natürlichen Steppe (Mezöseg) liegt in Siebenbürgen in der Mitte zwischen den Gebirgen, östlich und südöstlich von Klausenburg. Sie ist ein Hügelland und wird von der Maros durchflossen. Im Text zu der Karte heißt es: Die agronomisch-geologischen Karten haben die Hauptaufgabe, das geologische Bild des kartierten Gebietes wiederzugeben und den petrographischen Charakter der oberen 2 m mächtigen Deckschicht zu veranschaulichen. Die klimazonalen Bodenkarten hingegen haben den einzigen Zweck, das allgemeine Verhältnis, welches zwischen dem Pflanzenwachstum und dem Boden des Standortes herrscht, zum Ausdruck zu bringen. Sie sind nach P. TREITZ reine Bodenkarten. Im ganzen könnten aus einer klimazonalen Bodenkarte folgende Daten entnommen werden: 1. der petrographische Charakter des Muttergesteins, 2. die mechanische Zusammensetzung der pflanzenernährenden Horizonte, 3. die Art der Pflanzenformation, 4. die wichtigsten pflanzenphysiologischen Charaktere des herrschenden Klimas. Gedacht ist solches wohl mehr von einer „klimazonalen" Spezialkarte, da die Übersichtskarte nur wenig von diesen Daten aufweist. Eindringlich wirkt allerdings bei ihr das Hervorheben der engen Beziehungen zwischen Pflanzenwuchs und Boden, denn es heißt im Text wörtlich: „Den umbildenden Einfluß der Pflanzendecke auf den Boden können wir in dem Satz ausdrücken: Das Klima bedingt die Pflanzendecke, und die Pflanzendecke wandelt ihren Standort, den Boden, um." Dem Klima schreibt P. TREITZ also nur eine mittelbare Wirkung zu. Die Einteilung der Böden der verschiedenen Regionen wird sodann ausführlich erörtert. Die Pflanzenformationen sind nur das allgemein beherrschende Prinzip, außerdem gibt es in jeder Region Inudations-, Tal-, Niederungsböden, ferner durch die zersetzende Wirkung von Gasen, die aus dem Erdinnern strömen, entstandene Böden und Ruinenböden (darunter Terra rossa, Laterit). Die Böden, deren Entstehung und Besonderheit P. TREITZ den Gasexhalationen zuschreibt, sind die Salz-, Soda- und Szikböden (von siccus = trocken). Ihr Vorkommen im Alföld hat P. TREITZ[3] auf einer besonderen Karte dargestellt. Im Alföld selbst sind hauptsächlich Sand, Flugsand, älterer und jüngerer Löß und in der Nähe der Flüsse Wiesenton als Gesteins- und Bodenart angegeben, Szikböden sind auf Löß und auf Wiesenton vorhanden. Unter den Szikböden gibt es schwarze, graue, weiße, sowie ausblühende und pockennarbige. Die schwarzen haben unter der

---

[1] LAZLÓ, G. u. P. TREITZ: Stand der Agrogeologie und Pedologie in Ungarn. Etat de l'étude et de la cartographie de sols, S. 121—126. Bukarest 1924.

[2] TREITZ, P.: Die Bodenregionen im geschichtlichen Ungarn und die Stellung der Hauptbodenarten zu der allgemeinen Bodenklassifikation. Mémoires sur la nomenclature et la classification des sols, S. 185—205. Helsingfors 1924.

[3] TREITZ, P.: Verbreitung der Alkaliböden im großen ungarischen Tiefland. Etat de l'étude et de la cartographie des sols, S. 129—136. Bukarest 1924.

Ackerkrume einen schwarzen, kolloidreichen, im ausgetrockneten Zustande steinharten Horizont, unter dem ein weiterer mit Salzen erfüllter liegt. Die Salze bestehen vorwiegend aus Sulfaten, aus wenig Chloriden und Kalziumkarbonat, neben etwas Soda. Der graue Szik ist ein harter Tonboden, von welchem die Oberkrume abgeschwemmt worden ist. Er steht im Frühjahr unter Wasserbedeckung, die eisenhaltigen Verbindungen erfahren eine Desoxydation, und der Boden bleicht infolgedessen im ganzen Profil aus. Der weiße Szik besteht aus glänzend weißem Quarzsand, der Senken und Wasseradern bedeckt. Er wird vielfach mit Salzeffloreszenzen verwechselt, enthält aber das Salz nur in Spuren. Oft blühen aus den schwarzen und grauen Szikböden Soda oder Salpeter aus. Früher hat man die Ausblühungen gewonnen und das Ausblühen vielfach künstlich verstärkt.

Wieweit diese Erkenntnisse in Spezialkarten verwertet sind, ist aus der Literatur nicht ersichtlich. Gelegentlich einer Tagung der Internationalen Bodenkundlichen Gesellschaft in Budapest im Juli-August 1926 erhielten die Teilnehmer einen mit mehreren Bodenkarten ausgestatteten Führer[1]. Die eine Karte im Maßstabe etwa 1:160000 trennt entlang der Bahnlinie Budapest—Ujszasz das Gebiet der braunen Waldböden von dem der Steppe. In beiden Gebieten werden Löß und Sand unterschieden, in dem Gebiet der braunen Waldböden außerdem noch humoser Boden (wohl in Senken) und in dem der Steppe die Szikböden und Alkaliböden (anscheinend auch in Senken). Eine zweite Karte im Maßstabe von etwa 1:1000000, die von Ödenburg im Westen bis Nagykanizsa im Süden und Budapest im Osten reicht, zeigt außer Löß, Sand, Schotter, Torf noch tertiäre Mergel, Dolomit und Kalk, Basalt, Granit, Gneis. In diese sind mit römischen Ziffern die oben genannten Regionen des Nadelwaldes, Buchenwaldes, der gemischten Laubwälder und der künstlichen Steppe eingetragen.

Eine Bodenkarte der zur Stadt Debrecen gehörigen Hortobágy-Puszta im Maßstabe 1:75000 hat den Zusatz „gegründet auf den Salzgehalt des Bodens", ohne daß dies aus der Erklärung ersichtlich wäre. Auf einer Bodenkarte der Domäne der kgl. ungar. Landwirtschaftlichen Akademie Debrecen sind schwarzer toniger Sand, brauner bindiger Sand, gelber Flugsand unterschieden. Aus zahlreichen am Kartenrande dargestellten Profilen geht hervor, daß das eigentliche Muttergestein der Bodenbildung allgemein der gelbe Flugsand ist.

Eine kleine Karte der Verteilung der Salze auf dem Alkaliland von Békéscsaba stammt von A. A. J. DE 'SIGMOND[2]. Mit 3 Farben wird der Salzgehalt von 0—0,10%, von 0,10—0,25% und von 0,25—0,50% unterschieden, wobei die Bodentiefe bis 120 cm in Betracht gezogen wird.

Ihre Krönung haben die Kartierungsarbeiten durch eine Generalkarte der Bodenregionen Ungarns von P. TREITZ[3] im Jahre 1927 erhalten. Auf ihr sind die Bodenregionen mit Farben unterschieden worden, und zwar die Regionen der bleichen Wäldböden, der braunen Waldböden, der schwarzen Waldböden und der dunkelbraunen Steppenböden. In die Farben sind mit Schraffuren die Ursprungsgesteine eingeschrieben: Sand, Löß, eisenhaltiger Schotter, Mergel, Kalkstein, Dolomit, Sandstein, Basalt, Trachyt, vulkanischer Tuff, alte Eruptivgesteine, Granit, kristalline Schiefer, und zwar gleichmäßig in den drei erstgenannten Regionen. In der Region der Steppenböden gibt es Sand, Flugsand, Löß, Kalkschotter-Mergel. Ferner werden Böden unterschieden, die in allen vier Regionen vor-

[1] TREITZ, P.: Führer zur Informationsreise. Publ. klg. ung. Geol. Anst. Budapest **1926**.

[2] 'SIGMOND, A. A. J. DE: Contribution to the theory of the origin of alkali soils. Soil Sci. **21**, Nr. 6, 455—475 (1926).

[3] TREITZ, P.: General map of the Soil-Regions of Hungaria. Publ. R. H. geol. survey Budapest **1927**.

kommen, nämlich alluviale Böden, Torfböden, Wiesenton, Alkaliböden, periodische Alkaliseen. Die Karte hat den Maßstab 1:1000000. Sie gibt mit einfachen Mitteln eine wirkungsvolle und recht ins Einzelne gehende Übersicht.

USSR. Rußland.

Über die Kartographie der Böden in Rußland hat sich zusammenfassend L. J. PRASSOLOW[1] geäußert.

Der Anfang der Bodenkartierung in Rußland fällt mit dem Katasterwerk der vierziger Jahre des vorigen Jahrhunderts zusammen. Die erste Bodenkarte des früheren europäischen Rußlands, basiert auf verschiedenen Umfragen und sonstigen Materialien und ist 1851 von K. S. WESELOWSKI[2], dem damaligen beständigen Sekretar der Akademie der Wissenschaften, herausgegeben worden. Die Bedeutung dieses ersten Versuches einer Bodenkartierung mag klar aus der Tatsache ersehen werden, daß die Karte bis zum Beginn der Arbeit W. DOKUTSCHAJEFFS in den siebziger Jahren des 19. Jahrhunderts viermal neu gedruckt worden ist. DOKUTSCHAJEFF selbst nahm an den Vorbereitungen zur letzten Ausgabe 1879 teil.

Die dann einsetzende neue Zeit der Bodenkartierung war mit praktischen, öffentlichen Problemen verbunden, so z. B. der Landbewertung, mit welcher die Semstwos durch den Staat beauftragt wurden. Im Gouvernement Nischni-Nowgorod wurde eine solche Arbeit von 1882—1886 durch W. DOKUTSCHAJEFF ausgeführt. Er stellte sie auf die naturwissenschaftliche Grundlage der örtlichen und experimentellen Bodenuntersuchung. Zur Herstellung einer Bonitätskala brachte dann N. M. SIBIRTZEFF die naturwissenschaftliche Bodenklassifikation mit dem Pflanzenertrag in Beziehung. Die dazu nötige bodenkundliche Kartierung bediente sich des Maßstabes 1 Zoll = 10 Werst. Das Gesamtwerk hat einen Umfang von 14 Bänden. Es diente vielen ähnlichen Untersuchungen als Vorbild. Ihre Bodenkarten erhielten die Maßstäbe von 1:84000 bis 1:420000. Ihr Werk umfaßt insgesamt eine Fläche von 1 Million Quadratkilometern. Weitere Bodenuntersuchungen wurden gleichzeitig in den humiden und ariden Gebieten zum Zwecke der Bodenverbesserung (Expeditionen der Generäle ZHILINSKI, TILLO und anderer) und auch in Beziehung zur Forstarbeit unternommen. Während der ersten zehn Jahre des zwanzigsten Jahrhunderts zog das Gebiet des asiatischen Rußlands die meiste Aufmerksamkeit auf sich. Hier war die Bodenkartierung an die praktischen Zwecke der Landuntersuchung und Kolonisation geknüpft. In der Zeit von 1908 bis 1914 wurden etwa 100 bodenkundliche und botanische Expeditionen allein nach Sibirien und Turkestan vom Kolonisationsbüro ausgesandt. K. D. GLINKA führte ihre Bodenuntersuchungen. Infolge der weiten Ausdehnung des Gebietes und der Dringlichkeit des Werkes wurde sie hauptsächlich auf eine Übersichtsaufnahme beschränkt, so daß eine Übersichtskarte im Maßstabe 1:1500000 entstand. Doch wurden auch einige genauere Untersuchungen ausgeführt.

Bodenkundliche Aufnahmen wurden im europäischen Rußland auch im Zusammenhange mit anderen landwirtschaftlichen Zwecken unternommen, und zwar mit dem landwirtschaftlichen Versuchswesen nnd mit der Landbesiedlung. Einige dieser Aufnahmen wurden im Maßstabe 1:42000 oder in noch größeren Maßstäben ausgeführt. Der Weltkrieg und die sich anschließenden Ereignisse haben die weitere Entwicklung etwas gehemmt. Aber etwa seit 1922 wurde die Arbeit von

---

[1] PRASSOLOV, L. J.: Cartography of Soils. Acad. of Sciences of the USSR. Russ. Pedol. Investigations 6. Leningrad 1927.

[2] WESELOWSKI, K. S.: Bodenkarte des russischen Reiches, 1. Aufl. 1851; 5. Aufl. 1879.

neuem, und zwar mit Nachdruck, begonnen. Bundesorganisation, Neuverteilung von Land, neue Kolonisation, neue wirtschaftliche Unternehmungen, wie die Entwicklung elektrohydraulischer Werke, haben neue Anregungen zur Fortentwicklung der Bodenkartierung gegeben. Es sind frühere Aufnahmen nachgeprüft und neue örtliche bodenkundliche Einrichtungen, welche mit großer Tatkraft die Bodenkartierung auf die umgebenden Gebiete ausgedehnt haben, geschaffen worden. Zentrale Einrichtungen wie Dokutschajeffs Bodenkundliches Institut der Akademie der Wissenschaften arbeiten in der gleichen Richtung. In der letzten Zeit wurden Bodenkarten für Weißrußland von Afanasieff[1], für die Ukraine von Machow[2], für Gebiete längs der Wolga von Scheglov, Buschinski, Bessonow und anderen Forschern und für den nördlichen Kaukasus von Sacharow[3], Pankow[4] u. a. geschaffen. Entfernte Gebiete, wie z. B. die Tundra von Archangelsk und Petschora, der Halbinsel Kola, der Insel Nowaja Semlja im Norden, die Wüstensteppen am Kaspischen Meer im Süden, die Wüsten Ust Urt (Forschungsreise von Neustrujeff[5] 1926) und Karakum (Forschungsreise von Fersman und Dimo) in Asien wurden ebenfalls mit Bodenkarten bedacht. Forschungsreisen der Akademie der Wissenschaften haben Bodenkartierungen der sibirischen Tundra (Gorodkov), des Bezirkes Yakutsk, der Insel Sachalin, der Mongolei (Forschungsreise von Polynow in die Wüste Gobi) ergeben.

Im Laufe der letzten Jahre wurde eine genaue Aufnahme bei Leningrad und auf den Flußebenen des Volkhov gelegentlich der Erbauung des dortigen Wasserkraftwerkes ausgeführt. Ferner wurden manche anderen Untersuchungen zum Zwecke der Anlegung neuer Wege und für mehrere Versuchsstationen unternommen.

Die russischen Bodenforscher wurden, da sie keine Zentralanstalt besaßen und keinen gemeinsamen Arbeitsplan hatten, durch den Geist der Schule Dokutschajeffs geeinigt. Die bodenkundliche Landesaufnahme ging von einem Institut zum anderen, wurde aber hauptsächlich durch zeitweilige Expeditionen weitergeführt. Die Einrichtung der ersten allgemeinen Bodenorganisationen war allein privater Initiative überlassen und nahm die Form verschiedener wissenschaftlicher Ausschüsse, wie Dokutschajeffs Bodenkomitee in Petersburg und Sibirtzeffs Bodenkomitee in Moskau, an. Gegenwärtig gibt es jedoch staatliche bodenkundliche Institute in Form von zentralen und lokalen Körperschaften, die ihre Arbeiten auf periodischen Zusammenkünften vergleichen. In der Vorkriegszeit waren die Kosten für die Bodenkartierung im allgemeinen niedrig, sie betrugen etwa 1 Rubel für die Fläche von 1 km^2.

Unter solchen Umständen litt die regionale Bodenaufnahme unter dem Mangel an Einheitlichkeit und Vollständigkeit, wodurch sie allerdings vielleicht besser an örtliche Besonderheiten angepaßt war und mit mehr Tatkraft ausgeführt wurde. Infolgedessen können die Geschichte der russischen Bodenkartierung und ihre Ergebnisse nur an der Hand besonderer Berichte und bibliographischer Zusammenfassungen (z. B. Ototzkis Übersicht bis 1896) verstanden werden.

---

[1] Afanasieff, J.: Die Bodendecke des Zhizdradistrikts in Gouv. Briansk (russisch). Gorki 1926.

[2] Machow, G.: Bodenkarte der Ukraine. Charkow 1926.

[3] Sacharow, S. A.: Über die Bodenkennzeichen des kaukasischen Hochlandes. Ber. Konstantinowinst. Landvermesser (russisch) **1914**, Nr. 5.

[4] Pankow, A. M.: Die Böden von Malaja Kabarda (russisch.) Woronesch 1926. — Die Böden des Zentralteils des rechten Terekufers (russisch). 1928.

[5] Neustrujeff, S. S. u. V. Nikitin: Die Böden der Baumwollgebiete von Turkestan (russisch.) 1926. — Nikitin, V.: Über den Bodenbildungsvorgang in der steinigen Wüste Ust Urt (russisch). Perm 1926.

Versuche zur Herstellung einer allgemeinen Übersichtskarte auf Grund der einzelnen Untersuchungsergebnisse sind unternommen worden. Der bekannteste dieser Versuche ist die Karte von V. V. DOKUTSCHAJEFF vom Jahre 1900 im Maßstabe 1:2520000. Eine Karte der Bodenprovinzen ist sodann 1924 von L. J. PRASSOLOW[1] veröffentlicht worden. Zwei neue Übersichtskarten Rußlands, und zwar des europäischen im Maßstabe 1:2520000 und des asiatischen[2] im Maßstabe 1:4200000 sind z. Z. aus DOKUTSCHAJEFFS Bodenkundlichem Institut neu hervorgegangen. Eine Erdkarte im Maßstabe 1:10000000 befindet sich in Vorbereitung.

Ganz allgemein teilt L. J. PRASSOLOW die russischen Bodenkarten in primäre oder Originalkarten und in allgemeine oder komplizierte Karten ein. Die primären Karten sind von Versuchs- und anderen kleinen Gebieten in Maßstäben von 1:4200 bis 1:42000, von größeren Flächen (Regierungsbezirke, Provinzen) in Maßstäben von 1:42000 bis 1:420000 ausgeführt worden. Übersichtskarten der gleichen Gebiete liegen in Maßstäben von 1:840000 bis 1:1680000 vor. Allgemeine Karten der Bodentypen des ganzen Landes und einzelner Gouvernements sind in Maßstäben 1:840000, 1:4200000 und anderen, sowie solche von Bodenprovinzen der Gouvernements in verschiedenen Maßstäben vorhanden.

Im ganzen sind durch die primäre Kartierung bis 1927 betroffen worden:

	Im europäischen Teil	Im asiatischen Teil
Spezialkarten in Maßstäben unter 1 : 420000	2000000 km² = 40 % der Fläche	500000 km² = 3 % der Fläche
Übersichtskarten	2100000 km² = 46 % der Fläche	2480000 km² = 17 % der Fläche
Unkartiert	500000 km² = 10 % der Fläche	13000000 km² = 80 % der Fläche.

Vom ganzen Gebiet mit etwa 21 Millionen Quadratkilometern ist ein Teil von 7,4 Millionen Quadratkilometern = 35 % der ganzen Fläche von den bodenkundlichen Aufnahmen erfaßt worden, davon $^1/_3$ mit Spezialkarten über 1:420000, $^1/_{10}$ mit solchen im Maßstabe 1:126000 und mehr. Dieses letztere Gebiet umfaßt immerhin noch 740000 km², d. h. es ist mehr als $1^1/_2$ mal so groß als die Fläche des Deutschen Reiches. Bei einem Vergleich der aufgenommenen Flächen mit der landwirtschaftlichen Karte Rußlands von J. F. MAKAROW[3] zeigt sich, daß die Bodenkartierung erst wenig mehr denn das Gebiet der größten landwirtschaftlichen Wichtigkeit erfaßt hat, während das Gebiet von sekundärer landwirtschaftlicher Bedeutung im europäischen Teil der Union und in Turkestan mit weniger dichter Bevölkerung, eingeschlossenen Forsten, Hochlandgebieten oder Wüsten nur teilweise aufgenommen wurde. Unter den gegenwärtigen Bedingungen erscheint diese Leistung einigermaßen zufriedenstellend.

Die Methoden. Zu den besonderen Schwierigkeiten der Bodenkartierung gehört die Feststellung der Grenzen zwischen den verschiedenen Bodentypen und ihren Varietäten. Diese sind oft kaum wahrnehmbar, da häufig ein allmählicher Übergang von einem Typ zum anderen stattfindet. Die Befragung der Bewohner, das Sammeln von Proben und deren spätere Analysierung, wie es in früheren Jahren geschah, haben keine genügenden Ergebnisse gezeitigt und sind

[1] PRASSOLOW, L. J.: Carte des régions des sols de la Russie d'Europe. Etat de l'étude et de la cartographie des sols, S. 201. Bukarest 1924.

[2] Reconnaissance Soil Map of the Asiatic Part of USSR. under the Direction of K. D. GLINKA and L. J. PRASSOLOW. Acad. of Sciences of USSR. DOKUTSCHAIEWS Inst. of Soils. 1 : 10000000. Leningrad 1930.

[3] MAKAROW, J. F.: Landwirtschaftliche Karte der USSR. (russisch). 1926.

auch nicht leicht auszuführen. Manche Bodenkarten für Landbewertungszwecke sind auf der Grundlage der statistischen und allgemeinen Information hergestellt worden. Auf solche Art kartierte Gebiete haben bald von neuem aufgenommen werden müssen. Ihre Unbrauchbarkeit ist in erster Linie auf die Unmöglichkeit, eine genügend große Zahl gleichmäßiger statistischer Daten zusammenzubringen, zurückzuführen. Eine andere Methode, die agronomische, besteht in der Bestimmung verschiedener Bodenbestandteile mit Hilfe der chemischen Analyse und Eintragung ihrer Ergebnisse in die Karte, wobei die verschiedenen Eigenschaften durch Isolinien dargestellt werden. Die Methode ist durch G. F. NEFEDOW, der DOKUTSCHAJEFFS Methode der Bodenkartierung scharf kritisierte, in die russische Literatur eingeführt worden, gleiches gilt von G. THOMS für Estland und Livland. NABOKICH versuchte in der Ukraine Isohumosen, G. N. WYSOTZKI Isokarbonate festzustellen. Man kann diese Methode sehr wohl als Hilfsmethode benutzen, doch ist es mit ihr allein nicht möglich, ein volles Bodenbild zu gewinnen. Auch die agrogeologische Methode, bei welcher die agronomische mit der geologischen kombiniert ist, hat einen gewissen Einfluß auf die russische Bodenaufnahme ausgeübt. Bei den ersten Bodenuntersuchungen wurde für die Zwecke der Landbewertung eine Bonitätenskala nach deutschem Muster eingeführt, aber sie wurde von der bodengenetischen Methode, die von DOKUTSCHAJEFF ausging, verdrängt.

DOKUTSCHAJEFF war mit der Methode des örtlichen Nachfragens (landwirtschaftliche Statistik), wie sie noch die erste Übersichtskarte Rußlands von K. S. WESELOWSKI aufwies, aber damals schon als unzulänglich erkannt wurde, gut vertraut. Auch er war nicht mit der annähernden Bodenklassifikation und -kartierung der agronomischen Art zufrieden. Er und seine Schüler schlugen daher im Gegensatz zu diesen empirischen Methoden eine neue Methode auf der Grundlage allgemein wissenschaftlicher Prinzipien vor und gingen dabei von der Auffassung des Bodens als eines natürlichen Körpers aus. Nach allmählichem Aufbau einer genetischen Bodenklassifikation beobachtete DOKUTSCHAJEFF eine gewisse gesetzmäßige Folge der geographischen Verteilung der Böden und erkannte den Grundsatz gewisser dauernder ökologischer Beziehungen zwischen den verschiedenen Böden, eine Auffassung, die seitdem die Grundlage der russischen Bodenkartierung gebildet hat.

Bei der Anwendung dieser Methode auf die Bodenkartierung beginnt der Kartierer damit, an einer bestimmten Stelle die hauptsächlichen genetischen Bodentypen und ihre Beziehungen zu den Hauptfaktoren der Bodenbildung, wie es Klima und orographische Elemente sind, zu ermitteln. Am besten wird bei Böden begonnen, welche sich unter normalen Bedingungen z. B. in Ebenen mit gleichmäßigem Ursprungsmaterial (aber ohne Anschwemmung durch Hochwasser) befinden, wo sekundäre lokale Faktoren nicht stören. G. N. WYSOTZKI hat für solche Stellen den Ausdruck Placore geprägt. Unter Anwendung induktiver Methoden und unter Auswahl bestimmter Beobachtungsplätze stellt der Beobachter die ökologische Abhängigkeit zwischen den Böden und den übrigen Faktoren, wie Zusammensetzung des Ursprungsgesteins, Wasserverhältnisse, Vegetation usw. fest. Die weitere Aufnahme mag dann nach dem Dreiphasensystem von A. J. NABOKICH[1] vor sich gehen. Bei Befolgung dieser Aufnahmevorschrift ist der Bodenforscher nicht mit unnötigen Probeentnahmen und Notizbüchern überbürdet und spart dadurch Zeit, Arbeit und Geld, was für die russischen Verhältnisse sehr wichtig ist, da sich die Bodenaufnahmen oft über weite und in vielen Fällen schwer

---

[1] NABOKICH, A. J.: Cartography of Soils in three Phases. Etat de l'étude et de la cartographie des sols, S. 201—211 (teils englisch, teils deutsch von A. TILL). Bukarest 1924.

zugängliche Flächen erstrecken. Aber mit wachsendem Maßstab der Karte werden die Daten, namentlich wenn die Oberfläche uneben ist oder bestimmte Profile eingetragen werden, natürlich zahlreicher. Die Feldbeobachtungen werden in der Regel auf Karten von größerem Maßstabe, als zur späteren Reinschrift oder Veröffentlichung benutzt werden, eingetragen. DOKUTSCHAJEFFS Methode verlangt eine sehr genaue und vollständige Feststellung der Bodenbildungsumstände. Die ersten Versuche DOKUTSCHAJEFFS bestanden aus geologischen und geobotanischen Forschungen, erst später wurden Geodäten, Hydrologen, Forstleute dem Expeditionsstabe angegliedert, bei den Forschungsreisen der Ansiedlungsverwaltung für Asien und der Akademie der Wissenschaften war die Zusammensetzung noch mannigfaltiger[1]. Viele russische Bodenforscher waren auch zugleich Geologen und Botaniker. Forstliche Bodenuntersuchungen der Schule G. F. MOROZOWS[2], und zwar solche von Wiesenböden und von Bodenverbesserungen, wurden ähnlich ausgeführt.

Neuerdings haben auch Untersuchungen der natürlichen Bodenfaktoren einer Gegend zu einer Kartierung der Böden als besonderer Elemente der Landschaft geführt. Hier wird an Stelle einer eigentlichen Bodenkarte eine Karte der landwirtschaftlichen Einheiten nach dem Vorschlage von W. M. DAVIS in geographischen Zyklen hergestellt. Den Typus einer solchen Arbeit stellt z. B. das Werk von J. M. KRASHENINIKOW und B. B. POLYNOW[3] über die nördliche Mongolei dar. Darin wird die genetische Methode nicht nur zur Erlangung allgemeiner, sondern ebensowohl zu besonders ins einzelne gehender Karten angewandt. Die Grenze der Einheit, die bei einer Bodenaufnahme erreicht werden kann, ist ein Bodenindividuum oder die Fläche eines Bodenschnittes. Bodenuntersuchungen nähern sich dieser Grenze, wenn die Bodenvarietäten sehr schnell, bisweilen auf die Entfernung von nur einem Meter wechseln, wie solches z. B. bei den ganz leichten Oberflächenwellen der alkaliführenden ariden Steppe der kaspischen Ebenen der Fall ist, auf denen fast Schritt für Schritt eine neue Bodenvarietät oder ein neuer Typus auftritt. Das Mikrorelief, die leichten Änderungen der Bodenoberfläche und die dadurch bedingte verschiedene Ansammlung des Bodenwassers sind die Ursachen eines derartig schnellen Bodenwechsels. Hier lassen sich kartographisch nicht mehr Bodenindividuen, sondern nur noch Bodenkomplexe unterscheiden. Bei schnellem Bodenwechsel muß man, um eine Übersicht zu gewinnen, nicht nur einzelne Gruben ausheben, sondern Bodengräben ziehen, die die Ursachen des schnellen Wechsels eher erkennen lassen. Die Bodenkomplexe sind zuerst in den ariden Steppen beobachtet worden, weil in diesen ganz ebenen Gebieten die Verschiedenheit besonders ins Auge fiel. Sie sind jedoch auch in allen anderen Bodenzonen vorhanden. Die Komplexnatur der Böden kann in verschiedenen Graden detailliert werden. Einzelne Bodenkarten geben anstatt besonderer Bodentypen die Geographie der Bodenkomplexe wieder. S. S. NEUSTRUJEFF[4] hat nach diesem Prinzip eine Bodenkarte von Turkestan durchgeführt.

Einen solchen Grad der Genauigkeit auf Bodenkarten zu erreichen, ist nur dank der Aufstellung natürlicher Bodenindividuen auf Grund der morpho-

---

[1] L. J. PRASSOLOW nennt hier das Buch von J. V. LARIN: Vegetation, Boden und landwirtschaftlicher Wert der Chizhinski-Flutebenen; hrsg. v. S. S. NEUSTRUJEFF (russisch). 1927.

[2] MOROZOW, F. G.: Landw. u. Forstw. 1900, Nr. 3. — La Pédologie (russisch) 1. 1901.

[3] POLYNOW, B. B. u. J. M. KRASHENINIKOW: Physikogeographische, bodenkundliche und botanische Untersuchungen im Becken des Flusses Uber-Dzhargalante und am Oberlauf des Flusses Ara-Dzhargalante (Nordmongolei) (russisch).

[4] NEUSTRUJEFF, S. S. u. V. NIKITIN: Böden der Baumwollgebiete von Turkestan (russisch). 1926.

logischen Bodenaufnahme möglich. Diese gründet sich auf die genaue Untersuchung des Bodenprofils und seiner genetischen Horizonte. Infolgedessen ist das wichtigste Gerät des russischen Bodenforschers ein guter Spaten. Allein kann die morphologische Methode allerdings nicht genügen, sondern andere analytische Methoden, wie mechanische Analyse, Humusbestimmung, Wasserauszüge, Bodensäurebestimmung, Absorptionskapazitätsermittelung werden helfend eingreifen müssen.

Bodenkarten nach DOKUTSCHAJEFFS Methode sind vor allem die Karten der Bodenentstehungstypen. Nichtsdestoweniger enthalten sie Angaben über die Bodenarten (Bodentextur im amerikanischen Sinne), den Grad ihrer Alkaliniät, die Humusmengen u. a. Auf den neuen Karten in Maßstäben 1:400000 sind mehrere Unterteilungen eingeführt. Die direkte Anwendung von Bodenkarten zur Landbewertung mit Hilfe der Bonitätsskalen ist in Rußland völlig verlassen worden, da die Skalen zu künstlich und infolgedessen hypothetisch erscheinen. Statt dessen werden statistisch-ökonomische Angaben auf die Karte gebracht, wobei dann gewissermaßen die Bodentypen die Ursache der Bodenfruchtbarkeit angeben. Die Bedeutung der Bodenkarten für die Kolonisation und Landverbesserung war desgleichen eine indirekte oder sozusagen erklärende. Die Karten wurden als Grundlage für die rationelle Verteilung und Einteilung des Landes benutzt.

Weite Flächen jungfräulichen Bodens in Rußland und die Vorherrschaft der extensiven Wirtschaftsweise beim Landbau mit geringem Düngerverbrauch erleichtern dabei die Benutzung der Bodentypenkarten für praktische Zwecke. Für die Landverbesserung werden genauere Unterteilungen nach Bodenarten und den Eigenschaften des Ursprungsmaterials verlangt. Das System doppelter Zeichen kommt dabei in der Weise zur Anwendung, daß verschiedene Farben die Bodentypen angeben, verschiedene Arten der Schraffur die Bodenarten (Textur) im englisch-amerikanischen Sinne zum Ausdruck bringen. Wenn nötig werden auch geologische Profile auf die Bodenkarten gebracht, so z. B. bei den Bodenuntersuchungen längs der Eisenbahnen.

Die Bodenkartographie des bebauten Landes für besondere Zwecke ist noch nicht genügend fortgeschritten, obwohl einige Versuche nach dieser Richtung gemacht worden sind, so z. B. bei Untersuchungen des beweglichen Sandes, der Umwandlung von Böden in Alkaliböden infolge einer Bewässerung, von Tabakböden, der Ergebnisse künstlicher Entwässerung, der Bodensäure u. dergl. m. Hierbei wird die genetische Methode durch die agronomische ergänzt.

Die Anwendung der genetischen Methode für solche Spezialuntersuchungen scheitert nicht an der Bebauung des Landes, da der Bodentypus, der sich als Folge eines langdauernden Prozesses gebildet hat, seinen Charakter durch die Landwirtschaft nicht verliert. Doch sollen die Bodentypenkarten nicht als Universalkarten für praktische Zwecke, sondern in erster Linie als Grundlagen, aus denen alle anderen Arten der Sonderkarten sich entwickeln sollten, angesehen werden.

Geographische Folgerungen. Infolge der über so große Gebiete sich erstreckenden Bodenkartierung ist die Bodengeographie in Rußland weit fortgeschritten, wenn auch noch sehr viel Arbeit zu leisten ist[1]. Besonders die Tundrazone und die Verbreitung der Moore in der Podsolzone sind auch in Europa

[1] Vgl. K. D. GLINKA: Die Typen der Bodenbildung. Kurze Charakteristik der Bodenzonen von Rußland, sowie auch ihrer einzelnen Gebiete, S. 236—365. Berlin 1914. — K. D. GLINKA: Genesis und Geographie der russischen Böden. — L. J. PRASSOLOW: Böden des europäischen Teiles der USSR. Führer auf der Rundreise des II. Intern. Kongresses für Bodenkunde (deutsch) 1. Moskau 1930.

noch wenig untersucht, während in Asien überhaupt erst wenige Teile zur Aufnahme gelangt sind.

Mit Ausnahme einer kleinen Zone roter Böden bei Batum am Schwarzen Meer werden 5 große Bodenzonen unterschieden, es sind die Tundrazone, die Podsolzone, die Tschernosemzone, die Zone der kastanienfarbigen Böden und die Zone der braunen und grauen Böden der Wüstensteppen. (Diese Zonen sind nicht etwa so zu verstehen, als wenn in ihnen nur der eine genannte Bodentypus vorkommt. Es ist sogar schwer zu sagen, ob er wirklich immer vorherrscht. Es ist nur das häufige Auftreten des Typus für die Zonenauffassung maßgebend.) Die Zonen korrespondieren in gewissem Grade mit Klimazonen, wenn auch viele Ausnahmen dabei vorkommen, die teils auf das Relief, teils auf die Gesteinsart, teils auf die geologische Geschichte des Muttergesteins, teils auf noch andere Ursachen zurückgehen. Immer handelt es sich dabei um große Teile der Zonen. In den gebirgigen Teilen von Zentral- und Ostsibirien ist sogar von einer eigentlichen Zonalität nicht die Rede (wie in den gebirgigen Ländern Europas auch). Im allgemeinen ist der Übergang von einer Zone in die andere allmählich, doch kommt auch nicht selten ein plötzlicher Wechsel vor. In roher Annäherung läßt sich die Ausdehnung der Zonen ungefähr folgendermaßen berechnen:

	Europäischer Teil von USSR. ohne Kaukasus		Asiatischer Teil von USSR.	
Tundra und Waldtundra	225 000 km²	53 % der Fläche	3 400 000 km²	69 % der Fläche
Podsol- und Moorböden	2 239 000 km²		8 000 000 km²	
Waldsteppe	790 000 km²	32 % der Fläche	1 100 000 km²	7 % der Fläche
Schwarzerdesteppe	636 000 km²		1 700 000 km²	19 % der Fläche
Kastanienfarbige Böden, Wüstensande	708 000 km²	15 % der Fläche	700 000 km²	
Graue Böden der Wüstensteppe			800 000 km²	
Hochland	—		900 000 km²	5 % der Fläche
	4 598 000 km²		16 600 000 km²	

Der Unterschied der Ausdehnung der Tschernosemzone in Europa und in Asien ist sehr bemerkenswert. Man sollte erwarten, daß sie als ausgesprochene Kontinentalbildung in Asien stärker als in Europa vertreten wäre. Tatsächlich ist aber, verursacht durch den Einfluß allgemeiner und lokaler klimatischer und orogeologischer Bedingungen, das Entgegengesetzte der Fall. Man kommt dadurch zu Bodenprovinzen oder Bodenfazies, die sich allerdings gegenwärtig noch nicht umgrenzen lassen. Einen Versuch in dieser Richtung hat L. J. PRASSOLOW[1] auf einer Karte des europäischen Rußlands 1924 unternommen. In der Podsolzone sind hier z. B. Provinzen je nach dem Vorkommen der Endmoränenlandschaft, von großen Sandflächen usw. ausgeschieden worden. Die Tschernosemzone wird in je eine Unterzone der ausgelaugten, der humusreichen, der mächtigen, der gewöhnlichen und der südlichen Schwarzerde zerlegt.

Gut gearbeitete Bodenkarten sollten die Bedingung erfüllen, daß die Grenzen der verschiedenen Bodenvarietäten eine graphische Wiedergabe der Wirkungen der Bodenbildung darstellen, von welchen wenigstens auf ins einzelne gehenden Karten das Relief als der leitende Faktor der Bodenbildung angesehen werden sollte. Bei landschaftlichen Einheiten ist ganz allgemein ein enger Zusammenhang zwischen Relief, Boden und Vegetation festzustellen, so daß es bisweilen möglich ist, nach der Kenntnis von zwei dieser drei Faktoren, den dritten zu konstruieren. Ins einzelne gehende Untersuchungen haben gezeigt, daß beson-

[1] PRASSOLOW, L. J.: Carte des régions des sols de la Russie d'Europe. Etat de l'étude et de la cartographie des sols, S. 200. Bukarest 1924.

ders enge Beziehungen zwischen Pflanzenassoziationen und den natürlichen Bodenvarietäten bestehen.

Im ganzen läßt sich die nachstehende Reihenfolge der Einheiten der Bodengeographie feststellen: Zone, Region, elementare Landschaft, Bodenkomplex, Bodenvarietät. Soweit seien hier die Ausführungen L. J. PRASSOLOWS wiedergegeben.

Sie werden durch solche ergänzt, die N. FLOROV[1] über die bodenkartographischen Arbeiten in der Ukraine 1924 dargelegt hat. Er unterscheidet zwei Perioden. Die ältere, die mit den älteren Schätzungsarbeiten im Zusammenhang steht, wird von ihm die Periode der subjektiven oder statistischen Methoden genannt. Die jüngere, die 1887 mit den Untersuchungen DOKUTSCHAJEFFS im Gouvernement Poltawa beginnt, ist die der objektiven, naturhistorischen Forschung.

Die subjektiven oder statistischen Methoden bestanden im wesentlichen im Befragen der Landwirte nach den Ernteerträgen. Da diese von den natürlichen Eigenschaften des Bodens als ihrem wesentlichsten Faktor abhängen, so war damit der Übergang zu der Bodenkartierung gegeben. Die umfangreichste Arbeit dieser Art wurde im Gouvernement Tschernigow[2] ausgeführt. Sie begann 1876, und es war von den Landständen des Gouvernements eine besondere statistische Anstalt organisiert worden, welche die Unterlagen zu einer gerechten Verteilung der Landabgaben zu beschaffen hatte. Dieser Anstalt wurde zu diesem Zwecke empfohlen, den gesamten wirtschaftlichen Zustand des Gouvernements möglichst vollständig zu untersuchen. Die Statistiker stellten infolgedessen durch Befragen der Landwirte an allen Orten die Art des Bodens und seine Durchschnittserträge fest und trugen Arten und Grenzen der verschiedenen Böden schematisch auf die militärtopographische Karte 1 : 126000 ein. Darauf wurden die Bodenarten zu Gruppen vereinigt und für jede Gruppe der Durchschnittsertrag ermittelt. Bisweilen wurde auch schon eine objektive Beschreibung der Bodenmerkmale ausgeführt, allerdings nur in allgemeiner Form und systemlos, und zwar dort, wo es unmöglich war, die Durchschnittserträge auf andere Weise mit den Böden in Beziehung zu bringen. Das Endergebnis dieser Arbeiten war eine schematische Bodenkarte des Gouvernements, auf welcher gemäß der Volksnomenklatur die Böden in 1. Tschernosem, 2. graue Böden, 3. graue sandige Böden, 4. sandige Böden eingeteilt werden. Nach dem Muster von Tschernigow wurden auch andere Gouvernements bearbeitet. Aber überall gewann man die Überzeugung, daß die auf diese Art entstandenen Bodenkarten ungenügend seien, und infolge einer sich entspinnenden lebhaften Diskussion in den Landständen hielt man Ausschau nach zweckmäßigeren Maßnahmen. Sie wurden in V. DOKUTSCHAJEFFS Karten des Nischni Nowgorodschen Gouvernements, die in den Jahren 1882 bis 1886 entstanden sind, gefunden.

Die Methode dieser neuen Aufnahme war folgende: Von jedem Kreise des Gouvernements wurden die Literatur über die Böden, die Aussagen der Ortsbewohner und ihre Beobachtungen über die Ernteerträge zusammengestellt, um zunächst eine vorläufige Übersicht zu gewinnen. Darauf begann die Begehung des Kreises. In jedem Amtsbezirk wurden die natürlichen und künstlichen Aufschlüsse des Bodens untersucht und in das Feldtaschenbuch Bemerkungen über die Mächtigkeit, die Struktur, die Zusammensetzung des Bodens, sein Verhältnis zum Untergrunde, das Relief und die Vegetation eingetragen, sowie auch typische Proben gesammelt. Der Leiter der Arbeiten des Gouvernements bereiste

[1] FLOROV, N.: Über die bodenkartographischen Arbeiten in der Ukraine. Etat de l'étude et de la cartographie des sols, S. 247—264. Bukarest 1924.

[2] Material zur Taxation des Landes im Tschernigowschen Gouvernement (russisch). 1877.

sämtliche Kreise, kontrollierte die Arbeiten und verglich ihre Ergebnisse. Die gesammelten Proben wurden im Laboratorium weiter untersucht. Sie wurden gepulvert und bei Zimmertemperatur getrocknet und darauf besonders ihre Farben miteinander verglichen. Aus jeder so gewonnenen Bodenklasse wurden 3 bis 4 Proben ausführlich chemisch untersucht, und zwar geschah dieses nach Humusgehalt und Totalanalyse (Aufschluß mit Hilfe von Salzsäure, Schwefelsäure und Flußsäure). Außer der Oberkrume wurde bisweilen auch der Untergrund analysiert.

In der Ukraine wurde 1887 nach dieser Methode zuerst das Gouvernement Poltawa aufgenommen[1]. Dabei gewann DOKUTSCHAJEFF seine erste Klassifikation, welche lautete: A. festländisch-vegetabilische Böden; a) Plateautschernosem, b) Tschernosem der Abhänge, c) Waldsteppenlehm (Übergang vom Tschernosem zum Waldlehm), d) Waldböden, e) sandiger Tschernosem, f) Sand. B. Festländisch moorige Böden: Salzböden (Solonetz). C. Moorige Böden. D. Anormale Böden: abgelagerte Böden. Die größte Aufmerksamkeit wurde auf die Untersuchung des Tschernosems als des Bodens verwandt, der im Gouvernement Poltawa von allen den größten Flächenraum einnimmt. Auf Grund des Humusgehaltes wurde der Plateautschernosem in die drei Varietäten mit 7%, 6,5% und 4% eingeteilt. Auch sonst wurde die Untersuchung in Poltawa noch wesentlich eingehender als in Nischni Nowgorod gehandhabt. Sie übte einen bedeutenden Einfluß auf die Methodik der russischen Bodenkartierung aus. Die in Tschernigow angewandte Methode wurde durch die neue vollständig verdrängt. Im Jahre 1893 wurde ihr durch die Regierung in einem Gesetz über die Bodentaxation zu einer allgemeinen Einführung verholfen. Die in Poltawa ausgeführte Karte hatte den Maßstab 1 : 420000. Dazu wurde ein Gesamtbericht und 15 einzelne Beschreibungen der Kreise gegeben. Entsprechend der Grundeinstellung V. DOKUTSCHAJEFFS wurde der naturwissenschaftliche Teil der Gesamtarbeit auf eine breite Grundlage gestellt. Er enthält einen hydrographischen Teil von P. OTOTZKY, einen geologischen und einen chemischen von K. GLINKA, einen physikalischen von N. ADAMOW, einen klimakundlichen von A. BARANOWSKY, einen pflanzengeographischen von A. KRASNOW und Abhandlungen über das Tertiär und die Eiszeitablagerungen von V. AGAFONOFF. Von da an bis zum Jahre 1910 standen die Bodenforschungen in der Ukraine unter dem Einflusse dieser bedeutsamen Arbeit. Dann begann im Jahre 1912 mit der Bodenaufnahme des Gouvernements Charkow durch A. I. NABOKICH ein neuer Abschnitt in der Bodenkartierung der Ukraine, der einerseits durch die Vervollkommnung der Methodik der Felduntersuchung, andererseits durch das Streben nach Befreiung von den Taxationsaufgaben gekennzeichnet ist. Als die Hauptaufgabe der Bodenforschung und -kartierung trat der Dienst für die landwirtschaftliche Praxis mehr hervor.

Zunächst wurde die Art der Aufnahme dahin geändert, daß nicht mehr die einzelnen Kreise kartiert und die Kreiskarten zu Gouvernementskarten zusammengestellt wurden, sondern statt dessen die Methode der wiederholten Aufnahmen (drei Phasen) des Gesamtgebietes in den Vordergrund trat. 3 Jahre hintereinander wird demnach das Gebiet jedesmal vollständig kartiert, jedoch werden jedes Jahr die Marschruten enger gelegt, wodurch die Genauigkeit beständig wächst. Dabei wird das im voraufgegangenen Jahr Festgestellte im nächsten wieder kontrolliert. Das ist aber eine Methode, die um so beachtenswerter ist, als die Schwierigkeiten der morphologischen Aufnahme nicht gering sind. In Charkow wurde von NABOKICH sogar eine viermalige Untersuchung vorgenommen, deren erste mehr orientierenden Charakter besaß. Über diese orientierende Vorkartierung im Jahre 1912 gibt N. FLOROV die folgenden

[1] Die Materialien zur Bodentaxation des Poltawaschen Gouvernements. Naturhist. Teil 16. 1894.

Daten: Es waren etwa 42000 km² zu kartieren, welche Arbeit von drei Bodenforschern unter NABOKICHS Leitung ausgeführt wurde. Dabei wurden an 110 Punkten Gruben von 3—3,5 m Tiefe ausgehoben und Monolithproben genommen. Über 250 Bodenproben wurden in Säckchen gesammelt und 1500 Humusbestimmungen von Oberkrumen gemacht. Auf Grund dieser Arbeit wurde eine schematische Bodenkarte im Maßstabe 1 : 630000 angefertigt. Die Kosten betrugen insgesamt 11400 Rubel. Die nächstjährige Arbeit wurde von fünf Bodenforschern, den Leiter nicht gerechnet, ausgeführt. Diesmal wurden ca. 60 Gruben von 6 m Tiefe und viele flache ausgehoben und ungefähr 4500 Oberflächenproben auf Humus untersucht. Jedoch wurde nur die Hälfte des Gebietes kartiert und das nächste Jahr in entsprechender Weise die andere. Im vierten Jahre wurde die Gesamtfläche im Maßstabe 1 : 126000 aufgenommen. Die Laboratoriumsuntersuchungen und die Kartenbearbeitung fanden stets im Winter statt.

Die Untersuchung der Böden in tiefen Gruben (zuerst 3—3,5 m, dann 6 m), welche auf allen Reliefformen stattfand, war ebenfalls eine besondere Eigentümlichkeit der ukrainischen Arbeiten, die allerdings schon früher von WYSOTZKY und anderen russischen Forschern eingeführt war. Dabei wurden die posttertiären Untergrund- und Muttergesteine, deren Kenntnis in den russischen Flachländern gering war, genau untersucht, ebenso auch die Wasserverhältnisse u. a. festgestellt.

Die zahlreichen tiefen Monolithe, die dabei gesammelt wurden, stellte NABOKICH zu einem Museum in Odessa zusammen, das damit eines der größten und bedeutsamsten Bodensammlungen geworden ist. Neben einem jeden Profil ist die Beschreibung aus dem Feldtagebuch angebracht.

Beachtenswert waren auch die riesigen Massenuntersuchungen auf Humus in den Bodenproben. Ungefähr auf je 3—4 Werst kam in Charkow eine Humusbestimmung, die nach dem Verfahren von ISTSCHEREKOW mittels Permanganat ausgeführt wurde. Auf Grund dieser Feststellungen wurden besondere Humuskarten angefertigt. Auch wurden schichtenweise Pauschalanalysen ausgeführt, also nicht nur die einzelnen Horizonte, sondern auch diese wieder mehrfach den einzelnen Schichten entsprechend analysiert. Die graphische Darstellung der Ergebnisse dieser Analysen gibt in der Tat eine gute Übersicht über die Bewegung der Bestandteile in den verschiedenen Böden.

Die endgültige Karte des Gouvernements Charkow hatte den Maßstab 1 : 420000. Ferner wurde eine Anzahl von Kartogrammen einzelner Eigenschaften im Maßstabe 1 : 126000 hergestellt, so Karten des Humusgehaltes der Oberkrume, des Grades der Versandung, der Gesamtmächtigkeit des Bodens, der Tiefe des Aufbrausens, und zwar stets mit genauer Angabe des Punktes der Probeentnahme. Ferner schlossen sich zahlreiche Untersuchungen topographischer, geologischer, meteorologischer, botanischer und methodologischer Art an. Besonders gründlich wurde die Schwarzerde, der Haupttypus in Charkow, untersucht. Hier wurden nach den Tierlöchern und dem Verhalten der Karbonate unterschieden: Tschernosem auf Löß mit Tierlöchern, desgleichen ohne solche, desgleichen mit Pseudomyzelium, desgleichen mit Karbonaten in weißen Flecken (Bjeloglaska). Nach dem Muttergestein gab es Tschernosem auf Löß, auf Kreide, auf Paläogensanden, auf rotbraunem Ton, auf Dünensand. Infolge des Einflusses der Topographie und des Flußsystems änderte sich der mechanische Bestand. Hinsichtlich des Humusgehaltes wurden die Stufen von 0,5—2%, 2—3%, 3—5%, 5—6%, 6,5—7,5%, 7,5—10% unterschieden.

Nach anderer Richtung und mit etwas anderen Grundlagen hat N. FLOROV seit 1910 das Gouvernement Kiew kartiert. Veranlaßt wurde die Arbeit vom Semstwo des Gouvernements zur Untersuchung von Böden, auf welchen

Experimente mit Mineraldüngern vorgenommen wurden. Das Ergebnis war zunächst eine schematische Karte im Maßstabe 1 : 420000, der später eine genauere Aufnahme im Maßstabe 1 : 126000 folgte. Hierbei kam es besonders auf die Kartierung der Waldsteppen mit ihren Übergangsböden zwischen Tschernosem und Podsol an, deren Fläche etwa 22500 km² groß ist. Zu ihrer Erforschung wurden ca. 6000 Gruben von 1,5—2,5 m Tiefe, also je eine auf etwa 4 km², angelegt. In den Gruben wurden bestimmt die Eigenschaften des humosen Horizontes, des weißlichen SiO_2-Anhäufungshorizontes, des rotbraunen Horizontes mit Anhäufung der Sesquioxyde und Humusflecken, des rostigen oder blauen Horizontes mit Anhäufung der Sesquioxyde allein, des Horizontes mit Anhäufung der Karbonate, des Muttergesteins, ferner die Art ihrer Übergänge ineinander, der Zementierungsgrad der Horizonte, ihre Struktur, Mächtigkeit, Färbung, mechanische Zusammensetzung und das etwaige Grundwasser. Von diesen Eigenschaften hatten das Fehlen oder Vorhandensein des rotbraunen Horizontes, die Struktur des humosen Horizontes, das Fehlen oder Vorhandensein der Humusfärbung im rotbraunen Horizont und das Fehlen oder Vorhandensein der weißlichen SiO_2-Flecke kartographischen Wert. Im Steppengebiete von Kiew war die wichtigste kartographische Unterscheidung die des Humusgehaltes. Hier wurden auf 13000 km² etwa 1000 Gruben ausgehoben. Die Glazialablagerungen von Kiew sind podsoliert. Bei den Podsolböden erwies sich der Podsolierungsgrad und die mechanische Zusammensetzung als kartographisch wichtig. Auch hier wurden auf 13000 km² etwa 1000 Gruben angelegt. Im ganzen wurde die Methode der Kartierung der Einzelmerkmale und ihr Aufzeichnen in Kartogrammen angewandt. Aus ihrer Summierung ergab sich die Gesamtkarte. Die Veröffentlichung der Kartogramme der Einzeleigenschaften neben der Gesamtkarte erscheint N. Florov noch besonders wichtig, weil er es für möglich hält, daß ihre Zusammenfassung zu Bodentypen bei der Weiterentwicklung der Bodenlehre einmal an Wert verlieren könne, während die kartenmäßige Festlegung der Einzelmerkmale dauernd erhalten werde. Auch eine etwaige neue Richtung wird sie als Grundlage benutzen können. An solchen Kartogrammen wurden ausgeführt: die Humusverteilung, die Mächtigkeit der Humushorizonte, die Mächtigkeit des rotbraunen Horizontes, die Tiefe bis zu welcher das Aufbrausen feststellbar ist, die Verteilung der verschiedenen Karbonatformen, die Verteilung der Tierhöhlen und -gänge, die mechanische Zusammensetzung. Auch die Methode der schichtweisen Bauschanalysen wurde angewandt. Parallel damit gingen, besonders hinsichtlich der Löslichkeit der Sesquioxyde, schichtweise vorgenommene Salzsäureauszüge. Zum Studium des Untergrundes wurden 40 Gruben von 10—20 m Tiefe ausgehoben. Dabei wurden im Löß besonders die begrabenen Böden und in den Glazialablagerungen die drei verschiedenen Vereisungen studiert. Hand in Hand mit den bodenkundlichen gingen hydrologische, hydrogeologische, geologische, lagerstättenkundliche, botanische und meteorologische Arbeiten. Im ganzen dauerte dieAufnahme bis 1920. Die Zusammenarbeit mit den landwirtschaftlichen Feldversuchen war für Landwirtschaft und Bodenlehre sehr fruchtbar. Es wurden Gesetzmäßigkeiten in der Wirkung der Kunstdünger, des Zusammenhanges zwischen Böden und Ernteerträgen festgestellt und die Lage neu zu erbauender Versuchsstationen geklärt. Auch hier kam es zur Anlage eines großen Bodenmuseums in Kiew, das eine Riesenzahl bedeutender Bodenmonolithe aufweist.

In ähnlicher Weise wurden die Gouvernements Tschernigow, Ekaterinoslaw, Cherson, Podolien, Wolhynien zu Taxationszwecken kartiert. Eine Zusammenstellung der einzelnen Karten wurde von N. Florov im Maßstabe 1 : 420000 vorgenommen, die aber bisher nicht veröffentlicht worden ist. Erst 1927 erschien die Zusammenstellung von G. MACHOW, die weiter unten beschrieben wird.

Gelegentlich des 2. internationalen Bodenkongresses 1930 in Rußland war es möglich, die bedeutenden Kartierungsleistungen einiger Institute kennen zu lernen, aus denen hervorgeht, daß von vielen Stellen aus kartiert wird. Wohl die bedeutendste Kartensammlung dürfte DOKUTSCHAJEFFS Bodenkundliches Institut der Akademie der Wissenschaften in Petersburg besitzen, von dem auch seit langer Zeit ein großer Teil der Kartierungsarbeiten geleistet worden ist. Hier sind auch die neuen Übersichtskarten des europäischen und des asiatischen Rußlands entstanden. In Moskau ist vor einigen Jahren ein Institut gegründet worden, das die Kartierung auf breitester Basis betreibt. Nach Mitteilung von V. V. HEMMERLING, unter dessen Leitung dasselbe bis Ende 1929 stand, sind im Jahre 1930 500 Bodenkartierer tätig gewesen, die über eine Million Hektar kartiert haben. In der Versuchsanstalt für die Böden der Trockengebiete in Saratow war eine Anzahl Karten ausgestellt, von welchen mehrere aus der deutschen Wolgarepublik im Maßstabe 1 : 16000 eine genaue Darstellung des Bodenmosaiks der Trockensteppe bringen. In Charkow werden unter Leitung von A. N. SOKOLOWSKY Boden- und Vegetationskarten im Maßstabe 1 : 5000 hergestellt, welche in eine Bonitierungskarte übertragen werden sollen. G. MACHOW[1] hat dort Übersichtskarten der Ukraine ausgeführt, von welchen mehrere mit Eintragungen der physikalischen Bodenbildungsbedingungen, der Vegetation u. a. im Abschnitt über „Die Steppenschwarzerde“[2] dieses Handbuches wiedergegeben sind.

Auf der großen Ausstellung von Bodenkarten, Bodenprofilen, wissenschaftlichen Arbeiten, Instrumenten usw., die anläßlich des Kongresses in Moskau unternommen war, fielen mehrere Bodenkarten für die neuen großen Sowjetwirtschaften durch ihre Einführung praktischer Gesichtspunkte auf. Eine Bodenkarte der Kornfarm Medvezhie von NIKITIN[3] im Maßstabe 1 : 10000 hatte nachstehende Einteilung: Für den Landbau 1. geeignet, 2. bedingungsweise geeignet, 3. ungeeignet. Unter 1 sind genannt stark und schwach degradierter, toniger, klumpiger Tschernosem, schwach degradierter, lehmiger, klumpiger Tschernosem, ausgelaugter toniger bzw. schwerer lehmiger bzw. mittel- bzw. schwach lehmiger klumpiger Tschernosem, leicht und mittel alkalisierter Tschernosem, nußartiger solodierter (gebleichter) alkaliner Tschernosem. Unter 2: stark degradierter lehmiger klumpiger Tschernosem, mittelstark alkalisierter Tschernosem, prismatischer und säuliger Alkaliboden u. a. Unter 3.: stark alkalisierter Tschernosem, säuliger bzw. krustiger toniger sumpfiger Solodj (ausgebleicht), Salzwiesen usw. MASYRO und SCHADRINA[4] hatten das Kartenwerk einer anderen „Kornfabrik“ ausgestellt, welches aus 3 Teilen bestand. Der erste Teil war die Bodentypenkarte mit 24 Einheiten, bei welchen auch auf die Mächtigkeit der Krume Gewicht gelegt wurde. So wurde eine Mächtigkeit von 30—50 cm von einer solchen von 50—70 cm unterschieden. Die zweite Karte ist eine Vegetationskarte, auf der Heuschläge und Weiden, Poa-pratensis-Assoziation, Alkalisteppen, Poa-Triticum-Assoziation, Stipa-Festuca-Assoziation, Wald und Acker unterschieden wurden. Die dritte ist eine aus den beiden anderen bearbeitete Bonitierungskarte, welche 3 Bodengüten I, III a, b, II a, b, c und für Acker ungeeignete Bodenstellen aufweist.

Nachstehend folgen einige B e i s p i e l e von Bodenkarten verschiedener Institute.

[1] In: Contributions to the Soils of Ukraine (russisch) Nr. 6. Kharkow 1927.
[2] Vgl. dieses Handbuch 3, 282, 283, 284. 1930.
[3] NIKITIN, N.: Bodenkarte der Korn-Sowjetfarm Medvezhie. 1 : 10000. 1930.
[4] MASYRO u. SCHADRINA: Bodenkarte der Kornfabrik des Kondourowsky-Massivs. 1 : 25000. 1930.

Ein methodisch wertvolles Kartenwerk ist das von N. A. DIMO[1] in seiner und B. KELLERS Arbeit über die Halbwüste. Es enthält außer zahlreichen Tafeln mit Vegetations-Pflanzenbildern, graphischen Darstellungen, Bodenquerschnitten 4 Karten, davon 3 Boden- und 1 hypsometrische Karte. Ein kleines Kärtchen im Maßstabe 1:1000 mit darunterstehendem Bodenquerschnitt zeigt den Einfluß des Reliefs auf die Ausbildung der Bodentypen. Das Plateau und seine schwachen Wellen hat den typisch-tonigen braunen Boden der Halbwüste. An den flachen Abhängen der Vertiefungen tritt Solonetz (säulenförmiger Alkaliboden), in einer kleinen Vertiefung und an den steileren Hängen einer größeren dunkler, oft schwach gebleichter, degradierter Boden, in der größeren Vertiefung „Podsol" (oder wie man jetzt für die Bleichung in der Steppe sagt: Solodj) auf. Dieses eigentümliche Bodenmosaik mit seiner Abhängigkeit vom Relief und der dadurch bedingten Wasseransammlung ist dann im Maßstabe 1:420 für einen Teil der Großsteppe der Umgebung von Sarepta dargestellt. Die Einteilung lautet: degradierter Boden des Ulmenbusches, dunkelkastanienfarbiger Boden in größeren Vertiefungen, hellkastanienfarbiger Boden in kleineren Vertiefungen, dessen Übergang zu tonigem Halbwüstenboden, typischer toniger Halbwüstenboden, Säulensolonetz, Rindensolonetz, unentwickelte Böden kleiner Hügelchen, Hügelchen und Erhöhungen der Ziesel. Insgesamt besteht nicht die Hälfte der Fläche aus dem Halbwüstenboden, dennoch ist er der Haupttypus, der auf einer Übersichtskarte allein dargestellt würde. Die hypsometrische Karte in 1:840 zeigt Höhenschichtlinien der Bodenfläche im Abstande von 5 Zoll, so daß man das Relief der Bodenkarte genau ablesen kann. Die vierte Karte ist eine Bodenübersichtskarte im Maßstabe 1:84000 des gleichen Gebietes. Sie hat 26 Unterscheidungen, davon sind 10 Darstellungen des vorstehend beschriebenen Nebeneinanders, der Komplexe. Benannt sind diese nach dem Vorherrschen des einen oder anderen Typs: Vorherrschen des braunen Halbwüstenbodens zu 90%, zu $66^2/_3$%, zu 50%, Anteil von $33^1/_2$—25%, von 10% usw. Die Kartendarstellung ist ein Versuch, das überall vorhandene Nebeneinander der verschiedenen Typen ohne Unterdrücken des wahren Bodencharakters zu erfassen.

L. J. PRASSOLOW[2]: Böden von Südtransbaikalien. Leningrad 1927. Die Karte im Maßstabe 1 : 4200000, also eine Übersichtskarte, hat die folgende Einteilung: (weit überwiegend) Gebirgstayga (Sumpfwald) mit überwiegend schwach podsolierten Böden von heller Farbe und geringer Mächtigkeit (es kommen vor Podsol-, lehmige Podsol-, Moor- und alluviale Wiesenböden). Torfmoorböden zeitweiliger oder der Flußmündungssümpfe. „Goltsy": Gebirgstundraböden, vernäßte, versumpfte und trockene Podsolwiesenböden inmitten felsiger Höhen, Geröllböden und Schutt. Höhen und Abhänge: Es überwiegen torfige Podsol- oder lehmige Böden. Waldsteppe: Es überwiegen schwach gebleichte dunkelfarbige Böden und tonig-lehmige Tschernoseme; ferner degradierte, sandige Wiesen- und Alluvialwiesenböden. Teilweise verwehter Sand, z. T. mit Wald bedeckt. Wiesensteppe: vorherrschend ausgelaugte Tschernoseme verschiedener Art und Übergänge zu fetten Tschernosemen; ferner Wiesen-, solontschakartige Wiesen- und Alluvialwiesenböden. Trockene Tschernosemsteppe: vorherrschend humusarme (südliche) Tschernoseme; ferner Salzböden, solontschakartige Wiesen- und Alluvialwiesenböden. Trockene Steppe mit kastanienfarbigen Böden: vorherrschend dunkelkastanienfarbige, nicht solonetzartige Böden; ferner Solonetz, Solontschak und solontschakartige Wiesenböden (darin mit Kreisen die Stellen der stärksten Verbreitung der Salzböden). Allu-

[1] DIMO, N. A. und B. A. KELLER: Im Gebiet der Halbwüste. 1907.

[2] PRASSOLOW, L. J.: Böden von Südtransbaikalien. Hrsg. von der Akademie der Wissenschaften, S. 429. Leningrad 1927.

viale Böden verschiedener Typen. L. J. PRASSOLOW versucht trotz des kleinen Maßstabes dem tatsächlichen Befunde des ständig wechselnden Nebeneinanders der Typen gerecht zu werden. (In der Regel werden die Übersichtskarten sehr vereinfacht, wodurch der nicht eingeweihte Benutzer notwendigerweise auf die Vorstellung einer gleichmäßigen Bodenverteilung kommt, die in Wirklichkeit aber nirgends besteht.) Die Farbenwahl sucht einzelne Bodenfarben wiederzugeben, und zwar Hellrot für Podsol, Grau für die tschernosemenartigen Böden, Kastanienbraun für die kastanienfarbigen Böden, jedoch kann diese Art der Darstellung nicht konsequent sein. Die Moorböden sind blau, die Gebirgstundra bläulichgrau, die Alluvialböden grün usw. dargestellt.

Unter der Leitung von L. J. PRASSOLOW hat A. P. PRONIEWITSCH[1] eine Karte der landwirtschaftlichen Versuchsstation Pleskau (Pskow) im Maßstabe 1 : 1333 ausgeführt. Mit Schraffuren sind darin die folgenden 12 Typen unterschieden: Nicht gebleichter Humusboden; derselbe vergleit, verborgen podsolierte Böden; schwach, mäßig, stark gebleichte Böden; mäßig gebleichte, wenig vergleite Böden; podsolierte Gleiböden; Gleipodsole; schwach gebleichte Gleiböden; torfige Podsolböden; torfig-moorige Böden; Alluvialböden und eine recht genaue Aufteilung podsoliger und Grundwasserböden.

Bodengeographische Karten nach Art der von B. B. POLYNOW zuerst im Dongebiet und in der Nordmongolei ausgeführten haben aus einem anderen Teile der Nordmongolei N. LEBEDEV und JN. NEUSTRUJEW[2] veröffentlicht. Sie bezeichnen sie als Karten elementarer Naturlandschaften. Sie sind im Maßstabe 1 : 200000 farbig angelegt. Die Erklärung dazu ist in drei Reihen gegliedert. Jede Farbe bezeichnet sowohl geomorphologische Elemente als auch die Pflanzendecke und die Böden und Oberflächenbildungen. Es entsprechen einander:

Im Gebiet der felsigen Bergkämme	Berggipfel und steil abfallende Abhänge	Grassteppe mit schwacher Pflanzendecke unbeständiger Zusammensetzung	Granitfelsen, Blockhaufen und Steinschutt
	Sanft abfallende Abhänge und ausgeglichene Stufen	Grassteppen mit dichter Pflanzendecke	Bodenkomplex aus zwei Komponenten: dunkelfarbige ausgelaugte und dunkelbraune Steppenböden
	Untere Teile der Abhänge und Hohlwege mit flachem wasserlosem Bett	Pflanzendecke mit Steppen- und Wiesenpflanzen und einigen Sträuchern	Grober Steinschutt und sandlehmige Ablagerungen in den Vertiefungen
Im Gebiet der hügeligen Vorgebirge	Ausgeglichene Oberfläche der Gipfel der Hügel und terrassenförmigen Abstufungen der Vorgebirge	Pflanzendecke mit Gramineensteppen, Wiesenpflanzen und Elementen der steinigen Steppen	Kastanienfarbige Steppenböden mit verschiedener Mächtigkeit des Humushorizonts und scharf begrenztem Alluvial-Karbonathorizont
	Talförmige, das Gebiet der Vorgebirge zergliedernde Senken	1. Grassteppen mit Stipa und Wiesenpflanzen 2. Pflanzendecke mit Elementen der steinigen Steppen 3. Solontschakwiesen	Bodenkomplex kastanienfarbiger Böden und ihrer salzhaltigen Varietäten auf sandlehmigen Ablagerungen

[1] PRONIEWITSCH, A. P.: Böden der landwirtschaftlichen Versuchsstation Pskow. Leningrad 1929.

[2] LEBEDEV, N. u. JN. NEUSTRUJEW: Bodengeographische Forschungen im Gebiete des Sees Iche-Tuchum-Nor (Nordmongolei). Hrsg. von der Akademie der Wissenschaften, S. 75—144. Leningrad 1930.

Auf der akkumulativen Terrasse	Dritte (hohe) Terrasse	Gramineensteppe mit vereinzelter Pflanzendecke	Hellkastanienfarbige Böden auf kiessandigen Ablagerungen
		Assoziation der Solontschakwiesen mit einzelnen Steppenelementen	Hellkastanienfarbige Böden mit einigen Solonetzprozessen auf sandlehmigen Ablagerungen
	Zweite Terrasse	Stauden von Stipa splendens mit einer Reihe von Solontschakwiesen und mit Salzrinde bedeckte pflanzenlose Flecke (Hudjir)	Komplex Karbonat-Solontschakböden auf lößartigen Ablagerungen mit Chloridsulfat-Solontschak
	Wasserlose Teile der Seedepressionen	Solontschakassoziation mit vorherrschender Salsola und bedeutenden pflanzenlosen Flecken mit Salzrinde	Wiesensolontschakkomplex

Eine zweite Karte hat eine entsprechend den anderen Verhältnissen etwas andere Einteilung. Diese Art der Kartierung verbindet ohne Zweifel sehr eng Zusammengehöriges miteinander. Überall läßt sich der innige Zusammenhang zwischen Bodentypus, Vegetation und Relief feststellen. Neu ist die grundsätzliche Äußerung über alle drei Teile unter einer einzigen Signatur, die wahrscheinlich auch bei genaueren Kartierungen als die im Maßstabe 1 : 200000 ihren Wert haben dürfte. Die Topographie der Karten zeigt Höhenschichtlinien bei Unterschieden bis zu 380 m. Außer diesen Karten sind noch eine hypsometrische und eine petrographische Übersichtskarte des Gesamtgebietes beigegeben. Die Arbeit selbst enthält zahlreiche Abbildungen der verschiedenen natürlichen Landschaftsformen mit ihren leicht erkennbaren drei Elementen, sowie geologische Profile, botanische Listen und Tabellen von Laboratoriumsanalysen.

Zahlreiche Sowjetgüter sind in den letzten Jahren kartiert worden, so u. a. die Riesenfarm Gigant[1] von N. J. SAWWINOFF auf Grund einer bodenagronomischen Forschungsreise der Landwirtschaftlichen Akademie Timiriazew bei Moskau unter Leitung von W. R. WILLIAMS und V. B. BUSCHINSKY. Die Karte hat den Maßstab 1 : 150000 und eine Größe von 50 × 60 cm². (Die Farm hat eine Fläche von 120000 ha.) In der Zeichenerklärung wird darauf hingewiesen, daß alle Böden lehmartige Verschiedenheiten zeigen und sich auf lößartigem Lehm entwickelt haben. Unterschieden werden auf der Karte: mächtiger, mittlerer und gewöhnlicher Karbonattschernosem, letzterer zusammen mit südlichem Tschernosem; das gleiche mit Flecken von kastanienfarbigem Boden; Komplex des kastanienfarbigen Bodens mit 5% Säulensolonetz; das gleiche mit 25%; Salzboden des Manytschtales, der Schluchten und Salzsümpfe; Boden der Schluchten und entblößte steile Abhänge; dunkelfarbiger Boden der Vertiefungen; ausgelaugter podsolartiger Boden der Vertiefungen. Diese Art der Darstellung ist mehr der normalen, typischen Kartendarstellung der meisten russischen Karten genähert.

B. A. KLOPOTOWSKI[2] hat das Sowjetgut Udabno im Maßstabe 1 : 50000 aufgenommen, bei dem viele Schwarz-, Kastanien-, Braun- und Grauerdevarietäten und versalzte Böden unterschieden werden. Die Karte gibt eine gewisse Vorstellung des ungeheuren Bodenwechsels in der flachen Trockensteppe.

[1] In: Zernotrust: Le Problème des Céréales et l'organisation du Trust pour la production des Blés. Moskau 1930.

[2] KLOPOTOWSKI, B. A.: Bodenkarte der Ostseite der Garedzezijsksteppe. Gebiet des Sowjetgutes Udabno und Umgebung. Tiflis 1930.

Eine indirekte Darstellung des Bodenmosaiks neben direkten Darstellungen einiger Teile daraus gibt M. WOSKRESSENSKY[1]. Die Karte hat den Maßstab 1 : 150000. Es sind mit Farben dargestellt: Wiesen- und Moorwiesen; teilweise Solontschakböden der Terrassenabhänge; Komplexe der Täler aus Schwarzerde von erhöhter Mächtigkeit mit Solonetzvarietäten (tiefe und kurze Säulen) und dunkelfarbige Böden seltener Senken; Komplexe aus dunkelkastanienfarbigen Böden von 5—5,5 % Humus mit Solonetzvarietäten in Senken; Komplexe aus dunkelkastanienfarbigem Boden von 3,5—4,5 % Humus mit vorherrschenden, versalzten Böden, Solonetzvarietäten, dunklen Senkenböden und grauen Salzbuchtenböden; ähnliche Komplexe mit kastanienfarbigen Böden von 2,5—3 % Humus; Alluvium, komplexe Böden der ersten Terrasse. Außer diesen verwirrenden Komplexangaben der Farben sind mit Schraffuren die Prozentzahlen des Anteils der Solonetzböden in den Komplexen, nämlich bis 10 %, von 10 bis 25 %, von 25—40 %, von 40—50 %, von 50—70 %, über 70 % angegeben. Im nördlichen Teil des Gebiets erweist sich der Anteil von 25—40 %, im südlichen der von 15—25 % am stärksten. Aber auch die mit höheren Prozentanteilen ausgestatteten Böden sind nicht unerheblich vertreten. Einige in großen Maßstäben ausgeführte kleinere Karten zeigen in direkter Darstellung Komplexe mit 10,9 %, mit 26 % und mit 60 % Solonetz. Mehrere Profiltafeln sind beigefügt.

Im nördlichen Vorgebirge des Kaukasus, beiderseits des Terek, haben sowohl S. S. NEUSTRUJEFF als auch A. M. PANKOW und deren Mitarbeiter zahlreiche Kartierungen vorgenommen, und zwar S. S. NEUSTRUJEFF und E. N. IWANOWA[2] im Kreise Malaja-Kabarda der autonomen Balkar-Kabardina-Republik. Hier sind mit Schraffuren dargestellt: grauer Waldboden und degradierter Tschernosem; mittlerer Tschernosem, gebirgig; südlicher, armer Tschernosem, gebirgig; südlicher Tschernosem mit Übergängen zu den kastanienfarbigen Böden auf der oberen Terrasse; Komplexe halbtrüber und salziger Tschernoseme an den Abhängen der Täler und auf dem Talboden; braune sandig-tonige Böden der oberen Terrasse; braune Böden der mittleren Terrasse von teilweise grober Zusammensetzung, salzig; Komplex von Wiesenboden tschernosemartigen Charakters mit kompaktem, hartem Karbonathorizont; südlicher armer Tschernosem der unteren Terrasse mit Spuren ehemaliger übermäßiger Durchfeuchtung (Wiesencharakter); salzige, feuchte Wiesenböden der unteren Terrasse; dunkle tschernosemartige Wiesenböden der mittleren Terrasse, teilweise salzig, mit weißlichem, manchmal hartem Karbonathorizont; versumpfte Solontschak- und salzige Böden in Senken der unteren Terrasse; Böden des den Überschwemmungen ausgesetzten Teils der unteren Terrasse, schwach ausgeprägte versumpfte Wiesenböden und veränderte alluviale Absätze. Aus dieser Karte geht ebenso wie aus den meisten anderen hervor, daß die Zugehörigkeit der morphologisch genau aufgenommenen Bodentypen zu den Oberflächenformen im Vordergrunde der Feststellungen steht.

Zahlreiche bedeutende Kartierungen sind von A. M. PANKOW[3] und seinen Mitarbeitern im vorkaukasischen Gebiete beiderseits des Terek vorgenommen

[1] WOSKRESSENSKY, M.: Recherches du sol dans le bassin du Sal. Prisalskaja Datscha. Trav. Assoc. Inst. sci. du Caucase du Nord, Nr. 38, Lief. 11. Rostov am Don 1928.

[2] NEUSTRUJEFF, S. S. u. E. N. IWANOWA: Die Böden des Kreises Malaja Kabarda des Balkar-Kabardiner autonomen Gebietes. Leningrad 1927.

[3] RIBAKOW, M. M.: Die Böden des rechtsufrigen Ossetiens, des nordwestlichen Juguschetiens, des mittleren Teils des autonomen Bezirks der Sunsha und des westlichen Teils der Tschetschnja (russisch). Karte 1 : 210000. Wladikawkas 1927. — PANKOW, A. M.: Bodenkarte des ebenen und vorgebirgigen Teils des Terekbeckens (russisch). 1 : 420000. Wladikawkas 1928. — Zur Kenntnis der Bodenstatistik des Klein-Kabardiner Bewässerungsversuchsfeldes (russisch). 1 : 4000. Klein-Kabarda 1929. — Die Böden der vor-

worden. Es möge hier nur die große Karte der Arbeit über die Böden der gebirgigen Tschetschnja besprochen werden, an welcher außer A. M. PANKOW noch W. M. MOLOTKIN, E. PAWLOW und andere mitgearbeitet haben. Die farbige Karte im Maßstabe 1 : 210000 gibt an sich ein schönes klares Bild, das auf den ersten Blick ziemlich einfach zu sein scheint. Trotzdem hat die Farbenerklärung nicht weniger als 79 Nummern für Farben und farbige Schraffuren. Das Gebiet erstreckt sich von den Steppen der Terekebene bis zu den hohen Gipfeln des Hochgebirges. Ein Bodenschnitt durch das Gebiet zeigt den Zusammenhang der Böden mit den Oberflächenformen. Es kommen hier so ziemlich alle bekannten Typen mit Ausnahme tropischer und subtropischer vor. Auch Komplexe sind in großer Zahl ausgeschieden. Die Kartengröße beträgt 80 × 100 cm^2. Mit ihrer Ausdehnung auf die so ungewöhnlich zahlreichen Typen dürfte sie eine der eigenartigsten, bisher veröffentlichten Bodenkarten sein. Die Verteilung der Farben ist für die gegenwärtige Durcharbeitung der Typen in Rußland recht kennzeichnend. Zwei Drittel der Karte entfällt auf das gebirgigere und Gebirgsland, ein Drittel auf das überwiegend flache und stellenweise hügelige Vorland. Auf die gebirgigen Teil esind nur 16 Farben mit farbigen Signaturen verwandt, alle übrigen 63 Farben verteilen sich auf die flachen und hügeligen Anteile mit ihren unendlichen Komplexen.

Welche Schwierigkeiten die Kartierung des Gebirgslandes den Bodenforschern bereitet, zeigen die genauen Karten, welche von J. N. ANTIPOW-KARATAJEW, MARIE ANTONOWA und W. P. ILLJUWIEW unter Leitung von L. J. PRASSOLOW[1] im Botanischen Garten Nikitsky in der Krim aufgenommen sind. Die erste Karte im Maßstabe 1 : 126000 wird als schematische Karte der Hauptkulturböden auf der Südküste der Krim bezeichnet. Sie gibt in Schraffuren: schiefrige dunkelfarbige, braune, graue und gelbe lehmigkalkige, rotbraune Böden, ferner solche auf Eruptivgesteinen, lehmige Böden gemischten Ursprungs, aufgeschwemmte Talböden, Felsen und stark steinige Stellen an. Vom Nikitsky-Garten sind 5 Karten wiedergegeben, und zwar eine topographische im Maßstabe 1 : 4200 mit Höhenschichtlinien von 5 zu 5 m, die von der Höhe 170 bis zum Schwarzen Meer hinunterreichen, ferner 4 Bodenkarten auf einem Blatte nebeneinander, von welchem die vierte als Kartogramm der Gruppen, Untergruppen und Varietäten der Kulturböden bezeichnet wird. Auf ihr sind Flächen, die mit Ziffern und Buchstaben versehen sind, abgegrenzt. Die Erklärung gibt dazu eine Übersicht über die 6 vorhandenen Bodengruppen mit vielen Unterabteilungen: 1. Tonschieferböden auf Schiefergestein und dessen Derivaten, Unterschiede nach dem Muttergestein und nach dem Kalkgehalt; 2. kalktonige Böden von gelbbrauner Farbe auf Kalkeluvium mit oder ohne verdichtetem rotbraunem Horizont, Untergruppen nach dem Kalkgehalt; 3. rotbraune Tonböden auf rotem Ton (Eluvium von Kalksteinen); 4. kalktonige graubraune Böden auf einer Mischung von Kalk- und Schiefergesteinen; 5. tonige

---

gebirgigen Tschetschnja (russisch). Wladikawkas 1930. — Untersuchung eines Bodenkomplexes im Gebiet des mächtigen Tschernosems (russisch). 1 : 6000. Leningrad 1930. Akademie der Wissenschaft. — Arbeiten des Institutes DOKUTSCHAJEFF für Bodenforschung. 1 : 6000. Leningrad 1930. — Die Böden der Distrikte Stepnowsky, Mosdowsky und Naursky im Departement Terek (russisch). Arbeiten der nordkaukasischen Vereinigung von wissenschaftlichen Instituten Nr 73, Folge 2. Maßstab 1 : 200000. Rostov am Don 1930. — SONN, S. W.: Die Böden des Tales Karkar im Bezirke der Stadt Bujnaksk DSSR. Beitr. zur Untersuchung der Böden des Dagestans V. (russisch mit deutscher Zusammenffassung). 1 : 500. Wladikawkas 1930.

[1] ANTIPOW, J. N., M. A. ANTONOWA u. W. P. ILLJUWIEW: Böden des Nikitsky-Gartens in der Krim (russisch mit deutscher Zusammenfassung). Bureau of Soils of State Inst. of Exper. Agron. Bull. 4, N. F. Leningrad 1929.

Böden mit Versumpfungsmerkmalen; 6. dunkelgraue Mergelböden. Die Erklärung zeigt also keinen der sonstigen Haupttypen der russischen Bodenforschung, sondern es treten in dem gebirgigen Garten die Muttergesteinseigenschaften stark hervor. Die Autoren rechnen einen Teil der Böden zu E. RAMANNS Braunerden. Der Besuch des Gartens durch den 2. internationalen Bodenkongreß 1930 ließ jedoch keine Braunerden erkennen, sondern junge unreife Böden von tschernosemartigem Habitus, Humuskarbonatböden und deren Degradationserscheinungen und anderes. Die drei anderen Karten geben an: die Verteilung des Gehaltes an Skeletteilen in den Abstufungen 3—10%, 10—40%, 40—60%, von ersterem nur ganz wenig; den Gehalt an $CaCO_3$ in der oberen Schicht der Böden mit den Abstufungen ohne $CaCO_3$, 1—6%, 6—15%, 15—30%, von ersterem nur wenig, vom zweiten überwiegend; die Verteilung der Farbe in der oberen Schicht der Böden, Hellbraun, leuchtend Bräunlich, Gelblichbräunlich, Gelbbraun, Dunkelgelbbraun, Dunkelbraun, Gelbgrau (Helloliv), Bleichgelbbräunlich (kalt), Bräunlichgelb (kalt); die Farben sind außerdem nach W. OSTWALDS Tabelle bezeichnet. Diese genaue und sorgsame Kartierung zeigt recht klar die Schwierigkeiten, welche derartige Gebirgsböden auf stark wechselndem Gestein und mit wechselnden Oberflächenformen noch gegenwärtig der Einreihung in die sonst schon weit ausgebaute Klassifikation bereiten.

Ein schönes Werk der regionalen Bodenforschung ist G. MACHOWS[1] Übersichtskarte der Ukraine mit dem zugehörigen Bande über die dortigen Böden. Die Ukraine ist fast so groß wie das Deutsche Reich, die Karte im Maßstab 1 : 1050000 nimmt infolgedessen den Umfang 100 × 75 cm ein. Es ist überwiegend Flachland mit eingeschnittenen Flußtälern. Den größten Teil des Gebiets nehmen zahlreiche Varietäten der Steppenschwarzerde ein, im Nordwesten ist ein größeres Gebiet von primär podsolierten, südlich davon ein ebenso großes von sekundär podsolierten (degradierten) Böden vorhanden. Doch ziehen sich breite Streifen von Podsolböden beider Gruppen auch durch große Teile der Schwarzerdesteppen, wie sich auch andererseits zwischen dem Hauptgebiet der primärpodsolierten Böden im Nordwesten und den sekundärpodsolierten südlich davon eine breite Zone von mächtigem Tschernosem eingeschoben hat. Der Süden des Gebietes wird von schokoladenbraunem (südlichem) Tschernosem eingenommen, der demjenigen in Rheinhessen und in der Rheinpfalz gleicht. Ganz im Süden auf der flachen Küste am Schwarzen und Asowschen Meere ist der Boden voll von Salzwasser. Auch nach Norden zu bis an den Dnjepr sind viele Salzböden, namentlich der Typus Solodj, der durch podsolähnliche weiße Quarzbildung in der Oberkrume ausgezeichnet ist und sich in Senken findet, angegeben. Aber auch nördlich des Dnjepr bis in das Gebiet der Podsolböden kommen große Flächen von Salzböden vor. Die primär podsoligen Böden sind zumeist auf Flußsanden, Moränen und fluvioglazialen Ablagerungen, aber auch auf Löß gebildet, die sekundär podsoligen und die Steppenböden dagegen zumeist auf Löß, aber auch auf Flußterrassen, paläogenen, kretazischen und karbonischen Gesteinen kommen sie vor. Nicht weniger als 44 Farben, Farbnuancen und Signaturen sind für die Darstellung verwendet worden, davon 8 für die primär podsolierten, 4 für die sekundär podsolierten, 23 für die verschiedenen Tschernosemvarietäten, 4 für Salz- und Alkaliböden, 3 für Moore, 2 für Sandablagerungen. Die Farben sind kräftig und geben infolge geschickter

[1] MACHOW, G. G.: Bodenkarte der Ukraine. Hrsg. von der Abteilung für Bodenkunde des ukrainischen wissenschaftlichen Ausschusses für Landwirtschaft bei dem Volkskommissariat für Landwirtschaft der UkrSSR. (ukrainisch mit russischer und englischer Übersetzung). Maßstab 1 : 1050000. Charkow 1926. — Beiträge zum Studium der Böden der Ukraine. Nr. 7. Bodenkarte der Ukraine (ukrainisch). Charkow 1927. — Ukrainische Böden. Charkow 1930.

Auswahl ein plastisches Bild der Oberflächenformen. So sind bei den Tschernosemvarietäten die höher gelegenen dunkelgrau oder dunkelgelbbraun, die tiefer gelegenen in mehreren Abstufungen heller. Infolgedessen tritt an vielen Stellen die Wirkung der Flußerosion deutlich hervor. Das 1930 erschienene Buch MACHOWS über die ukrainischen Böden, das neben dem ukrainischen Text einen 20 Seiten langen englischen Auszug „Tafeln für die Bestimmung der hauptsächlichen Bodeneinheiten" enthält, ist durch 20 Tafeln mit 39 farbigen Bodenprofilen ausgezeichnet, die jedes eine Originalaufnahme darstellen und gut gelungen sind. Zahlreiche Landschaftsbilder, schwarze Profile und Abbildungen der Aufnahmemethode kommen auf dem schlechten Papier nicht recht zur Geltung. Zwei größere Profiltafeln geben mit Hilfe von Zeichnungen den Zusammenhang zwischen Charakterpflanzen, Relief und Bodenprofilen und zwischen Bodenausbildung und Mikrorelief, z. T. mit Vergleichskurven von Ernteerträgen und Niederschlag während der Vegetationszeit, wieder. Dieser Zusammenklang zwischen der Karte, den Profilen mit ausführlichen Beschreibungen, zu denen auch eine Reihe von Standardanalysen, sowie eine geologische und eine botanische Einleitung und eingehende Erörterung der Aufnahmemethoden hinzutritt, erfüllt fast alle Ansprüche, die man zur Zeit an eine vollständige regionale Bodenlehre stellen kann. Es scheinen jedoch ausführliche Besprechungen über den Zusammenhang zwischen den Böden und der auf ihnen betriebenen Landwirtschaft zu fehlen.

Die große neue Übersichtskarte der Böden des europäischen Rußlands im Maßstabe 1:2520000 ist 1930 von dem DOKUTSCHAJEFFschen Institut der Akademie der Wissenschaften herausgegeben worden. L. J. PRASSOLOW hat sie nach den Einzelkarten zahlreicher Autoren zusammengestellt. Sie umfaßt 6 Blätter. Die Zeichenerklärung enthält 50 Farben und Zeichen, der Text ist russisch und englisch. Im allgemeinen ist die Flächendarstellung einzelner Typen mit Unterscheidung der Bodenarten gewählt, nur wenige Komplexe sind angegeben. Die Podsolvarietäten werden mit den offiziellen rosa Farbennuancen, die Steppen- und Trockensteppenböden mit grauen und braunen Tönen dargestellt.

Im Vergleich zu den Karten der Bodensäureverteilung, welche gegenwärtig in mehreren Ländern herausgegeben werden, muß noch auf vier Bodensäurekarten hingewiesen werden, welche V. V. HEMMERLING[1] bei viermaliger Untersuchung desselben Feldes aufgenommen hat. Die Aufnahmen sind im August und im Oktober zweier aufeinander folgenden Jahre bei verschiedener Temperatur und verschiedenem Feuchtigkeitsgehalt der Böden erfolgt. Die p_H-Zahlen schwanken zwischen 6 und 8. Die Verteilung der Werte ist bei den verschiedenen Aufnahmen so grundverschieden, daß jede einzelne Karte nur Zufallswerte aufweisen kann.

Asien.

Die Bodenkartierung Asiens hat sich im Anschluß an diejenige anderer Länder verschieden entwickelt. Das asiatische Rußland und angrenzende Gebiete wie die Mongolei, die Mandschurei und Japan sind von russischen Bodenforschern aufgenommen worden. In Japan wird nach deutschem Vorbilde geologisch-agronomisch kartiert, Ostindien nach englischem Muster; in China, den Philippinen und z. T. Niederländisch-Indien wird nach amerikanischer Methode gearbeitet, in Niederländisch-Indien auch nach eigener. Über das asiatische Rußland ist bereits manches in dem Abschnitt über Rußland, in welchem auch mehrere Spezialarbeiten russischer Forscher über Teile Asiens besprochen worden

[1] HEMMERLING, V. V.: Russian Investigations concerning the Dynamics of natural Soils. Acad. Sci. Russ. Ped. Inv. 7, Abb. 4. Leningrad 1927.

sind, ausgeführt. Eine neue große Karte im Maßstabe 1:10000000 des asiatischen Teils der USSR.[1] ist dort ebenfalls erwähnt worden, die in der gleichen Weise wie die des europäischen Rußlands die Verbreitung der Bodentypen bringt und ihre zum Teil zonale Anordnung erkennen läßt. Sie hat 39 Typen mit Farben und farbigen Schraffuren dargestellt, darunter 2 Arten der Tundra, Torfböden, 7 Arten podsoliger Typen, degradierte und vier andere Varietäten des Tschernosems, 3 Arten des kastanienfarbigen Bodens, 3 Arten der grauen Wüstensteppen und eine des Wüstenbodens, 7 Alkali- und Salzböden mit Komplexen anderer Böden, 4 Arten der Talböden und 7 Gebirgsböden. Die Karte läßt erkennen, daß es sich in den südlichen Teilen um recht fortgeschrittene Aufnahmen handelt. Sie stellt einen wesentlichen Fortschritt gegen früher dar.

Über andere Teile Asiens, in welchen eine gewisse Bodenkartierung stattgefunden hat, enthält der von G. MURGOCI herausgegebene Band des „Etat de l'étude et de la cartographie des sols" einige Mitteilungen. G. MURGOCI[2] selbst hat 1909 eine Reise durch Anatolien längs der Bagdadbahn unternommen und beschreibt die dort festgestellten Halbwüstenböden, ohne daß es zu einer Kartierung gekommen ist. Erst 1930 konnte F. GIESECKE[3] auf Grund eigener Reisen und unter Zugrundelegung der klimatologischen Daten einen Bodenkartenentwurf Anatoliens anfertigen. Die Karte zeigt die hauptsächlichste Verteilung der Bodenzonen Kleinasiens und führt in erster Linie folgende Bodentypen an: Grauer und brauner Wüstensteppenboden im Bereiche der abflußlosen inneranatolischen Steppe, Salzböden in dem gleichen Gebiete, ferner kastanienfarbiger Steppenboden im Süden des genannten Gebietes. Ferner weist die Karte Skelettböden mit Roterde, Rendzina, hellkastanienfarbigen Boden, braunen Waldboden und podsoligen Boden auf. Das Vorwiegen der Roterdebildung erstreckt sich in erster Linie auf die Gebiete, die sich durch kalkhaltiges Muttergestein und durch den Einfluß des Mediterranklimas charakterisieren. Daß die reine Roterdebildung, flächenmäßig betrachtet, nicht so sehr zum Ausdruck kommt, hängt damit zusammen, daß ähnlich wie in den Karstgebieten Dalmatiens und Istriens die Steilabhänge einer vollständigen Profilausbildung entgegenarbeiten. Die Karte ist im Maßstabe 1:7000000 angefertigt und ist mit derselben Bezeichnungsweise versehen, die der allgemeinen Karte Europas von H. STREMME zugrunde gelegt ist. Die Bodentypen fallen im großen und ganzen mit den Klimazonen zusammen. Von Bodenarten, die allerdings in der Karte nicht aufgenommen sind, weist die Erläuterung auf: Grusböden, Tonböden, Mergelböden, Kalk- und Sandböden. Humusböden sind selten, wenigstens in den Gebieten, die der landwirtschaftlichen Nutzung unterworfen sind[4].

Das Imperial Department of Agriculture in Indien teilt in MURGOCIS Werk[5] mit, daß dort eine besondere Behörde zum Studium der Böden und Bodenbildungen nicht existiere, und demzufolge auch keine allgemeine Bodenaufnahme. Doch werden drei Soil Surveys von Madras, über die nichts Näheres in Erfahrung zu bringen ist, genannt[6]. Beschreibungen der Böden von

---

[1] Reconnaissance Soil Map of the Asiatic Part of RSSR. under the direction of K. D. GLINKA and L. J. PRASSOLOV. Acad. Sci. USSR. DOKUTSCHAJEFFS Inst. Soils. 1:10000000. Leningrad 1930.

[2] MURGOCI, G.: Anatolie. Les sols le long du chemin de Bagdad. Etat de l'étude et de la cartographie des sols, S. 5—7. Bukarest 1924.

[3] GIESECKE, F.: Bodenkundliche Beobachtungen in Anatolien und Ostthrazien unter Berücksichtigung geologischer, klimatischer und landwirtschaftlicher Verhältnisse. Chem. Erde 4, 596 (1930).

[4] F. GIESECKE: Ebenda, S. 597. [5] Ebenda, S. 2, 287.

[6] Bull. Imp. Dep. Agric. 4, 75 (1918) Madras. — A soil survey of the Kistra Delta by W. H. HARRISON, M. R. RAMASWAMI SIWAN und B. WISWANATH 7, 83 (1922) Madras. —

Indore in Zentralindien geben J. HUIDEKOPER und A. L. HUIDEKOPER[1] mit einer kleinen Karte im Maßstabe 1:25 000 000, auf welcher außer einigen geologischen Buchstaben schwarzer Baumwollboden, guter, sehr guter Boden, verschiedene Böden, schlechte Böden, genannt Kharifs, sehr schlechte Böden, genannt Bari, eingetragen sind. Außerdem sind Angaben über die Fruchtbarkeit, die Verbreitung guter Ernten von Weizen, Baumwolle, Opium, Mohn, Mais, Tabak und Reis mitgeteilt, sowie der jährliche Niederschlag zahlenmäßig angegeben.

Über den Fortschritt der Bodenkartierung in Japan berichtet T. SEKI[2]. Die Bodenaufnahme wurde 1882 als eine Abteilung der geologischen Landesaufnahme von M. FESCA begründet. 1905 wurde sie an die landwirtschaftliche Versuchsstation angeschlossen. Insgesamt waren bis 1924 45 Bodenkarten im Maßstabe 1:100 000 veröffentlicht worden. Die Bodenaufnahme und die zugehörigen Analysen wurden nach der von M. FESCA eingeführten Methode ausgeführt und die Böden nach den Ergebnissen der mechanischen Analyse klassifiziert. Die hauptsächlich auftretenden Böden sind die folgenden: 1. Böden aus vulkanischen Aschen entstanden; sehr verbreitet. Sie werden als Tone oder lehmige Tone bezeichnet, sind aber sehr bröckelig. Plastizität fehlt, wahrscheinlich infolge des großen Gehaltes an Allophantonen anstatt Kaolintonen; 2. saure Böden; sie werden hier und da in großen Flächen gefunden; 3. im westlichen Teile Japans mit einem Jahresniederschlag von über 2000 mm besonders unfruchtbare Böden, Onji genannt; sie sind von großer Ausdehnung und aus Bimssteinasche entstanden, sehr arm an Alkali, röten blaues Lakmuspapier nicht. Auf Grund chemischer und mineralogischer Untersuchungen hält SEKI sie für teilweise laterisiert. — Bodenkarten von ganz Japan im Maßstabe 1:500 000 sind in Vorbereitung, sie werden den Zusammenhang mit petrologischen und klimatischen Bedingtheiten zeigen.

Neuerdings werden Bodenkartierungsarbeiten in Asien auch durch den Ausschuß für die Bodenkarte Asiens bei der Internationalen Bodenkundlichen Gesellschaft angeregt und gefördert. Der Vorsitzende ist B. POLYNOW, der mit Unterstützung der russischen Akademie der Wissenschaften, insbesondere DOKUTSCHAJEFFS Institut für Bodenkunde, das Sammelwerk „Beiträge zur Kenntnis der Böden Asiens“ herausgibt, dessen 1. Teil 1930 erschienen ist[3]. B. POLYNOW berichtet hierin über die Kartierungsbestrebungen in den einzelnen asiatischen Ländern.

Von Japan konnte O. N. MICHAILOWSKAJA[4] eine Bodenkarte im Maßstabe 1:6 000 000 nach japanischen, russischen und deutschen Arbeiten zusammenstellen, auf welcher mit Farben angegeben sind: Bergwiesenböden; Komplexe von podsoligen, leichtpodsoligen und Moorböden; Braunerden und schwachpodsolige Böden; Gelb- und Roterden; Laterite. Mit Schraffuren sind die Muttergesteine bezeichnet, nämlich Eruptivgestein und kristalline Schiefer, Sedimentärgesteine (paläozoisch, mesozoisch, Tertiär), pleistozäne und rezente Ablagerungen. Die Farben sind in Schraffuren auf die Karte gebracht. Leider fehlen die Namen für die Inseln. Im Text ist noch eine Skizze von T. SEKI der Inseln Formosa, Hokkaiso und Südsachalin mit den Bezeichnungen wiedergegeben: podsolierte Böden,

A soil survey of the Godawari Delta by V. NORRIS, M. P. RAMASWAMI SIWAN und S. KASSINATHA AYYAR Madras 8, 8 (1923). — A soil survey of the Periyar Tract. Idem. Brieflich wird von M. SANDERS hinzugesetzt: on a small scale.

[1] HUIDEKOPER, J. u. A. L.: A Prelimary Note on the Soils of Indore. Ebenda, S. 283 bis 290.

[2] SEKI, T.: The progress of the soil mapping in Japan and some proposals for future investigations. Ebenda S. 291 u. 292.

[3] POLYNOW, B. B.: Contributions to the knowledge of the soils of Asia. Leningrad 1930.

[4] MICHAILOWSKAJA, O. N.: On the Soils of Japan. Ebenda, S. 9—30.

schwach podsolierte Böden, junger vulkanischer Detritus, wahrscheinlich schwach podsolierte Böden, wahrscheinlich junger vulkanischer Detritus, Alkali und alkalinische Böden.

Nach E. AHNERT, B. IWASCHKEWITSCH, B. SKVORTSOW und anderen hat V. A. BALTZ[1] eine Karte der Mandschurei vom Amur bis nach Peking zusammengestellt, auf der mit Schraffuren angegeben sind: Skelettböden und steinigkiesige Böden; kastanienfarbige Bergböden; Bergschwarzerden; Bergpodsole; Moor- und Podsolböden des Tieflandes; alluviale Böden der Flußtäler; Solontschak; Solonetz; Roterden; Braunerden; hellkastanienfarbige Böden; ausgelaugte und degradierte Schwarzerden; gewöhnliche Schwarzerden; graue Waldböden; podsolige Böden. Es ist hier hauptsächlich von russischen und einem deutschen Autor eine recht ins einzelne gehende Vorarbeit geleistet worden. Der Text enthält bereits außer klimatischen und botanischen Angaben, auch solche für von T. P. GORDEIEW[2] aufgenommene Bodenprofile von schwach degradiertem Tschernosem.

In der Mongolei sind auf Grund der Ergebnisse einer Expedition der russischen Akademie der Wissenschaften Aufnahmen von B. B. POLYNOW, N. N. LEBEDEV und O. N. MICHAILOWSKAJA ausgeführt worden, die zu bemerkenswerten neuen Methoden der Darstellung geführt haben, worüber bereits im Abschnitte über Rußland berichtet worden ist.

Aus Indien ist von einer Reihe von Forschern verschiedener Wissenszweige der genannten Kommission Material geliefert worden, das ebenso wie solches über Insulinde, Indochina und die Philippinen, worüber V. K. AGAFONOW Material eingesandt hat, in DOKUTSCHAJEFFS Institut verarbeitet wird. Anfänge liegen auch bereits von Palästina, Arabien, Kleinasien, Persien, Afghanistan vor.

In den letzten Jahren ist die Geologische Landesanstalt von China auch zur Bodenkartierung übergegangen. Es sind bisher 2 Nummern eines Soil Bulletin herausgegeben worden, welche auch Bodenkarten enthalten.

Nr. 1 des Soil Bulletin enthält eine Arbeit von C. F. SHAW[3] über die Böden Chinas, die eine vorläufige Übersicht darstellt. Die darin enthaltene Karte im Maßstabe 1:8400000 gibt 9 Bodenregionen an: die der Roterden, der Tonsohlen (claypan), des Hwai Tals, der Braunerden, die Flußebenen des mittleren Yangtse, das Delta des unteren Yangtse, die Alluvialböden der nördlichen Ebenen, das alte Delta des Hoangho, die Sajongböden der mittleren Ebenen. „Die Namen der Roterde-, Tonsohlen- und Braunerderegionen sind hauptsächlich bodenkundlich, die übrigen zumeist geologisch." Die Braunerden sind allerdings nicht den europäischen im Sinne RAMANNS gleichzusetzen, sondern lediglich nach der braunen Farbe ohne eine Beziehung zu Böden anderer Gegenden benannt. Die Roterderegion nimmt den Süden ein. Es ist ein stark kupiertes Gebiet mit hohem Niederschlag und hoher Sommertemperatur, während die Winter zwar auch Schnee und Eis haben, jedoch keine langanhaltende Frostperiode. Die vorherrschenden Böden sind sowohl in ihrer Oberkrume als auch im Rohboden durch rote Farbe gekennzeichnet, sie sind durch massive Struktur ausgezeichnet, die, wenn gestört, unregelmäßig würfelige Bruchstücke entstehen läßt. Das Tonsohlengebiet zeichnet sich dadurch aus, daß Böden hier verbreitet sind, die eine dichte Tonsohle im Rohboden haben. Auch diese Region ist gebirgig. Sie schließt sich nördlich an die Roterderegion an. Die Böden des Hwaitales sind durch

---

[1] BALTZ, V. A. u. B. B. POLYNOW: On the Soils of Manchuria. Ebenda, S. 31—44.

[2] GORDEIEW, T. P.: Description of the soils and rocks which has been found at Mammoth-Amok. Bull. Soc. Study Manshuria 6. Charbin 1926.

[3] SHAW, C. F.: The Soils of China. A Preliminary Survey. Soil Bull. of the Geol. Surv. of China 1. 1930.

braune bis hellbraune Farbe der Oberkrumen und des Rohbodens, hauptsächlich sandiger Natur, mit feinen Glimmerschüppchen ausgezeichnet. Das Braunerdegebiet umfaßt die gebirgigen Teile der Provinz Schantung, in denen der Gesteinscharakter des Muttergesteines bei der Bodenbildung von großem Einfluß ist. Es herrscht braune Oberkrume und rötlichbrauner Rohboden vor. Die Böden der Flußebene des mittleren Yangtse haben rötlichbraune Oberkrume und ebensolchen Rohboden; die Böden des Yangtsedeltas besitzen eine bräunlich graue bis dunkelgraue Oberkrume, während der Rohboden grau bis dunkelgrau mit braun, gelb, blau und weiß gefleckten Grundwasserabsätzen ist. Die nördlichen Ebenen grenzen westlich an Schantung an. Ihre Böden bestehen aus Flußablagerungen und äolischem Staub. In den höhergelegenen Teilen haben sie braune bis hellbraune, in den Becken graubraune bis dunkelbraungraue Farbe. Sie sind kalkreich und stellenweise salzig. Das alte Delta des Hoangho war bis 1852 von diesem durchflossen, wurde dann aber vom Flusse verlassen. Die Sajongböden der mittleren Ebenen schließen sich südlich an die der Alluvialböden an. Sie haben fast stets im tieferen Unterboden einen Horizont mit Kalkkonkretionen, genannt Sajong, und sind bis oben hin kalkhaltig. Die Beschreibung der einzelnen Regionen enthält Abschnitte über Topographie, Flüsse und Dränung, Bodenbildung, Böden, Bewässerung, Nutzung u. a. m.

Von den Arbeiten des Bulletin Nr. 2 enthält die von CH'ANG[1] über die Bodenregionen des Weihotales eine Karte in 1:600000, auf welchen die gegenwärtigen Ablagerungen, die Alluvialebene und Löß unterschieden sind. Eine Karte des Gebietes von Sanho, Singka und Chihrien von C. Y. HSIEH und L. W. CH'ANG[2] in 1:75000 gibt mit Farben die Bodenarten Sand, Ton, Torf, Kies und Löß, Lehm, lößartiger Boden, roter Ton und Felsen an. Außerdem sind in die Karte die Bohrstellen zum Teil mit Profildarstellung in Schraffuren eingezeichnet. Im Text sind die Bodenarten unter der Obereinteilung: Alluvium, Moorböden, Grauerden zusammengefaßt.

Die Bodenkarte eines Teiles der Insel Negros von den Philippinen hat R. L. PENDLETON[3] im Maßstabe 1:30000 nach amerikanischem Muster ausgeführt. Sie ist im Auftrage der La Carlota Zuckergesellschaft aufgenommen worden. Im ganzen werden 11 Serien mit zusammen 26 Typen unterschieden. In einer Tabelle im Text ist auf zehntel Hektar genau die Fläche der 26 Typen, außerdem der Steine und Felsen, Schluchten, Sümpfe und Flüsse, ihr Anteil an der pflügbaren und der Gesamtfläche ausgerechnet.

Über die Bodenkartierung in Niederländisch-Indien hat J. B. VAN DER MEULEN[4] dem Verfasser das folgende mitgeteilt:

Schon seit etwa 1900 hat die Niederländisch-Indische Landwirtschaftsindustrie Kartierungen vieler Unternehmungen veranlaßt, so daß ein nicht unbeträchtlicher Teil der Tabak- und Zuckerböden bisher aufgenommen worden ist. Der Maßstab der Karten ist zumeist 1:20000. Doch sind auch einige Übersichtskarten im Maßstab 1:50000 bis 1:100000 ausgeführt. Nur ein kleiner Teil wurde veröffentlicht, worüber C. H. VAN HARREVELD-LAKO[5] berichtete. Die Karten

---

[1] CH'ANG, L. C.: Soil Regions in the Wei-Ho Valley, Shensi. Soil Bull. **2**, 11—17 (1931).

[2] HSIEH, C. Y. u. L. C. CH'ANG: Soil Reconnaissance in San-Ho, Ping-Hu and Chi-Hsien Area. Soil Bull. **2**. 1931.

[3] PENDLETON, R. C.: A soil survey of the La Carlota area, Occidental Negros, Philippine Islands. With colored map. Bodenkundl. Forschungen **2**, 308—343 (1031)

[4] VAN DER MEULEN, J. B.: Bodenkartierung in Niederländisch-Indien. Manuskript 1931.

[5] VAN HARREVELD-LAKO, C. H.: Grondkarteering in Ned. Indië. De Ind. Mercuur 15. 4. 1931.

dienen sämtlich praktischen Zwecken, ihre Grundlagen sind sehr verschieden, richten sich jedoch fast ausschließlich nach physikalischen und chemischen Untersuchungen der Ackerkrume. Die erste derselben dürfte eine Karte D. J. Hissinks[1] von einem Teile der Insel Deli sein.

In den letzten Jahren hat die Regierung zwei Kartierungsarbeiten veranlaßt. Im Jahre 1927 wurde die Geologische Landesanstalt in Bandung beauftragt, eine geologische Karte der Insel Sumatra in 1:200000 aufzunehmen und daran eine gesonderte agrogeologische Aufnahme unter Leitung von Bodenkundlern anzuschließen. Ferner hat 1930 das Bodenkundliche Institut der staatlichen Landwirtschaftlichen Versuchsstation in Buitenzorg mit einer Bodenkartierung der Inseln Java und Madura im gleichen Maßstabe begonnen. Die Arbeitsmethoden der beiden Kartierungen sind sehr verschieden. Auf Sumatra hat man die Absicht eine genetische Einteilung der Böden, und zwar die 1913 von E. C. Jul. Mohr[2] entworfene, zu befolgen. Mohr teilt die autochthonen Böden nach dem Ursprungsgestein und nach der Art und dem Stadium der Verwitterung ein. Auf Grund seiner Beobachtungen und chemischen Untersuchungen gibt Mohr die folgende Übersicht über die Farben der Verwitterungsböden:

		Regen > Verdunstung	Regen- und Trockenzeit		Regen < Verdunstung
		↓ ↓ ↓ ↓	↓–↓–↓–	↓↑↓↑↑	↑ ↑ ↑
Verwitterung über Wasser	Temperatur hoch	gelb rot	rot	schwarz	grau
	Temperatur niedrig	weiß	—	—	—
Verwitterung unter Wasser	Temperatur hoch	grau weiß	—	schwarz	—

Bereits 1914 hat Mohr eine Übersichtskarte von Java entworfen, die auf einer Ausstellung in Semarang gezeigt wurde. Die allochthonen Böden wurden später nach dem Entstehungsort (Fluß, Meer u. a.) und der mechanischen Analyse unterschieden.

Danach werden auf Sumatra folgende bodenbildende Faktoren berücksichtigt 1. das Ursprungsgestein (darin jede Gesteinsgruppe nach alluvialem und eluvialem Vorkommen), 2. subaerische, subaquatische und wechselnde Verwitterung, 3. Klima und Vegetation, 4. Verwitterungsstadium (juvenil, viril, senil). Um die Verwendung der Karten in der Praxis zu fördern, will man hinsichtlich der Benennung der Böden sich nicht an die Systematik binden, sondern einfache, leicht verständliche Namen nach der Farbe, der Schwere, dem Geländezustand, eventuell unter Zusatz einer örtlichen geographischen Bezeichnung erfinden.

Die Bodenkartierung auf Java und Madura soll in 5 Jahren fertig sein, dann soll sich eine Spezialkartierung in 1:50000 anschließen. Man ist hier der Meinung, daß die Kenntnis der Entstehung der javanischen Böden noch zu gering sei, als daß man eine genetische Systematik einführen könne. Man will die Böden nach der amerikanischen Auffassung in Familien, Serien und Typen auf Grund ihrer mechanischen, mineralogischen und chemischen Zusammensetzung, ihrer physikalischen und chemischen Eigenschaften, Farbe, Struktur und Bodenprofil gliedern.

---

[1] Hissink, D.: Grondsoorten von een gedeelte van Deli met toelichting. 1901.

[2] Mohr, E. C. Jul.: De Grond van Java en Sumatra. Amsterdam 1913.

Nordamerika.

Vereinigte Staaten von Amerika (USA.).

Schon E. RAMANN[1] hat über die Kartierung in den Vereinigten Staaten wie folgt berichtet: „Einen selbständigen Weg in der Kartierung sind die Vereinigten Staaten von Nordamerika gegangen. Hier ist zunächst das ganze Land in 14 Bodenprovinzen eingeteilt, die hauptsächlich nach orographischen Gesichtspunkten abgetrennt sind. So umfassen z. B. die ‚Atlantic Gulf Coastal Plains' das ganze Küstengebiet von Kanada bis Mexiko, ein Gebiet, das mindestens 3 verschiedenen klimatischen Bodenzonen (Podsol, Braunerden, Roterden) angehört.

„Die Einteilung unterscheidet zunächst ein humides und arides Gebiet und beruht weiter auf orographischen, geologischen usw. Grundlagen. Eine Übersicht gibt das folgende Schema:

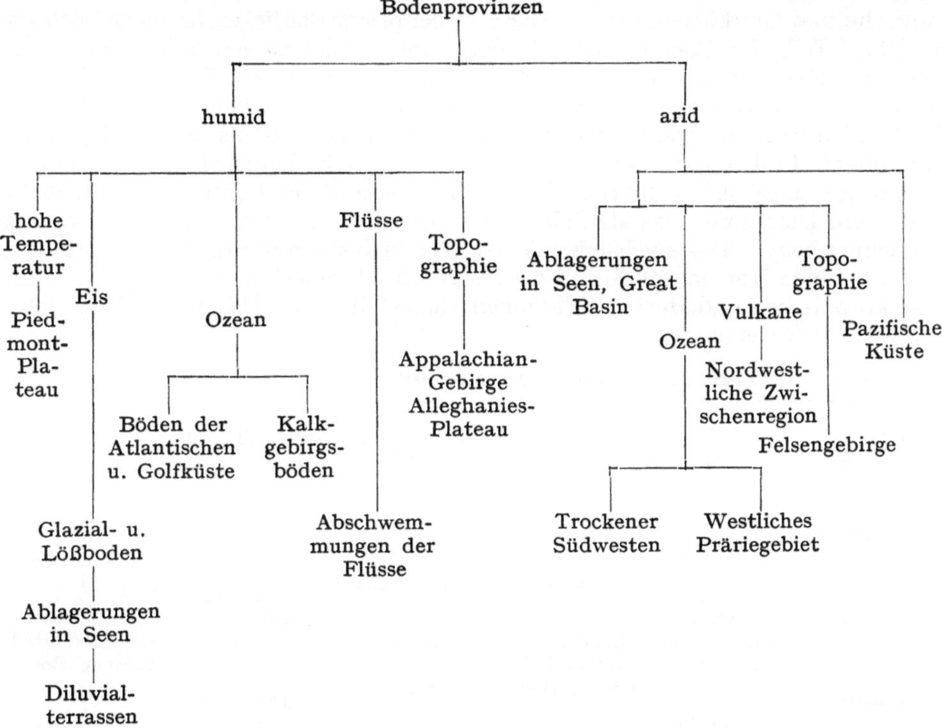

„Die einzelnen Bodenprovinzen sind in eine größere oder kleinere Anzahl Gruppen ‚series' geteilt, die z. B. bei den atlantischen Küstenböden 20 und im ganzen gegen 100 betragen.

„Diese Einteilung entspricht den Bedürfnissen des großen Ländergebietes der Vereinigten Staaten; fortschreitende Bodenkultur wird weitere Trennungen notwendig machen. Zur Zeit gewährt die Einteilung der Böden in Gruppen eine Übersicht über die durchschnittlichen Verhältnisse einer Gegend und gibt zugleich dem praktischen Landwirt einen Anhalt, welche Kulturen mit Aussicht auf Erfolg geübt werden können."

---

[1] RAMANN, E.: Bodenkunde, 3. Aufl., S. 610. Berlin 1911. — E. RAMANN gibt keine amerikanische Literatur an. Nach Mitteilung von C. F. MARBUT an den Verfasser befindet sich das Diagramm im US. Bureau Soils Bull. 55. Washington 1909.

Die Bodenkundliche Landesaufnahme (Soil Survey) der Vereinigten Staaten wurde im Jahre 1900 begründet. Sie brachte von 1903 ab zusammenfassende Übersichten über die Feldarbeiten und eine Beschreibung der dabei ermittelten Bodentypen heraus, die 1909 bereits zu dem Handbuch des Bulletin 55 angewachsen waren. 1913 wurde es ergänzt und neu herausgegeben[1]. Die darin befindliche Übersichtskarte der Bodenprovinzen und Bodengebiete der Vereinigten Staaten hat mit Farben 13 Einheiten unterschieden. Die Farbenerklärung gibt 7 Bodenprovinzen und 6 Bodengebiete an. Die Bodenprovinzen sind: die glazialen See- und Flußterrassen (im Glazialgebiet der Großen Seen und westlich davon), Glazial und Löß (reicht von der atlantischen Küste bis an die Felsengebirge längs der kanadischen Grenze und geht in schmalen Streifen beiderseits des Mississippi bis an dessen Delta), Kalkstein-Täler und -Hochländer (einzelne von einander getrennte Streifen und Flächen in der östlichen Hälfte), Appalachische Berge und Plateaus, Piedmont-Plateau, Flutebenen der Flüsse (Flußauen), Atlantische und Golfküstenebenen. Diese Bodenprovinzen liegen hauptsächlich im östlichen Teil, die Bodengebiete dagegen im westlichen von USA. Sie sind: Pazifische Küstenregion, nordwestliche Zwischengebirgsregion, Region des Großen Beckens (Newada), südwestliches Trockengebiet, Gebiet der Felsengebirge, Gebiet der Großen Ebenen. Die Einteilung hat somit topographischen und geologischen Charakter[2]. In dem genannten Bande werden die 13 Bodenprovinzen und Bodengebiete im einzelnen ausführlich behandelt. Jede dieser Darstellungen schließt mit einem Diagramm, das als Schlüssel zu den Böden der betreffenden Provinz bezeichnet wird. Das nachstehende ist das kleinste mit nur 6 Bodengruppen (Serien), deren Namen auf Grund der geographisch-morphologischen, geologisch-petrographischen und Horizontbildungen aufgestellt sind. Das größte Diagramm enthält 121 Seriennamen.

Schlüssel zu den Böden des südwestlichen Trockengebietes.

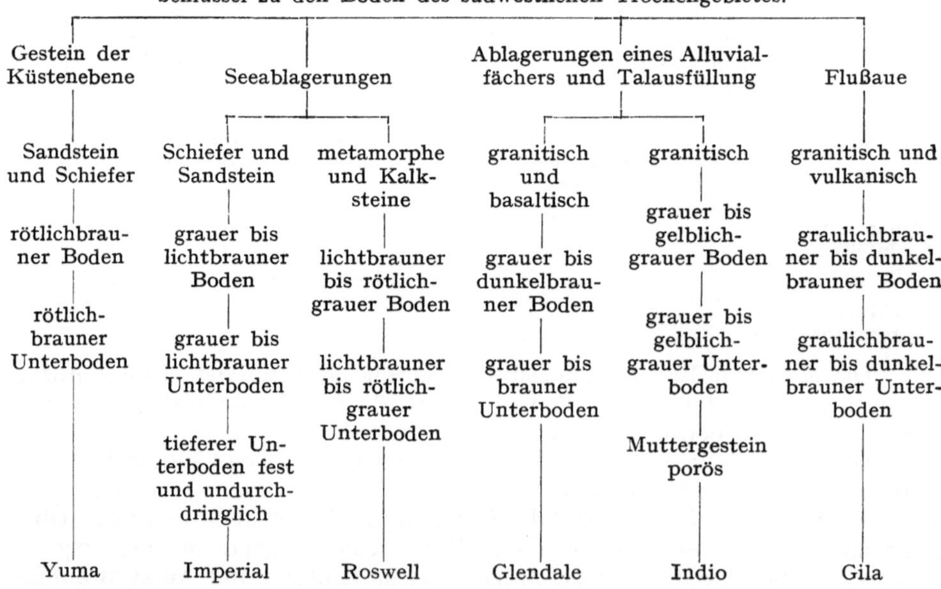

[1] Marbut, C. F., H. H. Bennet, J. E. Lapham und M. H. Lapham: Soils of the United States. Bur. Soils Bull. **96**. 791 Seiten, 13 Übersichtstabellen, 2 Karten. Washington 1913.

[2] Ebenso wie die der kleinen Übersichtskarten der Bodengebiete Deutschlands in des Verfassers „Die Böden Deutschlands", dieses Handbuch **5**, S. 291.

In jeder dieser Serien können 20 verschiedene Texturen oder Bodenarten ebenso viele Bodentypen oder Bodenindividuen ergeben, die bei der Kartierung im einzelnen ausgeschieden werden. Insgesamt sind auf den 13 Diagrammen 532 Serien entwickelt. Das Verzeichnis der Typen enthält 1779 Einheiten.

Nach dieser ersten, rein geographisch-topographisch-geologischen Übersicht, die an sich nichts Bodenkundliches aufzuweisen hat, stellte 1911 G. N. COFFEY[1] eine vorläufige Bodenkarte der Vereinigten Staaten her, auf der schon mehr Bodenkundliches hervortritt. Die Einteilung lautet: Aride Böden (einschließlich semiarider; östliche Grenze strittig). Dunkelfarbige Prärieböden (viele kleine Flächen nahe den Ostgrenzen nicht eingezeichnet), darunter die folgenden Unterabteilungen: Böden auf Sandsteinen und Schiefer (Morton-Gruppe, meist semiarid), Pierre-Gruppe, meist semiarid; Kansas-Gruppe, Grenzen in Oklahoma strittig, und einschließlich viel bewaldeten Gebietes; Oklahoma-Gruppe viel bewaldet im Osten, semiarid im Westen; Böden auf Kalkstein (viele kleine Flächen besonders in Kansas und Missouri, einige semiarid); Böden auf Glazialablagerungen (Grenze zwischen diesen und Böden auf äolischer Grundlage sehr strittig, einige semiarid), Böden auf äolischen Ablagerungen (umschließt hauptsächlich Böden auf Löß und einige auf Glazial, besonders im nordöstlichen Missouri und im nordöstlichen Iowa; einige semiarid), Böden auf Sedimentärgesteinen (darin die Gruppe des Red-River-Tales, lakustrisch; zahlreiche kleine Flächen im Glazialgebiet nicht eingezeichnet; die Gruppe der Ebenen, zusammengeschwemmt, viel Semiarides enthaltend; die Golfgruppe, marin, einschließlich einiger bewaldeter Gebiete, besonders in Louisiana), alluviale Böden (nur größere Flächen eingetragen, meist bewaldet, aber die Böden haben die Charaktere der dunkelfarbigen Prärieböden), hellfarbige Waldböden (Böden auf kristallinen Gesteinen, ausschließlich kristalliner Kalksteine und eines Teiles der westlichen Felsengebirge; Böden auf Sandsteinen und Schiefern, einschließlich einiger nicht abtrennbarer Kalksteine; Böden auf Kalkstein, darin Shenandoah-Gruppe auf reinem Kalkstein und Dolomit, Ozark-Gruppe auf kieseligen Kalksteinen, Böden auf Sedimentgesteinen wässeriger Entstehung, darin Atlantic-Gruppe, schließt manche Flächen der Black-Swamp-Schwarzsumpfböden ein, Ontario- oder lakustrische Gruppe, schließt ebenfalls einige Schwarzsumpfböden ein; Böden auf Glazialbildungen; Böden auf äolischem Gestein, darin Mississippi- oder Lößgruppe, Grenze ziemlich umstritten, und viele schmale Streifen nicht geneigt, besonders in Illinois, Iowa und Wisconsin; Dünensand oder Sandhügel (schließt viel Semiarides ein, manche schmalen Flächen besonders in Michigan und Wisconsin, ferner alle westlichen Waldböden außer Glazial).

Als bodenkundlich kann man hier die wichtigen Unterschiede zwischen den dunklen Prärieböden und den hellfarbigen Waldböden ansehen, die auch auf den späteren Karten C. F. MARBUTS mit anderen Bezeichnungen stehen. Auch viele der Unterabteilungen sind von MARBUT, wenn auch ebenfalls mit anderen Benennungen, übernommen worden.

Die Kartierungsarbeiten werden in der Hauptsache durch die bodenkundliche Landesaufnahme, Soil Survey, ausgeführt oder geleitet, welche ein Teil des Bureau of Chemistry and Soils[2] beim US. Department of Agriculture ist. Der gegenwärtige Leiter der Landesaufnahme, C. F. MARBUT[3], berichtet über die Aufnahmen im allgemeinen folgendes:

---

[1] COFFEY, G. N.: Preliminary Soil Map of the US. Bull. 85, Bureau of Soils, US. Dep. Agric. 1911. 1 : 7000000.

[2] WOODS, A. F.: Das Boden-Bureau, sein Ursprung und seine Zwecke. Washington 1927.

[3] MARBUT, C. F.: The Contribution of Soil Survey to Soil Science. Soc. for Promotion of Agric. Sci. Proc. 41. Amer. Meeting, S. 116—142. Sonderdruck ohne Jahreszahl.

1. Die bodenkundlichen Landesaufnahmen haben zum ersten Male in der Geschichte der Bodenuntersuchung die Bodeneinheit oder das Bodenindividuum geschaffen.

2. Wenn die Verteilung der Bodeneinheiten über eine große Landfläche beendet sein wird, so ist dies gleichbedeutend mit der Beendigung der Verteilung der Bodenkennzeichen.

3. Es wird zum ersten Male die Beziehung des Bodencharakters zur Topographie, zum Klima, zur geologischen Formation, zur Vegetation und Landwirtschaft gezeigt.

4. Die bodenkundlichen Landesaufnahmen haben es als notwendig erwiesen, in die Bodenkunde die Auffassung von der allmählichen Entwicklung der Böden im Laufe der Zeit einzuführen. Die Stufen dieser Entwicklung dürften am besten als solche der Jugend, der Reife und des Alters bezeichnet werden.

5. Die bodenkundlichen Landesaufnahmen ermöglichen die volle Ausnutzung der Laboratoriums- und der experimentellen Arbeiten.

6. Die bodenkundlichen Landesaufnahmen haben einen neuen Zweig der Bodenkunde, die Bodenanatomie, geschaffen.

Zu 1. Bevor die bodenkundliche Aufnahme im einzelnen beginnen kann, muß eine Bodeneinheit geschaffen sein. Das erste Bodenkennzeichen, welches der aufnehmende Bodenforscher zu beachten hatte, war die Textur. Seit undenklichen Zeiten wurde der Boden nach den Texturklassen in Lehme, Tone, sandige Lehme und Sande eingeteilt. Diese Bezeichnungen geben sowohl die Korngröße als auch ihre vorliegende Verteilung nur roh wieder. Sie wurden in Amerika zuerst, als die Bodenaufnahme begann, standardisiert. Bei der Aufnahme stellte sich heraus, daß die Einheiten aber nicht eigentlich schon die letzten Bodeneinheiten, sondern ihrerseits wieder Bodengruppen seien. Da die Böden aus Gesteinen entstehen, so war die nächste Folge die Erkenntnis ihrer Verschiedenheit, nämlich daß diese von der Verschiedenheit der Gesteine abhängig sei. Das ergab von selbst den Anschluß an die geologischen Formationen. Aber die Zugehörigkeit des Soil Survey zur Ackerbauabteilung ergab den Gedanken, daß der Unterschied der Böden in ihren Pflanzenerträgen zu suchen sei. Die Anwendung dieser Vorstellung in der Praxis stellte sich jedoch als unmöglich heraus, da die landwirtschaftliche Erzeugung das Ergebnis vieler Faktoren ist, von welchen der Boden nur einen Faktor darstellt. Bald nach Beginn der Bodenaufnahme erkannte man jedoch, daß die zunächst angenommene Grundlage zur treffenden Unterscheidung der Böden nicht ausreichte. Es mußte festgestellt werden, welche Kennzeichen die Böden im Laufe ihrer Entwicklung erwarben, und welche sie dem Gestein und seiner geologischen Geschichte verdanken. Als das Ergebnis einer allmählichen Entwicklung bezeichnet C. F. Marbut die Erkenntnis der Notwendigkeit, die Böden nach den folgenden Merkmalen einzuteilen: Zahl der Horizonte im Bodenprofil, deren Farbe, Struktur, Verhältnis zueinander, ihre chemische Zusammensetzung, Mächtigkeit und als letzter Beobachtungspunkt die geologische Stellung ihres Ursprungsgesteines. Die erste Feststellung der Bodeneinheiten führte zu den etwa hundert Gruppen, die oben nach Ramann angedeutet worden sind. Als Beispiele dafür gibt C. F. Marbut die Kennzeichnung des Leonhardtown-Lehms nach alter und neuer Auffassung wieder:

Der Leonhardtown-Lehm findet sich sehr ausgedehnt im St.-Mary-Bezirk (County) und ist nach der Bezirksstadt benannt. Im Calvert-Bezirk wird der Typ hauptsächlich im Waldland zwischen Drum-Point und St.-Leonhard-Bach gefunden. Wie beim Norfolk-Lehm ist nur ein kleiner Teil der ursprünglichen Ausdehnung erhalten geblieben, der größere ist durch die Erosion fortgeschwemmt worden. Die Oberfläche bildet einen Teil der fast ebenen, wenig gewellten

Hochfläche. Ursprünglich erweist sich der Lehm als eine tonige Sedimentablagerung auf dem Boden einer alten Lagune oder eines Sees, allerdings nicht in der gewöhnlichen Art des feinen mechanischen Absatzes aus wässeriger Suspension, aus der homogene Tonlagen entstehen, sondern es handelt sich in ihm um Tonlinsen und -knollen, die unvollständig durch Adern und Taschen von Sand und zwischengeschaltetem Kies getrennt sind. Der Unterboden des Lehms ist infolge des Absatzes von Eisenoxyd in unregelmäßigen Flecken rot, gelb, purpur und grau gefleckt. Ihre genauere Prüfung zeigt, daß die dunkleren Farben eine Reihe von Tonlinsen umgrenzen, deren kürzere Achsen fast senkrecht stehen, und deren Ecken wie Dachziegel überliegen. Ringsherum zieht sich feiner Sand mit einzelnen Kiesbrocken. Die Struktur läßt die Anhäufung einer großen Menge von Tonmassen, die durch den Druck überliegender Sedimente gequetscht worden sind, erkennen. Die Tonmassen sind wahrscheinlich durch Wellenbewegung an einer sandigen Küste oder am Seeboden verfrachtet und schließlich in ruhigerem Wasser abgelagert. Im Liegenden finden sich Sand- und Kiesschichten, von welchen der Sandgehalt der Tonschichten herrühren mag. Diese Struktur des Unterbodens ist eine der charakteristischsten Eigenschaften des Leonardtown-Lehms. Der daraus entstandene Boden besteht aus einem gelben schluffigen Lehm, der vereinzelte Grandkörner enthält. Seine gewöhnliche Tiefe beträgt etwa 1 Fuß; und er ist von einem mit den schon beschriebenen Eigenschaften ausgestatteten körnigen Lehm unterlagert. Die Gesamttiefe von Boden und Unterboden wechselt infolge der Mächtigkeitsunterschiede der ursprünglichen Ablagerung stark, und weil die Ablagerung an verschiedenen Stellen in wechselndem Grade durch Erosion entfernt worden ist. Ursprünglich muß der Boden und Unterboden mehr als 20 Fuß mächtig gewesen sein. Hinsichtlich des Wasserhaushaltes zeigt sich der Unterboden, trotzdem die mechanische Analyse ihn als einen etwas sandigen Lehm erscheinen läßt, als ein schwerer Ton.

Nach neuer Auffassung wird der gleiche Boden folgendermaßen beschrieben: Der Leonardtown-Lehm besteht unter jungfräulichen Bedingungen aus einem oberflächigen Horizont von 1 Zoll Mächtigkeit von dunkelfarbigem, erdigem Material, gemischt mit Waldhumus. Ein zweiter Horizont, von bleichem, gelbem, gewöhnlich schluffigem Material, hat etwa 10 Zoll Dicke; er ist etwas fest, bemerkenswert durch schluffige oder ausgefleckte Struktur und ist frei von löslichen Salzen, Karbonaten und leicht zersetzlichen Mineralien. Diese Eigenschaften verstärken sich nach unten allmählich zu einem gelblichbraunen, schweren, etwa 1 Fuß mächtigen Horizont, von in der Regel tonigem Lehm, der bröckelig, mäßig gekörnelt, aber frei von wahrnehmbaren Mengen an Karbonaten, löslichen Salzen und leicht zersetzlichen Mineralien ist. Er ist gleichmäßig oxydiert und zeigt ungenügende Dränage. Im unteren Teil des Horizontes erscheinen graue Streifen und Flecken, die allmählich an Zahl zunehmen und in etwa 30 Zoll Tiefe zu einem grauen Teilhorizont, bröckelig und lose, ohne Krümelung, werden. Unmittelbar darunter wird der Unterboden fest und läßt sich mit einem Bohrer selbst bei feuchtem Wetter kaum durchdringen; er ist, wenn von einem Bohrer herausgebracht, trocken und klumpig, infolge seiner Zähigkeit aber schwierig heraufzubringen. Die Klumpen bestehen aus tonigem oder schluffigem Material, das nach allen Richtungen von Rissen durchzogen ist, die mit einer dünnen Lage von grauem Schluff erfüllt sind. Dieser Horizont ist etwa 6 Fuß mächtig und wird von bröckeligem Ursprungsgestein, das aus unverfestigten schluffigen Ablagerungen besteht, unterlagert. Die ursprünglichen Mineralien des Bodens sind zersetzt und seine löslichen Bestandteile entfernt. Das schwere Material ist aus der Oberfläche in den unteren Teil des Unterbodens geschwemmt worden. Zurückgeblieben sind

Schluff und sehr feiner Sand. Die Oxydation hat eine bröckelige Struktur hervorgerufen. Im Laufe der Entwicklung ist der unter der Frosttiefe liegende tiefere Unterboden infolge der ebenen Oberfläche, auf der keine Bodenbewegung stattgefunden hat, fest geworden. Die Verfestigung verhindert die Abwärtsbewegung der Feuchtigkeit und hält sie längere Zeit in dem tieferen Unterboden fest, wo infolge der Gegenwart von organischem Material, das von der Oberfläche heruntergeschwemmt ist, ein Horizont von wechselnder Mächtigkeit gerade über der festen Zone seines Eisenoxydes beraubt ist. Feine Risse und Wurzeln gestatten dem verfestigten Horizont eine langsame Wasserbewegung nach unten, wobei das Eisenoxyd an den Rissen und Kanälen entlang ausgelaugt wird. Der ursprüngliche, schluffige Ton bleibt zwischen den Rissen unberührt und wird nur durch die Herabschwemmung des Tones aus der Oberkrume dichter, so daß Tonlinsen vorzuliegen scheinen.

Der Unterschied zwischen alter und neuer Auffassung von dem Leonardtown-Lehm ist recht erheblich. Anfangs waren es fast nur geologische Merkmale und Überlegungen, später eine sehr eingehende bodenkundliche, nach Bodenhorizonten geordnete Beobachtung. Zunächst waren alle Bodeneigenschaften als ursprüngliche geologische Erscheinungen aufgefaßt worden. Später wird die Mächtigkeit des Bodens mit der der Bodenhorizonte gleichgesetzt. Der feste Horizont wurde zuerst als eine Schicht schweren Tones angesehen, während sie in Wirklichkeit eine Bodenverfestigung (Hardpan, Knick) ist.

C. F. Marbut beschreibt des weiteren die Geschichte des Carringtonbodens. Der Name wurde bei der Kartierung in Nord-Dakota für einen dunkelfarbigen Boden auf Glazialmoräne eingeführt und nur diese beiden Eigenschaften des Bodens beschrieben. Mehrere Jahre hindurch wurde dann in Nord-Dakota nicht weiter kartiert, dagegen wurden in Indiana, Wisconsin, Iowa große Flächen dunkelfarbigen Bodens auf Glazialmoräne als Carrington festgestellt. Infolge der Arbeit in diesen Staaten wurde der Carringtonboden sorgfältiger definiert. Die genauere Untersuchung der Farbe ergab, daß sie eher dunkelbraun als schwarz sei. Die Oberkrume war leichter als der Unterboden. Dieser ist gleichförmig gelblichbraun gefärbt und ohne Ausscheidung von Eisenoxyd durch und durch gleichmäßig oxydiert. Die Struktur ist bröckelig und das ganze Profil bis auf die Moräne von Karbonaten befreit. Die Carringtonböden wurden als reife, typische Graslandböden, die unter dem Einfluß eines hohen Regenfalles und einer mäßigen mittleren Jahrestemperatur entstanden sind, hingestellt. Als dann die Kartierung wieder nach Nord-Dakota hinübergriff, zeigte sich, daß die Carringtonböden dort ganz anders sind. Anstatt der dunkelbraunen Krume fand sich in Nord-Dakota eine schwarze. Die Unterböden waren nicht schwerer als die Oberkrume. Die Struktur beider Horizonte war loser und körniger. Die Unterböden waren nicht der Karbonate beraubt, sondern bei den reifen Böden voll von Kalkkarbonaten. Sie waren auf genau der gleichen Art des Ursprungsgestein entwickelt wie die aus den genannten anderen Staaten. Ein weiteres Studium zeigte, daß sie ganz ähnliche Kennzeichen wie die Böden der trockenen Gebiete des Westens trugen, aber von den Böden der trockenen Wüste verschieden waren. Der ursprüngliche Carringtonboden von Nord-Dakota wurde infolgedessen in Barnesboden umgetauft. Vor dem Bekanntwerden der Barnesböden wurde aber in Iowa ein Bodentypus als Barnesboden kartiert. Doch stellte es sich heraus, daß die Barnesböden von Iowa keine angehäuften Karbonate im Unterboden führten, sondern nur ihren ursprünglichen Bestand daran zeigten. Infolgedessen mußten die Barnesböden von Iowa in Charionböden umbenannt werden. Unter der ursprünglichen Bezeichnung Carrington sind also zunächst drei verschiedene Typen verstanden worden, die sich zwar auf dem gleichen Gestein, aber unter verschiedenem Klima gebildet haben. Bei dem ursprünglichen Vorherrschen der geologischen Auffassung kam es zunächst hauptsächlich auf den Ursprung der Böden aus gleichem und gleichaltrigem Gestein an. Bei der weiteren Entwicklung auf der Grundlage der Untersuchung des Bodenprofils im Freien ergaben sich aber die starken Unterschiede genannter Böden.

Zu 2. C. F. Marbut berichtet, daß 35 % der Gesamtfläche der Staaten der östlichen Felsengebirge mehr oder weniger detailliert, und zwar der größere Teil während der letzten Jahre aufgenommen seien. Infolgedessen ließ sich eine Übersichtsskizze, auf welcher zwei Gruppen unterschieden werden, zusammenstellen, die unter humiden Bedingungen einerseits, unter subhumiden und semiariden Bedingungen andererseits entstanden sind. In der ersten Gruppe werden Grauerden, Braunerden, Gelberden, dunkelfarbige Böden, in der zweiten Schwarzerden und Schwarzerden mit rötlichem Untergrund genannt. Die Grenze zwischen beiden Gruppen verläuft vom nordwestlichen Minnesota südlich durch Nebraska, Kansas, Oklahoma und Texas. In der humiden Gruppe werden Kalkkarbonat und andere leichtlösliche Stoffe aus dem Boden ausgelaugt und leicht verwitternde Mineralien erheblich angegriffen oder ganz zersetzt. In der subhumiden und semiariden Gruppe findet demgegenüber eine Anhäufung des Kalkkarbonates in einigen Teilen des Bodenschnittes statt, und zwar zunächst in der Nachbarschaft der humiden Gruppe bei einer Tiefe von mehr als 3 Fuß, aber weiter davon entfernt steigt die Anhäufung. Sie ist als eine Karbonatisierung des gesamten Kalziums im Boden zu erklären. Die humide Region ist ihrerseits wieder in 2 Teile zerlegt, deren Trennungslinie in der Hauptsache ebenfalls von Nord nach Süd verläuft. Im westlichen an die trockeneren Gebiete angrenzenden Teil sind die Böden Graslandböden von schwarzer Farbe, im östlichen dagegen Waldböden von helleren Farben. Das Gebiet der Waldböden ist wieder in 3 Zonen von mehr ostwestlicher Erstreckung zerlegt, im Norden die Grauerden, in der Mitte die Braunerden, im Süden die Gelberden. Im Gebiet der letzteren kommen große Flächen unreifer Böden mit roter Farbe im dritten Horizont vor. Auch die semiariden Böden des mittleren Westens östlich der Felsengebirge sind in zwei nordsüdlich sich erstreckende Streifen zerlegt, welche in der Nachbarschaft der schwarzen Böden der humiden Gruppe ebenfalls schwarz und in der Entfernung von diesen braun sind. Beide Zonen sind durch eine ostwestliche Linie, welche das südliche Drittel abschneidet, untergeteilt. Hier ist der Unterboden rötlich.

Zu 3. Auf der Grundlage der vorstehend gezeigten Kartierungsergebnisse lassen sich die Bodenkarten mit geologischen, klimatischen, Vegetations-, orographischen, Siedlungs- und Industriekarten vergleichen, woraus sich die engeren Beziehungen der Böden zu den verschiedenen sie verursachenden Erscheinungen ergeben.

Zu 4. Böden im gleichen kleinen Gebiet, mit gleicher Textur und auf dem gleichen Muttergestein entwickelt, können sich dennoch sehr in der Vollendung der Horizontentwicklung ihrer Bodenprofile unterscheiden. So hat ein weitverbreiteter Boden im Ozarkgebiet folgende Profilentwicklung: a) grauer Schlufflehm, fast weiß in voller Ausbildung — etwa 10 Zoll; b) gelblich-brauner, toniger Lehm, ziemlich plastisch und zäh, aber von Wurzeln durchdringbar — etwa 15 Zoll; c) festes, schluffiges Material, dicht, schwierig mit dem Bohrer zu durchdringen, oft zu einem undurchdringlichen Knick zementiert — etwa 6 Zoll; d) steiniger, roter Ton. Dicht benachbart entwickelt sich auf dem gleichen Gestein das folgende, abweichende Profil: a) hellbrauner bis gelblicher Schlufflehm — etwa 10 Zoll; b) gelblich brauner, toniger Lehm, leicht durchdringbar, ziemlich bröckelig — etwa 15 Fuß; c) steiniger, roter Ton. Jenes Profil kommt bei ebener Oberfläche, dieses an Abhängen vor. C. F. Marbut führt diese Unterschiede auf solche des Alters zurück. Der Boden auf dem flachen Land ist lange Zeit derartig gelegen und stellt das Ergebnis der Verwitterung während dieser langen Zeit dar. Der Boden am Abhang ist dagegen erst nach dem Abwaschen des flachen Landes und seines größeren Profils entstanden und infolgedessen dem individuellen Alter nach jünger. In anderen Fällen scheinen beide Arten der Böden die gleiche Zeit zu ihrer Entwicklung gehabt zu haben, aber der eine ist schneller als der andere entstanden. Die Erklärung dieser großen Verschiedenheiten hat zur Feststellung der lokalen Bodenentwicklung, die nicht mit klimatischen und geologischen Verschiedenheiten zusammenhängt, geführt, denn in manchen Fällen sind solche nicht vorhanden. Der am meisten umstrittene Boden der Vereinigten Staaten, dessen Kennzeichen jetzt als durch ein junges, unreifes Stadium der Entwicklung verursacht, angesehen wird, ist der schwarze Houston-Ton. Er kommt im mittleren Alabama und im nördlichen Mississippi, ferner auch in Texas und in anderen Teilen des Landes vor. Die Oberkrume ist schwarz, gleichmäßig schwer und nach dem Trocknen von gleichmäßiger kleiner Viereckstruktur. Sie wird von einem dünnen Horizont bläulichen Tones unterlagert, unter dem der Kalkstein oder Kalkmergel, aus dem der Boden entstanden ist, liegt. Im gleichen Gebiet sind die Böden auf anderen Gesteinen heller und von Karbonaten frei im Ober- und Unterboden. Böden mit dem gleichen Charakter kommen auch im Schwarzerdegebiet auf dem gleichen Gestein wie der schwarze Ton vor. C. F. MARBUT sieht infolgedessen im schwarzen Houston-Ton (einem Humuskarbonatboden oder einer Rendzina) ein unreifes Stadium der Bodenentwicklung in den klimatisch verschiedenen Gebieten und vermutet dementsprechend, daß sich dieser Ton bei weiterer Entwicklung in die regionalen Böden umwandeln werde.

Zu 5. Die Arbeit der bodenkundlichen Landesaufnahme ermöglicht die Verknüpfung der Ergebnisse der Laboratoriumsarbeit und der Feldversuche. Die chemischen und physikalischen Untersuchungen und die Gefäßversuche mit Bodenproben, die ohne Zusammenhang mit der Zahl, Verteilung und Mächtigkeit der verschiedenen Horizonte des Bodenprofils ausgeführt werden, haben eine völlig unbekannte Beziehung zum wirklichen Boden. Hierin sind so schwere Fehler gemacht worden, daß der weitaus größte Teil der Laboratoriumsuntersuchungen und Gefäßversuche wertlos ist. Es sind nicht Böden, sondern eine Erde (dirt) untersucht worden, die eine Mischung unverfestigter, feinzerteilter, mineralischer und organischer Substanz darstellte. Auf diese Weise können aber keine brauchbaren Ergebnisse von der Laboratoriumsuntersuchung solcher Bodenproben erwartet werden, die irgendwoher, irgendwie und ohne Beziehung zum Charakter des Bodens gesammelt sind. Die Erkenntnis der Bodenhorizonte und die darauf fußende Untersuchung der Bodenprofile sind wohl der wertvollste Beitrag, den die Bodenaufnahme bisher zur Bodenkunde beigesteuert hat und der die lange vermißte Grundlage für vergleichende Bodenstudien und für die Verknüpfung von Laboratoriumsarbeit und Feldversuchen darstellt.

Zu 6. Der von der Bodenaufnahme neu geschaffene Zweig der Bodenkunde, die Bodenanatomie (Bodenmorphologie der russischen Autoren), verdient seinen Namen mit Recht, weil er in gleicher Art wie die Anatomie der Lebewesen vorgeht, indem er die Zahl, Lage, Verbindung und den Charakter der verschiedenen Glieder und Organe des Bodens behandelt. Früher wurde der Boden nur in die zwei Teile, Boden und Untergrund, eingeteilt. Seitdem aber das Bodenprofil nicht mehr nur gesteinsmäßig nach Bodenarten, sondern nach Art, Farbe, Ausbildung, Struktur, Stoffumlagerung, Zahl, Mächtigkeit der Bodenhorizonte usw. untersucht wird, ist die Bodenaufnahme zu einer so mannigfaltigen, gründlichen

Arbeit geworden, daß sie sich ebenbürtig neben die Untersuchungen der lebenden Körper stellen kann.

C. F. MARBUT[1] hat diese und ähnliche Gedankengänge auch an anderer Stelle vertreten. Hier beschreibt er auch die Art der Kartenaufnahme in den Vereinigten Staaten. Eine Feldstelle besteht aus zwei Leuten, und zwar einem elementar ausgebildeten Gehilfen und einem jüngeren Bodenkundler. Jede Stelle ist mit einem Automobil oder Pferdewagen versehen, welche mit einem Entfernungsmesser ausgestattet sind, der von Zeit zu Zeit kontrolliert wird. Die Ausrüstung besteht aus einem Bodenbohrer, der in der Regel $3^1/_2$ Fuß lang ist und $1^1/_2$ Zoll im Durchmesser einnimmt, ferner einer Hacke, einem Spaten, Salzsäure, einem Apparat zur schnellen Bestimmung der Bodensäure, Beuteln für Bodenproben, Anhängezetteln, einem Meßtisch, Dreifuß, Meßinstrument, Zeichnungen für die Meßtischblätter, Grundkarte, Schreibzeug und Notizblocks. Als Grundkarten werden, wenn sie vorhanden sind, die Blätter des Topographischen Atlasses der Vereinigten Staaten im Maßstabe 1:62500 benutzt. In der großen Prärie, in den Ebenen und in den anderen Teilen der Vereinigten Staaten, in denen die Vermessung des allgemeinen Landbüros stattgefunden hat, werden deren Katasterblätter im Maßstabe 2 Zoll = 1 Meile benutzt. Aber in diesen, wie in den Fällen, in denen Karten fehlen, muß die Feldstelle selbst die Vermessungen vornehmen und sich ihre eigene Kartengrundlage herstellen. Sie muß dazu die Wasserläufe, Häuser, Wege, Kirchen, Schulen, Eisenbahnen, Städte, Dörfer und trigonometrischen Punkte eintragen. Der Maßstab der von ihr hergestellten Karten ist 1 Zoll = 1 Meile. Der Bodenkundler stellt die Bodeneinheiten auf Grund persönlicher Beobachtung fest. Er hat dazu das Bodenprofil zu untersuchen und das Ergebnis auf seine Grundkarte einzutragen. Dies geschieht mit einem Buntstift. Jeder Buntstift ist numeriert. Seine Nummer wird mit Tinte in den bunten Fleck auf die Karte geschrieben. Nach einer kurzen Strecke, bisweilen nur hundert Fuß entfernt, wird eine neue Beobachtung vorgenommen und der Boden identifiziert. Ist ein neuer Typ vorhanden, so bekommt er eine Eintragung mit einem anderen Buntstift. Von jeder Aufgrabung wird eine sorgfältige Beschreibung der Horizonte in ein Notizbuch eingetragen. Dabei werden von jeder Bodeneinheit zahlreiche Profile beschrieben und zugleich auch ihre Beziehungen zur Topographie, Geologie, natürlichen Vegetation, Witterung, Klima dargetan. Der Bodenkundler sammelt auch Berichte über die Landwirtschaft und die Industrie der Gegend. Das Notizbuch besteht aus durchlochten Einzelblättern, die beliebig gruppiert und in Bibliothekskästen eingestellt werden können.

Jede Bodeneinheit, die auf Grund des Vergleiches aller Profile festgestellt ist, bekommt einen Doppelnamen. Der zweite Teil des Namens ist die Bodenart (Textur), von welcher etwa 20 verschiedene vom Bodenbüro festgelegt worden sind. Der erste bezeichnet die Gruppeneigenschaft, die geographischen Charakter hat und in keiner Weise beschreibend ist. In der Regel wird der Name einer Stadt, eines Flusses, eines Bezirks oder einer anderen geographischen Einheit gewählt, in der die Bodeneigenschaften zuerst beschrieben worden sind. Die Gruppenkennzeichen umfassen alle Eigenschaften mit Ausnahme der Bodenart. Der kombinierte Name aus Bodenart und geographischer Beziehung wird als Bodentyp angesehen, welcher jeder Beschreibung des Bodens vorangestellt

[1] MARBUT, C. F.: The United States Soil Survey. Etat de l'étude et de la cartographie des sols, S. 215—225. Bukarest 1924. — Vgl. auch W. WOLFF: Der 1. Internationale bodenkundliche Kongreß in Washington und seine Exkursion durch die wichtigsten Boden- und Anbaugebiete der Vereinigten Staaten. Sitzgsber. preuß. geol. Landesanst. Berlin 3, 35—68 (1928).

wird. Veröffentlicht werden die Karten entweder im Maßstab 1 Zoll = 1 Meile oder in 1 : 62500. Von Zeit zu Zeit werden die aufgenommenen Karten zu Übersichtskarten im Maßstab 1 Zoll = 6 Meilen zusammengefaßt, wobei auch die Bodeneinheiten zumeist vereinigt werden. Jede Karte wird von einer gedruckten Erläuterung begleitet, in welcher geographische Lage, Topographie, Geschichte, Besitzstand, Wege, Bahnen, Klima, Landwirtschaft, die Böden im allgemeinen und im besonderen, die auf ihnen wachsenden Feldfrüchte und deren Erträge, die angewandten Düngemittel und was sonst noch alles dazu gehört, beschrieben werden. Dabei besteht die Neigung, die landwirtschaftlichen Angaben zugunsten der rein wissenschaftlichen Beschreibung der Böden zu beschränken. Ihre landwirtschaftlichen Möglichkeiten stimmen im allgemeinen nicht zu ihren physikalischen, chemischen und morphologischen Kennzeichen, sondern können nur durch Feldversuche, deren Grundlage die Karten sein müssen, ermittelt werden. Über 1100 Karten sind bis 1924 veröffentlicht und fast 200 hinzugefügte Pläne im Laufe der Herstellung für die Veröffentlichung vollendet worden. Neben den über 1200 veröffentlichten und unveröffentlichten Sonderkarten, wurden nur etwa 30 Übersichtskarten ausgeführt. Da die amerikanische Landesaufnahme zur Herstellung von Sonderkarten eingerichtet war, legte man kein Gewicht auf die Aufnahme größerer Übersichtskarten, sondern glaubte solche nach Fertigstellung der Sonderkarten erhalten zu können. Als zeitweilige Hilfe für die Gruppierung der zunehmenden Zahl von Bodeneinheiten wurde 1908 die oben beschriebene Übersichtskarte hergestellt, und zwar z. T. basiert auf breiten topographischen Kennzeichen, z. T. auf breiten geologisch-geographischen Einheiten. Mit Zusätzen wurde die Karte 1913 von neuem veröffentlicht. Kein Teil der Karteneinteilung war auf bodenkundliche Eigenschaften gegründet (siehe die Übersicht zu Beginn dieses Abschnittes).

Die erste moderne Bodenübersichtskarte C. F. MARBUTS[1], welche zunächst nur den Osten und den mittleren Westen umfaßte und noch skizzenhaft war, wurde später, nur wesentlich genauer, auf den ganzen Westen ausgedehnt[2] und ist seitdem mehrfach[3] nachgedruckt worden. Hier ist die Haupteinteilung: hellfarbige Böden (COFFEYS Waldböden), dunkelfarbige Böden (zum Teil COFFEYS Prärieböden) und besondere Böden. Die Unterteilung innerhalb der hellfarbigen Böden ist nach den Bodenarten (Texturen) vorgenommen; bei den dunkelfarbigen Böden wird teils die Farbe, teils der Unterboden, teils die Bodenart, teils das Gestein (Kalkstein), teils die Entwässerung (mangelhaft entwässert) als Einteilungsmerkmal benutzt. Die besonderen Böden gliedern sich in braune Böden der pazifischen Täler, graue oder braune Böden arider Gebiete, Sande und Sande mit Tonuntergrund in Florida, alluviale Böden, Marschen und Sümpfe, Skelett- und Gebirgsböden. H. JENNY[4] hat einzelne Böden im Anschluß an europäische anders benannt: Podsolböden anstatt „hellfarbige Böden auf braunen kiesigen und steinigen Lehmen", braune Waldböden anstatt vieler anderer Arten der hellfarbigen Böden, Gelb- oder Roterden anstatt noch anderer, und Eisenlaterite anstatt der Sandböden Floridas, Prärieböden, Tschernosemböden, kastanienfarbige Böden anstatt vieler Arten der dunkelfarbigen Böden. In braune Böden und graue Wüstenböden zerlegt H. JENNY die grauen und braunen Böden arider Gebiete.

[1] MARBUT, C. F.: The Contribution of Soil Surveys to Soil Science. A. a. O., S. 132.

[2] MARBUT, C. F. and Associates in the Soil Survey: Soil Regions. In O. E. BAKER: A Graphic Summary of American Agriculture. Jb. Dep. Agric. 1921, Nr 878. Gedr. 1922.

[3] WOLFF, W.: a. a. O., 1928. — KRISCHE, P.: Bodenkarten, S. 99. Berlin 1928.

[4] JENNY, H.: Klima und Klimabodentypen in Europa und in den Vereinigten Staaten von Nordamerika. Bodenkundl. Forschgn. 1, Nr 3, 153 (1929). — SCHWARZ, H.: Die Standortsbedingungen im gemäßigten östlichen Nordamerika, Karte 16. Wien 1930.

P. KRISCHE[1] hat in seinem Werke über die Bodenkarten noch eine weitere Übersichtskarte der Vereinigten Staaten gebracht, in der unterschieden werden: schwere Lehm- und Tonböden (zusammengefaßt aus MARBUTS Gruppen der hell- und dunkelfarbigen und der besonderen Böden), schwere Kalkböden (desgleichen, aber überwiegend aus den dunkelfarbigen Böden), mittlere Böden (desgleichen aber überwiegend aus den hellfarbigen und den besonderen Böden), Sandböden (nach MARBUTS Sandböden), Moorböden (nach MARBUTS Marsch und Sumpf), ungünstige Gebirgsböden (wie bei MARBUT).

Über einzelne Staaten Nordamerikas, die zumeist noch mehrere lokale Aufnahmestellen an den Universitäten und landwirtschaftlichen Versuchsstationen haben, berichten M. F. MILLER[2], P. E. BROWN[3] und R. S. SMITH[4]. Die Aufnahmen erfolgen nach den gleichen Grundsätzen und im Einvernehmen mit dem Soil Survey in Washington. Das gleiche gilt für alle übrigen Staaten, so daß im ganzen Lande eine große Gleichmäßigkeit in der Bodenkartierung herrscht.

Beispiele der Sonderkarten:

New Jersey. L. L. LEE, C. C. ENGLE, W. SELTZER, A. L. PATRICK, E. B. DEETER: Soil Survey of the Chatsworth Area. Washington 1923.

Die Arbeit enthält zwei Karten mit Höhenschichtlinien im Maßstab 1 Zoll = 1 Meile (1 : 63385), welche mit 31 bis 32 Farben und Rastern ebenso viele Bodeneinheiten aus 10 Gruppen (series), außerdem Strandwall, Sumpf und Marsch angeben. Die meisten der Böden gehören zur Sassafrasgruppe. Diese wird in den Erläuterungen als eine braune oder hellbraune Oberkrume über einem rötlichgelb, orange oder rot gefärbten, bröckeligen Unterboden geschildert. Der tiefere Unterboden ist zumeist gröber als der höhere und die Oberkrume, und es ist infolgedessen eine gute Unterdränage und Durchdringbarkeit für Wurzeln vorhanden. Die Böden sind milde und leicht zu bearbeiten. Sie reichen von Lehm bis zu grobem Sand. Die Typen der Collingtongruppe haben braune oder graubraune Oberkrume und rötlichgelben oder orange gefärbten Unterboden. Bemerkenswert ist die Anwesenheit von Grünsandmergel in der Oberkrume oder dem Unterboden oder auch in beiden Horizonten. Infolgedessen besitzt der Unterboden, wie auch stellenweise der ganze Boden, einen olivgrünen oder grünbraunen Farbton und eine charakteristische, schmierige Beschaffenheit. Mit Ausnahme der sehr schweren Typen, sind die Collingtonböden ebenfalls milde und leicht zu bearbeiten. Es herrscht eine leichtwellige Oberflächenform vor. Die Dränage ist gut. Das Material der schwereren Typen ist oft von strenggrüner Farbe und steifer Struktur, aber das grüne Material besteht hauptsächlich aus dem unverwitterten Ursprungsgestein. Die Shrewsburyböden schließen sich denen der Collingtongruppe eng an, doch nehmen sie hauptsächlich tiefere Lagen oder ebene Flächen, bei denen die Dränage unvollkommen ist, ein. Die Keansburgböden haben schwarze Krumen und einen gefleckten grünlichen, bläulichen, graulichen oder gelblichen Unterboden. Ihre Dränage ist unvollkommen und noch schlechter als bei den Shrewsburyböden. Die Portsmouthböden sind in der gleichen Weise den Sassafrasböden wie die Keansburgböden denen der Collingtongruppe angeschlossen. Ihre Oberkrume ist dunkelgrau bis schwarz, der Unterboden weiß oder gefleckt weiß, grau und fahlgelb. Die Dränage ist mangelhaft. Die St.-Johns-Böden sind ähnlich, doch zeigen sie einen kaffee- bis dunkelbraunen

[1] KRISCHE, P.: Bodenkarten, S. 100. Berlin 1928.

[2] MILLER, M. F.: Methods of Identification and Mapping Soils in Use in the State of Missouri. Etat de l'étude et de la cartographie des sols, S. 226—227. Bukarest 1924.

[3] BROWN, P. E.: Soil Survey Work in Iowa. Ebenda, S. 228—230.

[4] SMITH, R. S.: The Cartography of Soils of Illinois. Ebenda, S. 230 u. 231.

Knick (Hardpan) unter der Oberkrume. Böden, wie die der Sassafras- und Collingtongruppe sind noch die Norfolk- und die Lakewoodböden, während die Scranton- und die Leonböden denen der Keansburg-, Portsmouth- und St.-Johnsgruppen entsprechen. Die Typen der Freneaugruppe bestehen aus alluvialem Material, das in den Flußtälern aus den Böden der Sassafras- und der Collingtongruppe zusammengeschwemmt worden ist. Sie haben eine dunkelbraune, rostigbraune, bräunlichgraue Oberkrume und einen gefleckten grünlichen, gelblichen, rötlichen, bläulichen oder rostbraunen Unterboden. — Es ist schwer, ein klares Bild über die Bodeneinteilung aus den vielen Farben der beiden Karten zu gewinnen. Die eine Karte gibt eine Strandlandschaft mit langer Nehrung und dahinter ein Haff, das von Marschböden umgeben und durchzogen wird, wieder. Daran schließen sich Moor- (Swamp-) und anmoorige Böden teils mit, teils ohne Knickbildung. Steil aus der flachen Küstenanlandung erhebt sich ein Ufer, auf dem sich die verschiedenen podsoligen Waldböden befinden. Das Ufer ist reich zerschnitten. Die Fluß- und Bachläufe sind in ihren tieferen Lagen vermoort. Das Kartenbild ist deshalb so schwer zu übersehen, weil einerseits die Kennzeichen der Bodentypen (Waldböden, anmoorige Typen) erst aus der Erläuterung zu entnehmen sind und andererseits die Farben so wenig auf die einzelnen Gruppen eingestellt sind, daß sie willkürlich verteilt zu sein scheinen. So kommen bei den 12 Einheiten der Sassafrasgruppe Rosa, Neutraltinte, Blau, Gelb, Violett, Grünblau vor, so daß man auf der Karte keinen rechten Zusammenhang gewinnen kann. Die andere Karte gibt das anschließende Plateau wieder. — Die Erläuterungen bringen außer eingehenden geographischen, geologischen, landwirtschaftlichen Mitteilungen eine kurze Übersicht über die Gruppen und eingehendere Schilderung der Einheiten. An Analysen sind nur wenige mechanische mitgeteilt.

Georgia. Pierce County Sheet. Aufgenommen von E. T. MAXON und N. M. KIRK vom Bureau of Soils 1918. Erläutert in Analyses of Soils of Pierce County von W. A. WORSHAM, L. M. CARTER, M. W. LOWRY, W. O. COLLINS im Georgia State College of Agriculture, Athens 1921: Maßstab 1 Zoll = 1 Meile (1 : 63385.) Keine Höhenschichtlinien. 19 Bodeneinheiten aus 8 Gruppen und Moor (Waldmoor, Swamp). Die Böden der Norfolk- und Tiftongruppen sind Waldböden mit graubräunlichen oder hellgelblichgrauer Oberkrume und hellgelblichem Untergrund, die der Susquehannagruppe haben schwere tonige Unterböden mit fleckigen Farben (Gleipodsol). Schlecht dräniert sind die Böden der Plummer-, Blanton- und Leon-Gruppen, die ersteren sind anmoorig, die beiden anderen hellfarbig und der letztere mit Knickbildung versehen. Alle diese Böden liegen auf der Küstenebene. Auf Terrassen kommen die Kalmiagruppe (podsolige Waldböden) und die Myattgruppe (anmoorige Böden) vor. — Die Analysen der Erläuterungen umfassen N-, P_2O_5-, K_2O-, CaO-, MgO- und Säurebestimmungen (zur Neutralisation erforderliches Kalziumkarbonat) in der Feinerde unter 1 mm Korngröße.

Soil Survey of Dooly County. Leitung S. W. PHILLIPS vom Georgia State College of Agriculture, aufgenommen durch E. W. KNOBEL, G. L. FULLER, I. W. MOON vom U. S. Department of Agriculture und U. S. Dep. of Agricult. Bureau of Soils, Washington 1926. Maßstab 1 Zoll = 1 Meile (1 : 63385). Keine Höhenschichtlinien. 25 Bodeneinheiten[1] aus 13 Gruppen und Moor. Der Bezirk liegt zwischen der Küstenebene und dem Oberland und hat beträchtliche Hügel oder Rücken, zumeist aber bewegte niedrige Rücken. Die Böden geben

[1] Außerdem fehlt noch eine besonders auffällige Bodeneinheit in der Zeichenerklärung. *Gy* mit blauen Strichen von links oben nach rechts unten. *Gy* ohne die Striche ist Grady toniger Lehm. Es handelt sich um Böden in Senken.

ein verwirrendes Bild, aus dem sich die Flußtäler mit Moorböden und Terrassen herausheben. Die Böden sind hellfarbig, sie variieren von grau bis rot in der Oberkrume. Nur in den Depressionen des Oberlandes sind dunkle Böden vorhanden. Die hellfarbigen sind arm an organischer Substanz. Ursprünglich war das Gebiet von Wald bedeckt, bis dieser zugunsten der Feldbestellung ausgerodet wurde. Die meisten Böden sind Waldböden mit *A*-, *B*-, *C*-Horizonten, manche haben einen schweren Unterboden (dürften Gleipodsole sein), andere haben eine schwarze nasse Krume (anmoorig). Die Waldböden haben z. T. rote *B*-Horizonte.

Indiana. Soil Survey of Gibson County. Leitung T. M. BUSHNELL von der Purdue-Universitäts-Versuchsstation, ferner Aufnahmen von W. E. THARP vom U. S. Department of Agric. Bur. Soils. Teil 2: The Management of Gibson County Soils von A. T. WIANCKO und S. D. CONNER, Purdue Univ. Agricult. Experim. Station.

Die Karte im Maßstabe 1 : 62500 ohne Höhenschichtlinien hat eine Breite von 1 m und eine Länge von 70 cm. Nicht weniger als 45 Bodeneinheiten aus 24 Gruppen (Series) sind darauf eingetragen. Sie werden im Text zu 3 Gruppen zusammengefaßt: Gruppe 1 Böden mit normal entwickeltem Bodenprofil, Untergruppe 1a auf flachen Flächen mit besonderem und abnormem Profil. Gruppe 2 Böden mit schwach entwickeltem Profil, herrührend von sehr schwacher Dränage und ausgezeichnet durch Anhäufung organischer Substanz auf der Oberfläche. Gruppe 3 Böden auf Alluvialablagerungen jungen Alters, so daß nur ein schwaches oder kein Bodenprofil entwickelt ist. Die Böden der Gruppe 1 sind Oberlandböden, die normal unter Wald entstanden sind. Sie haben eine oberflächige Bedeckung von organischer Substanz, darunter den *A*-Horizont mit einer oberen Schicht, welche mehr, und eine untere, welche weniger organische Substanz enthält. Der *B*-Horizont ist „wohloxydiert" und schwerer als *A*. 1a hat an Stelle des *B*-Horizontes einen „Hardpan" in 1—4 Fuß Tiefe mit ausgesprochener Säulenstruktur. Darüber ist oft ein weißer Horizont. Im 2. Teil der Erläuterung wird die chemische Zusammensetzung behandelt. Es sind die in starker Salzsäure und in schwacher Salpetersäure löslichen Teile von P, K, Ca, Mg, Mn, Fe, Al, S bzw. P und K, ferner die Totalgehalte an N und K bestimmt. Sodann sind die flüchtige Substanz, N und die Azidität (nach HOPKINS in Pfunden Kalkstein) nach Horizonten festgestellt. Die eigentliche „Bodenbehandlung" (Soil Management) bespricht die Dränage, das Kalken, die Humus- und Stickstoffzufuhr, die Fruchtfolge, die Kunstdüngerverwendung, der verschiedenen Bodengruppen, die hier als hellfarbige Oberland- und Terrassenschlufflehme (1), hellfarbige Oberland- und Terrassensande (1a), dunkelfarbige Terrassenböden (2) und hellfarbige und dunkelfarbige Schwemmbildungen (3) zusammengefaßt sind.

Illinois. Univ. of Illinois, Agricult. Experim. Station. Soil Rep. 35. Will County. Aufgenommen und erläutert von R. S. SMITH, O. J. ELLIS, E. E. DE TURK, F. C. BAUER, L. H. SMITH. Urbana 1926.

Die Arbeit enthält 3 Karten ohne Höhenschichtlinien im Maßstabe 1 Zoll = 2 Meilen (1 : 127700). Die farbigen Karten geben ein wesentlich anderes Bild als die bisher besprochenen, weil sie nicht mehr die Bodeneinheiten des Soil Survey, sondern modernere Bodentypen führen, nämlich: Oberlandprärieböden, Oberlandwaldböden, Terrassenböden, vormalige Moor- und Tieflandböden, Skelettböden (Residual Soils), ferner vormalige Wisconsinmoränen und vormalige Wisconsinzwischenmoränenflächen mit oder ohne Bodenbildungen. Insgesamt sind 35 verschiedene Farben und farbige Raster unter diese Bodentypen gruppiert. Zum leichteren Auffinden der richtigen Bezeichnungen in der Zeichenerklärung haben die Böden laufende Zahlen, so z. B. die Terrassenböden 1500, die Moorböden 1400 Zahlen, die Skelettböden fangen mit Null an und haben 2 Ziffern danach usw. Die Unterteilung der Gruppen ist nach den Bodenarten (Textur) geschehen. Der verbreitetste Boden ist auf allen drei Karten der Hochlandpräriebođen, es ist ein brauner Schlufflehm auf vormaliger Wisconsinzwischenmoräne. Durch die Prärie fließen zwei größere und einige Nebenflüsse. In der Nähe der Flüsse ist auf dem Oberland der gelbbraune Schlufflehm der Waldböden sowohl auf der Wisconsinmoräne als auch auf der Zwischenmoräne ausgebreitet. In den Flußtälern sind Terrassenböden angegeben, und zwar teils brauner Schlufflehm über Schotter, teils schwarzer oder brauner sandiger Lehm. Die Darstellung auf der Karte ist ungewöhnlich klar und übersichtlich, die Bezeichnungen so gewählt und gruppiert, daß trotz der sehr zahlreichen Einzelheiten eine schnelle Orientierung stattfinden kann. Der Text enthält noch 2 kleine Karten in Schwarzdruck, die erste ist eine Karte der Wasserläufe (Drainage Map) mit Terrassen, Tiefland, Moränen und Zwischenmoränen, die zweite stellt das Diagramm eines Versuchsfeldes mit Höhenschichtlinien von 1 m Abstand, die Anlage der Versuchsflächen und die vorkommenden Bodenflächen im Maßstabe von 1,4 cm = 50 m dar. Der Text enthält knappe Definitionen der hauptsächlichen Bodengruppen und der einzelnen Böden sowie auch analytische Daten. Ein Anhang bringt eine kurze allgemeine Einführung in die Bodenaufnahme und in die gegenwärtigen Vorstellungen über die Ursache der Bodenfruchtbarkeit, sowie ferner eine Übersicht über die Versuchsfeldwirtschaft des Bezirks.

Iowa. Soil Survey of Iowa. Dubuque County. Agricult. Experim. Station Iowa State Coll. of Agricult. Soil Survey Rep. 35. Ames 1924.

Die Arbeit enthält 2 Kartenblätter im Maßstabe 1 zu etwa 160000, die durch Zusammenarbeit vom U. S. Soil Survey mit der Iowa Versuchsstation entstanden sind. Ihre 22 Bodeneinheiten nach Art der früher beschriebenen, wie Carrington loam, Clinton silt loam, Iudson loamy sand, sind in der Farbenerklärung zu Geschiebeböden (Drift soils), Lößboden, Terrassenböden, Moor- und Tieflandböden, Skelettböden (Residual soils) zusammengefaßt. Die Farben sind nicht wie bei den Karten von New Jersey, Georgia, Indiana mit Buchstaben, sondern mit Zahlen versehen, deren Anordnung allerdings nicht so geschickt wie bei der vorstehend besprochenen Karte des Willbezirks in Illinois ist. Die Zusammenfassung der Bodeneinheiten zu den genannten Gruppen hat eine verhältnismäßig gute Übersichtlichkeit der Karten bewirkt. Die Lößböden überwiegen, und die Zusammenfassung richtet sich nach geologischen Begriffen. Im Text tritt die Beschreibung der Böden auffallend hinter derjenigen ihrer landwirtschaftlichen Eigenschaften zurück. Nur ganz wenige Sätze sind den Böden selber gewidmet, von welchen ein Teil noch auf die geologische Grundlage entfällt. Kaum gewinnt man eine Vorstellung der Bodengenese.

Nevada. U. S. Dep. of Agricult. Bureau of Soils. Soil Survey of Las Vegas Area von E. J. CARPENTER und F. O. YOUNGS. Washington 1926.

Diese Bodenkarte im Maßstabe von 1 Zoll = 1 Meile (1 : 63385) zeigt 36 Bodeneinheiten in 9 Gruppen, ferner Dünensand und rohes, steiniges Land. Außer durch Farben sind die Einheiten durch Buchstaben bezeichnet. Eine Zusammenfassung findet in der Zeichenerklärung nicht statt. Die Karte hat zwar z. T. größere einheitliche Flächen, ist aber trotzdem wenig übersichtlich. Das Gebiet gehört der Wüste des Staates Nevada an. Infolgedessen enthalten die Böden viel kohlensauren Kalk, und auch lösliche Salze sind häufig. Oft sind Wüstenkrusten vorhanden, die teils durch Salze, teils durch kohlensauren Kalk, teils durch Gips hervorgerufen sind. Die Böden der Las-Vegas-Gruppe sind durch hellbräunlichgraue bis hellgraulichbraune Farbe, manchmal auch durch einen rosaroten Farbton gekennzeichnet. Grauer Salpeter oder Krustenstücke sind zahlreich durch das ganze Profil verteilt. Die Oberkrume der Brockenböden ist lichtbraun bis braun, in der Regel durch einen Schatten von Rosa oder Rot gefärbt. Feucht sind sie rötlichbraun. Der Unterboden, der in der Regel bei 10—20 Zoll liegt, besteht aus bräunlichgrauem oder lichtrosagrauem, festem, schwerem Material, das bis an 40% und mehr Gips enthält. Oft ist eine schwache Gipskruste in 24—40 Zoll Tiefe vorhanden. In einer Tiefe von 50 Zoll liegt oft eine feste Kalkkruste unter dem Boden. Soda ist sehr verbreitet. Die Reepesböden haben eine bräunlichgraue bis hellbraune Oberkrume, die in der Regel mit einem blaßrötlichen oder rosa Farbton ausgestattet ist. Der Unterboden besteht aus grauem, helledergelbem, blaßlachsfarbenem oder weißlichem, kalkigem Material und ist reich an kohlensaurem Kalk und Gipskristallen. Darunter liegt eine Gipskruste, die im trockenen Zustande hart, im feuchten Zustande weich ist. Diese drei Gruppen bilden die ältere, das Tal erfüllende Phase. Eine zweite Reihe derselben Phase schließt zwei Gruppen ein, bei denen die Kalk- und Gipszementation und Verfestigung nicht so bemerkbar sind. Die Böden haben in der Regel ein wohlentwickeltes Profil, das aus der leicht verfestigten Oberkrume, dem darauffolgenden „Mulch" und einer liegenden Zone von mäßig bröckeligem Material besteht, das in eine festere Zone übergeht, in welcher schwache Flöze und Knötchen von kohlensaurem Kalk angehäuft sind. Darunter folgt eine sehr feste und oft leicht zementierte Lage von schwererer Textur, in der Kies und Steine völlig von kohlensaurem Kalk überzogen sind, während in dem Material darüber der Kalküberzug zumeist weniger gut entwickelt ist und oft nur die Unterteile der Steine bedeckt. Eine dritte Reihe der das Tal erfüllenden Böden umfaßt solche, in welchen sich ein normales Bodenprofil nicht entwickelt hat, und zwar wahrscheinlich als eine Folge der unterdrückten Unterdränage und des sich daraus ergebenden hohen Wasserstandes. Solche Böden besitzen eine weniger wohldefinierte Zone der Anhäufungsprodukte der Bodenverwitterung. Sie sind durch schwere, plastische, tiefere Unterböden gekennzeichnet, die in der Regel grau und kalkreich sind, oder sich durch einen grünen Farbton als Folge einer schlechten Durchlüftung auszeichnen. Eine vierte Reihe von Böden, welche in der Nähe der Dränagewege und in lokalen Vertiefungen liegen, hat durchlässige Ober- und Unterböden und keine Krustenbildungen. Sie zeigen einen leichten Farbwechsel zwischen Ober- und Unterboden. Es kommen weiter noch Böden vor, welche beständig Abschlämmassen von den höheren Abhängen erhalten. Sie besitzen infolgedessen eine Schichtung. Ihre Oberkrume ist hellgraulichbraun bis hellbraun gefärbt, stellenweise auch wohl durch einen rosa Farbton ausgezeichnet. Das rohe Steinland umschließt Flächen, welche eine sehr rauhe und gebrochene Topographie haben und sehr steinig sind.

Eine kleinere Karte im Maßstab 1 Zoll = 2 Meilen (1 : 127000) ist Landklassifikations- und Alkalikarte betitelt. Ihre Einteilung lautet: Böden mit durchlässigem Unterboden, zur Bebauung gut geeignet, wo die Dränagebedingungen und die Alkalianhäufung günstig sind; Böden mit festem Unterboden, für die Landwirtschaft wohl geeignet, wo die Dränagebedingungen und die Alkalianhäufung günstig sind; Böden von begrenztem Kulturwert; Flächen mit Anhäufung von mehr als 0,20% Alkali; Flächen mit weniger als 0,20% Alkali; Bohrpunkte mit prozentischen Angaben des Alkaligehaltes bis zu 6 Fuß Tiefe. Verhältnismäßig klein sind die Flächen, welche für den Ackerbau geeignet sind, der größte Teil ist eng begrenzt oder sehr wenig dazu geeignet.

Oregon. Soil Map of Multnomah County. Aufgenommen in Zusammenarbeit von U. S. Soil Survey mit der Oregon landwirtschaftlichen Versuchsstation 1919.

Es ist eine Karte von 1,20 m Breite und 60 cm Länge im Maßstab 1 : 62500 und mit Höhenschichtlinien. Die Farbenerklärung bringt 33 Einheiten aus 13 Gruppen und 3 Skelettbildungen. Die vorhandenen großen Flächen gestatten infolge geschickter Farbenauswahl eine gute Übersicht. Die Erläuterung liegt in Tabellenform vor, während eine Übersicht erkennen läßt, daß es sich teils um eine alte Talfüllung, teils um Böden auf rezenten Alluvionen, teils um gemischte Böden handelt. Die Tabellen enthalten fast ausschließlich landwirtschaftlich-praktische Angaben.

Washington. U. S. Dep. of Agricult. Bureau of Soils in coop. with the State of Washington Soil Survey of Spokane County. Aufgenommen 1917. Gedruckt Washington 1921.

Diese Karte im Maßstabe 1 Zoll = 1 Meile (1 : 63385) bedeckt eine Fläche von fast 1,5 m^2, enthält aber keine Höhenschichtlinien. Es sind 61 Bodeneinheiten in 20 Gruppen, Morast, Torf und 4 Klassen von gemischtem, nicht landwirtschaftlich genutztem Land angegeben. Trotz zahlreicher großer Flächen ist das Gesamtbild verwirrend. In der Erläuterung werden die Böden unter folgenden Gesichtspunkten gruppiert: Verwitterungsböden, Böden auf glazialem Geschiebelehm, Böden auf altem, aus dem Wasser niedergeschlagenem Material ehemaliger Glazialseen und Flußterrassen, Böden auf äolischen Sedimenten, Böden auf rezenten Alluvialablagerungen, Böden auf rezenten Sedimentbildungen von Gletscherseen, Böden auf Anhäufungen organischer Substanz, vermischte Böden. Es liegt also die geologisch-geographische Einteilung der ersten Zeit vor. Gleich zu Beginn der Bodenerklärung wird denn auch auf die alte Übersicht MILTON WHITNEYS[1] verwiesen. In der Übersichtsbeschreibung werden viele Böden als Waldböden bezeichnet. Die Profilbeschreibung ist sehr kurz.

Bemerkenswert ist bei den vorstehenden Karten, daß die Farbenwahl keine Einheitlichkeit zeigt, sondern für jedes Blatt selbständig vorgenommen wird. Man sieht deutlich das Bestreben, die Farben stets gut von einander abzuheben, so daß aneinandergrenzende recht verschieden ausgewählt sind und infolgedessen Zweifel nicht leicht aufkommen können. Auf den drei zuerst genannten Karten finden sich z. B. Böden der Norfolkgruppe. Sie sind auf den Blättern von New Jersey gelb und grau, auf denen der 1. Karte von Georgia neutraltinte, orange, grau, grün, oliv, rosagrün, der 2. Karte orange, bläulichgrau, bläulichgrau mit blauen Strichen dargestellt. Die Moore (Swamps) sind auf ihnen mit Gelb bzw. Grün bzw. Rot angelegt. Es wird also grundsätzlich auf die Möglichkeit verzichtet, die Bodeneinheiten auch an den Farben der Karte erkennen zu können. Bei 532 Gruppen (Serien) und etwa 20 Bodenarten (Texturen), im ganzen 1779 Einheiten, ist das durchaus erklärlich. Aber die Karte von R. S. SMITH[2] zeigt, daß außer der Serienbezeichnung eine allgemeine bodenkundliche Einteilung recht wohl gefunden werden kann. Ihr Anfang ist vielverheißend, trifft auch ganz gut mit den theoretischen Erkenntnissen, welche C. F. MARBUT[3] geäußert hat, zusammen. Die Ursache für das so lange andauernde Verharren auf dem Standpunkt der geologischen Abhängigkeit des Bodens beruhte einerseits wie in Deutschland auf dem Bestreben, recht viel und schnell für die landwirtschaftliche Praxis zu arbeiten, so daß für rein wissenschaftliche Erkenntnisse keine Zeit übrig blieb, andererseits in dem Mangel an Übersichtskarten, die weit mehr zu wissenschaftlicher Durcharbeitung als die Sonderkarten zwingen. Bemerkenswert ist bei den amerikanischen Karten auch die Ungebundenheit im Format, während sonst bei

[1] US. Bureau of Soils. Bull. 96 (1913).

[2] SMITH, R. S.u. Mitarbeiter: Will County Soils. Illinois, a. a. O.

[3] MARBUT, C. F.: The Contrib. of Soil Survey to Soil Science, a. a. O.

Landesaufnahmen eine bestimmte Kartengröße beibehalten wird. Der Text ist in der Regel mit Landschaftsbildern versehen.

Nach Mitteilung von C. F. MARBUT an den Verfasser waren in den 26 Jahren von 1900—1926 1188 Karten gedruckt. Während der Jahre 1927—1930 wurden 165 Aufnahmen ausgeführt, die z. T. auch gedruckt sind. Insgesamt also bis 1930 1353 Karten.

Kanada.

Die kanadische Bodenkartierung wird nicht so einheitlich von einer Zentralstelle aus geleitet wie die der Vereinigten Staaten von dem Soil Survey, sondern an einigen Universitäten bestehen bei den Professuren für Bodenkunde der landwirtschaftlichen Abteilungen Bodenaufnahmen. So haben u. a. A. H. JOEL[1] an der Universität von Saskatchewan in Saskatoon und F. A. WYATT[2] an der Universität von Alberta in Edmonton die Bodenkartierung eingerichtet.

A. H. JOELs Kartierung[3] schließt sich eng an die des Soil Survey in Washington an. Das Blatt Bienfait-Oxbow berührt die Grenze gegen den Staat Nord-Dakota. Dasselbe ist im Maßstab 1 : 190080 (1 Zoll = 3 Meilen) mit Höhenschichtlinien gehalten. Die Farbenerklärung für 16 Bodeneinheiten zeigt eine Zusammenfassung zu 4 Gruppen, die durch Ortsnamen gekennzeichnet sind, und ferner noch 4 Gesteine. Mit schrägen schwarzen Strichen sind verschiedene Bodeneinheiten mit bewegter Oberfläche besonders bezeichnet. Außer Farben sind Buchstaben verwendet. In der Erläuterung heißt[4] es: Zuerst war die Klassifikation auf den Karten nur auf die Textur (Bodenarten) gegründet. Nachdem aber mehr Erfahrungen gesammelt worden waren, konnte auch der Klassifikationsplan erweitert werden. Das gegenwärtige System ist daher umfassender, aber allerdings auch schwieriger zu verstehen. Es gründet sich nicht nur auf die Kennzeichen der Oberkrume, sondern auch auf die der tieferen Bodenlagen. Das Bodenprofil ist, wie gegenwärtig überall, so auch hier die Grundlage der Bodeneinteilung. Die Böden der am stärksten verbreiteten Oxbowgruppe sind auf dem Glazialgestein unter der Vegetation der Hochgrasprärie entstanden, obwohl sie zur Zeit von typischer Parkvegetation bestockt sind. Die Oberkrume ist schwarz bis dunkelbraun gefärbt und bröckelig. Ihr folgt eine dunkelbraune bis braune, etwas schwerere, festere und darunter eine graue bis gelblichgraue Lage von angehäuftem kohlensauren Kalk, den eine unterste Lage von grauem, leicht geflecktem, feinkörnigem Boden unterlagert. Dieser geht in die Grundmoräne über. Die Weyburngruppe unterscheidet sich von dieser durch die mehr dunkelbraune als schwarze Oberkrume und durch einen mehr rötlich als dunkelbraunen zweiten Horizont. An organischer Substanz und Stickstoff ist sie ärmer. Die Vegetation gleicht mehr der der Kurzgrasebenen als der Parkvegetation, die nicht häufig vorkommt. Die Böden der Sourisgruppe sind jünger, ihr Profil ist weniger gut entwickelt. Die Dränage ist bei den schwereren und tiefer liegenden Böden dieser Gruppe schlechter entwickelt. Die Hillburygruppe findet sich auf den höheren Terrassen und Böschungen der Wasserläufe und ist der Oxbowgruppe ähnlich, doch ist sie infolge der Auswaschung der feineren Bestandteile gröber. Demnach ist das Kartenbild recht leicht zu

---

[1] Z. B. Soil Survey of the Bienfait-Oxbow Area. Soil Surv. Rep. Saskatoon **1926**, Nr 5. — Soil Survey of the Rosetown Area. Soil Surv. Rep. Saskatoon **1927**, Nr. 6.

[2] Z. B. Soil Survey of Macleod Sheet. Bull. Edmonton **1925**, Nr. 11. — Soil Survey of Medicine Hat Sheet. Bull. Edmonton **1926**, Nr 14.

[3] In der Einleitung zu den Kartenerläuterungen heißt es „Die bodenkundliche Landesaufnahme von Saskatchewan stellt die Erfüllung einer Entschließung dar, welche mit der ‚besseren Landwirtschaftsbesprechung' vom Jahre 1920 in Swift Current angenommen wurde."

[4] Soil Rep. Nr 5, 20/21.

lesen und gibt eine gute, klare Übersicht. Die Karte selbst ist von 27,5 × 45,5 cm² Größe und handlich. Der Text ist mit Landschaftsbildern und einigen Profilabbildungen reich versehen.

Die Karte der Rosetownfläche, aus einem weiter nordwestlich gelegenem Gebiet, hat die gleiche Größe, aber keine Höhenschichtlinien. Es sind 16 Farben, die nicht Buchstaben, sondern Nummern tragen, vorhanden. Die Weyburn-, die Souris- und die Hillsburygruppen kommen auch hier, z. T. mit ähnlichen Farben, wenn auch anderen Nuancen bezeichnet, vor. Die größten Flächen nehmen die Böden der Reginagruppe, die auf schweren lakustrischen Tonen entstanden sind, ein. Die Oberkrume ist dunkelbraun bis dunkelgraubraun, sie geht durch einen heller braun gefärbten, etwas schwereren Horizont in einen gelblich- oder mergeliggrauen Ton über. Das Gesamtbild der Karte ist weniger übersichtlich als das der vorigen. Die geringen Bodenunterschiede sind durch kraß neben einander stehende Farben stark verzerrt.

Die Karten von Alberta haben den gleichen Maßstab (1 : 190080) wie die von Saskatchewan, desgleichen Höhenschichten und feine Farbengebung. Das Format ist wesentlich größer, nämlich 60 × 86 cm². Unterschieden sind nur Bodenarten, außerdem erodierter und gemischter Flußboden. Wellige und hügelige Gegenden sind besonders bezeichnet. Das Kartenbild ist an sich sehr schön. Im Text sind die Profile nur angedeutet und auch die natürliche Vegetation ist nur kurz beschrieben, so daß man einen gewissen Zusammenhang herstellen kann, ohne allerdings sicher zu sein, daß dieser angesichts des kleinen Maßstabes auch stimmt. Eine Beeinflußung durch das U. S. Soil Survey ist rein äußerlich deutlich, im einzelnen aber kaum zu bemerken.

Mittelamerika.

Eine Bodenkarte des südlichen Mittelamerikas hat K. Sapper[1] entworfen. Er unterscheidet darauf mit Farben: Eluvialböden der feuchten Gebiete, der trockenen Gebiete, Eluvialböden gemischt mit vulkanischem Material, vulkanischen Aufschüttungsboden (primär), fluvialen Aufschüttungsboden, marinen Aufschüttungsboden, Sand- und Schotterboden, Mangroveboden, Alluvialboden gemischt mit vulkanischem Material und Jicarales (grauer Tonboden in Vertiefungen). Auf der Karte überwiegen bei weitem die feuchten Eluvialböden, die aus Urwaldböden mit roter, gelber, gelbgrauer oder brauner oder grauer oder schwarzer Farbe bestehen. Sie nehmen den größten Teil der östlichen Hälfte des Gebietes ein, während die trockenen Eluvialböden den größten Teil der westlichen Hälfte inne haben. Diese sind teils Böden der Eichen- und Kiefernwälder, teils solche der Gras- und Strauchsteppen, die im allgemeinen mehr graue Humusfarben aufweisen, doch sind auch rote oder braune Böden, allerdings mehr in den Wäldern als in den Steppen, vertreten. Die Karte hat den Maßstab 1 : 4000000. Ohne Zweifel ist sie in ihrer Art durch C. Rohrbachs Erdkarte nach F. v. Richthofens Grundgedanken beeinflußt.

Südamerika.

Die Bodenkartierung ist in Südamerika weit weniger als in Nordamerika fortgeschritten.

Manche der geologischen Karten von Argentinien und Uruguay, besonders solche der Flachländer, haben auch eine gewisse bodenkundliche Bedeutung,

---

[1] Sapper, K.: Gebirgsbau und Boden des südlichen Mittelamerika. Peterm. Mitt., Erg.-H. 151, Tafel 1. Gotha 1905.

so R. STAPPENBECKS[1] hydrogeologische Karte der Täler von Chapalcò und Quehué in der mittleren Pampas. Hier sind Pampasformation, Sanddünen, Granit und kristalline Schiefer und deren Anstehen unter der Pampasformation angegeben, ferner die Brunnen und Bohrungen mit Salz- und mit süßem Wasser, die Quellen und Lagunen mit Salz- und süßem Wasser, die Salzausblühungen u. dgl. angeführt. Ferner sind K. WALTHERS[2] geomorphologische und geologische Studien in Uruguay mit Karten der verschiedensten Art und auch einigen Bodenprofilen hervorzuheben.

Über Brasilien hat E. P. DE OLIVIERA[3] einen Bericht in G. MURGOCIS Etat de l'étude et de la cartographie des sols veröffentlicht. Seit der Begründung des Ministeriums für Landwirtschaft, Industrie und Handel im Jahre 1911 hat die Regierung der Geologie der Ackerböden ihre Aufmerksamkeit zugewandt, jedoch schon vorher hatten einzelne Forscher, so besonders M. P. CACALCANTI, mit Unterstützung der nationalen Landwirtschaftsgesellschaft einzelne landwirtschaftliche Kartenskizzen Brasiliens entworfen. Der Abteilung für Landwirtschaft (Serviço de Inspecção e Fomento Agricola) des genannten Ministeriums wurde der Auftrag zuteil, agronomische, agrogeologische und Waldkarten Brasiliens herzustellen. Als Grundlagen waren jedoch zunächst topographische und geologische Karten notwendig, die von verschiedenen Seiten und in verschiedenen Staaten geschaffen wurden. Bodenkarten waren noch nicht vorhanden. Eine kleine Bodenkarte des inneren Amazonenbeckens haben seitdem C. F. MARBUT und C. B. MANIFOLD[4] veröffentlicht. Ihr Maßstab ist 1 : 15 000 000. Sie reicht von etwa 76° östlicher Länge und 4° südlicher Breite bis zur Mündung des Amazonenstromes. Dargestellt sind sandige Lehme mit gelbem, bröckeligem Unterboden von sandigem Ton, feinsandige Lehme mit gelblichem bis rotgelbem, bröckeligem Ton bis sandigem Ton als Unterboden, tonige Lehme und Tone mit rotem oder rötlichem, bröckeligem Ton als Unterboden, Tone und tonige Lehme mit schwerem, unvollständig oxydiertem, tonigem Unterboden, sehr feinsandiger Lehm mit tiefem, bröckligem, rötlichem Unterboden. Den „Versuch einer Bodentypenkarte Chiles" hat neuerdings A. MATTHEI[5] ausgeführt. Es sind darauf Gebirgsböden, kastanienbraune Steppenböden, Roterden, Gelberden, Schwarzerden und degradierte Schwarzerden, graue Waldböden und Gebirgsböden, braune Waldböden, Prärieböden dargestellt. Im Vergleich dazu sind orographische Skizzen, eine Regenkarte und eine Vegetationskarte wiedergegeben. Es handelt sich hier um einen vielversprechenden Anfang.

Afrika.

Außer der Darstellung Afrikas auf den Erdkarten ist eine besondere Bodenübersichtskarte Afrikas im Maßstabe 1 : 25 000 000 vorhanden, welcher sich eine Landklassifikations- (Bodengüte-) Karte in 1 : 10 000 000 anschließt. Der Verfasser der Übersichtskarte ist C. F. MARBUT, die der Bodengütekarte H. L. SHANTZ

---

1 STAPPENBECK, R.: Investigaciones hidrogeologicas de los Valles de Chapalcò y Quehué y sus alrededores. Dir. gen. minas, geol. y hydrol. Bol. 4, Ser. B. Buenos Aires 1913.

2 WALTHER, K.: Estudios geomorfologicos y geologicos. Bases de la geografisica del pais. Montevideo 1924.

3 OLIVIERA, E. P. DE: The Cartography of Soils and Surficial Deposits of Brazil. Etat de l'étude et de la cartographie des sols, S. 273—275. Bukarest 1924.

4 MARBUT, C. F. u. C. B. MANIFOLD: The Soils of the Amazon Basin in Relation to Agricultural Possibilities. Geogr. Rev. 16, 414—442 (1926). — Auch die Einleitung dazu: C. F. MARBUT u. C. B. MANIFOLD: The Topography of the Amazon Valley. Ebenda 15, 617—642 (1925).

5 MATTHEI, A.: Einfluß von Oberflächengestaltung, Klima und Vegetation auf die Verbreitung der Bodentypen in Chile. Bodenkundl. Forschgn 2, 57—67 (1930).

und C. F. MARBUT[1]. Zum Vergleich sind der Arbeit eine Regenkarte Afrikas von J. B. KINCER und eine Vegetationskarte von H. L. SHANTZ beigefügt. C. F. MARBUTS Karte ist eine solche der Bodenentstehungstypen. Es werden 16 Bodentypen unterschieden: braune Böden der Kapprovinz und der Atlasregion, Natallehme, Steppenböden von Transvaal, Tschernosemböden, hellfarbige Böden der Tschernosemgruppe, kastanienfarbige Böden, Wüstenböden ungeteilt, braune Wüstenböden, Rotlehme, unreife Rotlehme, eisenschüssige Rotlehme, lateritische Rotlehme, Laterite, tropische Steppenböden, Sande oder sehr sandige Böden, Alluvium. Vergleicht man die Karte mit J. B. KINCERS Regenkarte im gleichen Maßstabe, so fällt ein gewisser Parallelismus beider Karten auf, der zeigt, daß beide sich etwas aneinander anlehnen. Die Bodenkarte ist infolgedessen ebenso wie alle bisherigen Übersichtskarten der Erde und Kontinente noch schematisch. Methodisch ist die Bodengütekarte von H. L. SHANTZ und C. F. MARBUT sehr bemerkenswert. Die Ländereien werden nach ihrem Pflanzenproduktionsvermögen mit Buchstaben von 𝔄—𝔚 bezeichnet, derart, daß 𝔄 die fruchtbarsten und produktionsreichsten des Kontinents, nämlich die des Nildeltas und des Niltales, 𝔚 die unfruchtbarsten, nämlich die sterilen Gebiete der Sahara bedeuten. Um sie im einzelnen als Gras-, Acker-, Waldland kennzeichnen zu können, wird das tropische Ackerbauland mit A, das des subtropischen und des gemäßigten Klimas mit a, das Weideland (Grasland) mit G, das Waldland mit F zugleich mit den Ziffern von 1—5 in fünf Produktionsstufen bezeichnet, von welchen 1 die sehr niedrige, 2 die niedrige, 3 die mittlere, 4 die hohe, 5 die sehr hohe Produktivität wiedergeben. Die Gruppen 𝔄—𝔚 werden nun im einzelnen durch die Buchstaben A, a, G, F mit den Produktivitätsziffern 1—5 gekennzeichnet. Die Gruppe 𝔄, die den Böden des Niltals und des Nildeltas entspricht, erhält die Signatur $A^5G^1F^5$, d. h. sie hat sehr hohe Produktivität als tropisches Ackerbau- und Waldland, dagegen sehr niedrige als Weideland. Die Gruppe 𝔚 erhält keine Signatur, da die Wüste weder als Acker- noch als Weide- noch als Waldland etwas produziert. Aber außer dieser praktischen Kennzeichnung wird jede einzelne Gruppe noch nach verhältnismäßiger Produktivität, Bodentypus, Oberflächengestaltung und Klima, Vegetationstypen, natürlichen Erzeugnissen und Landbaumöglichkeiten beschrieben. Die Beschreibungen folgen hierunter:

𝔄.

$A^5G^1F^5$

Verhältnismäßige Produktivität: sehr hoch.

Bodentypus: Schwach gefärbtes Alluvium, zumeist lehmig oder schwerer.

Oberflächengestaltung und Klima: Flach; warm und feucht. Niederschlag 30—120 englische Zoll. In der Regel keine Trockenzeit.

Vegetationstypen: Hauptsächlich tropischer Regenwald oder Sumpfgras.

Natürliche Erzeugnisse: Palmöl und -nüsse, Gummi und Nutzholz.

Landbaumöglichkeiten: Kakao, Bananen, Reis, Zuckerrohr, Vanille, Maniok, Sorghum, afrikanische Hirse, Negerhirse, Süßkartoffeln, Baumwolle, Tabak, Bohnen, Indigo, Erdnüsse, Sesam und tropische Früchte und Pflanzen.

𝔅.

$a^5G^1F^5$

Verhältnismäßige Produktivität: Sehr hoch.

Bodentypus: Rotlehm von mäßiger Tiefe, keine „Pflugsohle“ oder verhärtete Schicht (hardpan), mäßig ausgelaugt. Im allgemeinen von verwickelter Mineral-

[1] SHANTZ, H. L. u. C. J. MARBUT: The Vegetation and Soils of Africa. Amer. geogr. Soc. Res. 13. New York 1923. — Vgl. auch H. STREMME: Grundzüge der praktischen Bodenkunde, S. 283—294. Berlin 1926.

zusammensetzung. Frischer (unberührter) Boden, wenig organische Substanz, frei von Laterit.

Topographie und Klima: Bergig; feucht, warm bis gemäßigt. Niederschlag 40—80 englische Zoll. Keine Trockenzeit.

Vegetationstypus: Größtenteils gemäßigter Regenwald.

Naturprodukte: Bauholz.

Landbaumöglichkeiten: Gemäßigte Getreidearten, wie Weizen, Hafer, Gerste, Roggen; Kartoffeln, Mais, Sorghum, Negerhirse, afrikanische Hirse, Flachs, Erdnüsse, Baumwolle, Bohnen, Erbsen, Süßkartoffeln, Yams, Kaffee, Bananen, subtropische Früchte, Früchte und andere Vegetabilien der gemäßigten Zone.

C.

a^5G^5

Verhältnismäßige Produktivität: Sehr hoch.

Bodentypus: Dunkelrote Lehme, frei von Pflugsohle (hardpan), mäßig ausgelaugt, mäßig verwickelte Mineralzusammensetzung.

Topographie und Klima: Hoch, wellig bis gebirgig. Mäßige Feuchtigkeit, warm, gemäßigt. Niederschlag 40—60 Zoll. Keine längere Trockenzeit.

Vegetationstypus: Berg-Grasland.

Naturprodukte: Sehr wertvolles Weideland.

Landbaumöglichkeiten: Weizen, Gerste, Hafer, Roggen, Mais, Sorghum, Hirse, Maniok, Erdnüsse, Baumwolle, Bohnen, Erbsen, Süßkartoffeln, Bananen, Kaffee, subtropische Früchte, Früchte und andere Vegetabilien des gemäßigten Klimas.

D.

$A^5G^2F^3$

Verhältnismäßige Produktivität: Sehr hoch.

Bodentypus: Rotlehme mäßig ausgelaugt.

Topographie und Klima: Flachwelliges Land. Niederschlag mäßig bis hoch, 30—80 Zoll. Tropisch. Trockenperiode, 3—5 Monate.

Vegetationstypus: Größtenteils Hochgras — Kleinbaum — Savanne.

Naturprodukte: Weideland, Gummi und Öl.

Landbaumöglichkeiten: Erdnüsse, Sorghum, afrikanische Hirse, Negerhirse, Mais, Baumwolle, Süßkartoffeln, Yams, tropische Früchte und Vegetabilien, Sesam, Maniok, Tabak, Bohnen, Indigo, Gummi.

E.

a^4G^4

Verhältnismäßige Produktivität: Hoch.

Bodentypus: Dunkelbraun bis rotbraun. Sandige Lehme bis Lehm.

Topographie und Klima: Hochfläche. Sommerregen 30—40 Zoll. Trockenzeit 4—6 Monate.

Vegetationstypus: Hohes Gras.

Naturprodukte: Weideland.

Landbaumöglichkeiten: Gemäßigtes Trockenland — Getreide: Weizen, Hafer, Gerste, Roggen; Sorghum, Mais, Hirse. Früchte des gemäßigten Klimas: Birnen, Pflaumen, Aprikosen, Pfirsiche, Feigen und andere Vegetabilien.

F.

$A^4G^3F^3$

Verhältnismäßige Produktivität: Hoch.

Bodentypus: Dunkelfarbige Feuchtböden.

Topographie und Klima: Sanfte Erhebungen. Niederschlag 35—45 Zoll. Trockenzeit 2—5 Monate.

Bodentypus: Dunkelfarbige Feuchtböden.

Vegetationstypen: Akazien — Hochgras — Savanne, Hochgras — Kleinbaum — Savanne.

Naturprodukte: Weideland.

Landbaumöglichkeiten: Mais, Sorghum, Negerhirse, Süßkartoffeln, Tabak, Bohnen, Erdnüsse, Weidenruten, Baumwolle, subtropische Früchte und Vegetabilien.

𝔋.

$a^4G^2F^2$

Verhältnismäßige Produktivität: Hoch.

Bodentypen: Braunerde mit rötlichem Untergrund.

Topographie und Klima: Verschieden; Bergzüge mit Längstälern, Niederschlag 20—30 Zoll, fast gleichmäßig verteilt.

Vegetationstypen: Gemäßigter Busch, Eiche — Koniferenwald, gemäßigter Wald des Kaplandes.

Naturprodukte: Brennholz und Schößlinge.

Landbaumöglichkeiten: Gemäßigte Getreidearten: Weizen, Gerste, Hafer, Roggen, Mais; Sorghum, Tabak, Luzerne; subtropische und gemäßigte Früchte, besonders Weintrauben.

ℑ.

$A^4G^3F^3$

Verhältnismäßige Produktivität: Hoch.

Bodentypus: Rotlehme. Wahrscheinlich lateritisch.

Topographie und Klima: Welliges bis hügeliges Land. Warm und feucht. Niederschlag 60—80 Zoll. Trockenperiode kurz oder fehlend, nicht ausreichend, um Laubabfall zu veranlassen.

Vegetationstypus: Tropischer Regenwald.

Naturprodukte: Palmöl und -nüsse, Gummi, Nutzholz, Kola, Kopal.

Landbaumöglichkeiten: Kakao, Bananen, Reis, Zuckerrohr, Vanille, Maniok, Yams, Ingwer, Gummi, Kaffee, Tapioka, Kokosnüsse, Mais, Sorghum, Negerhirse, afrikanische Hirse, Süßkartoffeln, Baumwolle, Tabak, Bohnen Indigo, Erdnüsse, Sesam, tropische Früchte und Vegetabilien.

ℑ.

$A^4G^3F^3$

Verhältnismäßige Produktivität: Hoch.

Bodentypus: Dunkelfarbige Böden, oft kalkhaltiger Untergrund.

Topographie und Klima: Sanfte Niederungen und Hochflächen. Niederschlag 20—33 Zoll. Trockenzeit 3—6 Monate im Mittwinter.

Vegetationstypus: Akazie — Hochgras — Savanne, Hochgras — Kleinbaum — Savanne.

Naturprodukte: Weideland.

Landbaumöglichkeiten: Sorghum, Erdnüsse, Baumwolle, Negerhirse, Bohnen, Maniok, Yams, Süßkartoffel, Indigo, Tabak, Sesam, Kürbis u. a.

𝔎.

$A^4G^2F^4$

Verhältnismäßige Produktivität: Hoch.

Bodentypus: Rotlehme und sandige Lehme.

Topographie und Klima: Stark oder schwach wellig. Günstiger Niederschlag 30—40 Zoll. Lange Trockenzeit, 4—6 Monate im Mittwinter.

Vegetationstypus: Trockenwald.

Naturprodukte: Weideland, Gummi, Nutzholz.

Landbaumöglichkeiten: Mais, Sorghum, Negerhirse, Baumwolle, Süßkartoffel, Sesam, Tabak, Bohnen, Indigo, Erdnüsse, afrikanische Hirse, Gummi.

𝔏.

$A^4G^2F^3$

Verhältnismäßige Produktivität: Hoch.

Bodentypus: Rotlehme, gelegentlich dunkelfarbig.

Topographie und Klima: Wellige Ebenen bis Hügelland. Niederschlag 35 bis 45 Zoll. Trockenzeit 3—5 Monate.

Vegetationstypus: Akazie — Hochgras — Savanne.

Naturprodukte: Weideland.

Landbaumöglichkeiten: Mais, Sorghum, Negerhirse, Maniok, Yams, Süß kartoffeln, Sesam, Tabak, Bohnen, Indigo, Erdnüsse, Sisal, Gummi, Bananen, Ananas, andere tropische Früchte und Vegetabilien.

𝔐.

$A^4G^2F^4$

Verhältnismäßige Produktivität: Hoch.

Bodentypus: graue bis rote Böden, oft schwerer Untergrund. Häufig Kalkanhäufungen.

Topographie und Klima: Schwach bis stark wellig. Niederschlag 25—35 Zoll, Trockenzeit 3—6 Monate.

Vegetationstypus: Akazie — Hochgras — Savanne und Trockenwald.

Naturprodukte: Nutzholz und Weideland.

Landbaumöglichkeiten; Sorghum, Erdnüsse, Baumwolle, Negerhirse, Bohnen, Maniok, Yams, Süßkartoffel, Indigo, Tabak, Sesam, Kürbis u. a..

𝔑.

$A^3G^1F^5$

Verhältnismäßige Produktivität: Mittel.

Bodentypus: Laterit.

Topographie und Klima: Wellig bis bergig. Niederschlag 70—160 Zoll. Trockenzeit kurz oder fehlend, nicht genügend, um Laubabfall zu verursachen.

Vegetationstypus: Tropischer Regenwald, Hochgras — Kleinbaum — Savanne.

Naturprodukte: Nutzholz und Gummi.

Landbaumöglichkeiten: Kakao, Banane, Reis, Zuckerrohr, Vanille, Maniok, Yams, Ingwer, Gummi, Kaffee, Tapioka, Kokosnuß, Mais, Sorghum, Negerhirse, afrikanische Hirse, Süßkartoffel, Baumwolle, Tabak, Bohnen, Indigo, Erdnüsse, Sesam, tropische Früchte und Vegetabilien.

𝔒.

$A^3G^2F^3$

Verhältnismäßige Produktivität: Mittel.

Bodentypus: Rotlehme mit Eisenoxydanhäufung im Untergrund; Kasai-Becken.

Topographie und Klima: Sanfte Zwischenstromebenen und Hochflächenreste. Niederschlag 50—65 Zoll. Trockenzeit 3—5 Monate.

Vegetationstypus: Hochgras — Kleinbaum — Savanne.

Naturprodukte: Weideland.

Landbaumöglichkeiten: Erdnüsse, Sorghum, Negerhirse, afrikanische Hirse, Mais, Baumwolle, Süßkartoffel, Yams, tropische Früchte und Vegetabilien, Sesam, Maniok, Tabak, Bohnen, Indigo, Gummi.

𝔓.

$a^3G^3F^2$

Verhältnismäßige Produktivität: Mittel.

Bodentypus: Braune bis dunkelbraune Böden mit kalkhaltigem Untergrund.

Topographie und Klima: Sanfte Zwischengebirgstäler und -ebenen. Gemäßigter Regenfall 15—30 Zoll. Trockenzeit 2—3 Monate im Norden und 3—6 Monate im Süden.

Vegetationstypen: Zwergpalme — gemäßigt Gras, Akazie — Hochgrassavanne, Wüstengras — Wüstenstrauch.

Naturprodukte: Weideland und Palmfaser.

Landbaumöglichkeiten: Gemäßigte Zerealien: Weizen, Gerste, Hafer, Reis, Mais, Sorghum; Tabak, Luzerne, Früchte der gemäßigten und halbgemäßigten Zone.

𝔔.

$A^3G^3F^2$

Verhältnismäßige Produktivität: Mittel.

Bodentypus: Sande und dunkelfarbiges Sandalluvium, Flachlandböden des Tschadseegebietes und des Nigerbogens. Ohne harte Schicht (hardpan).

Topographie und Klima: Flach. Niederschlag gering, 15—30 Zoll. Trockenzeit 5—7 Monate im Mittwinter.

Vegetationstypus: Der trockenere Teil der Akazie — Hochgras — Savanne.

Naturprodukte: Weideland, Gummi.

Landbaumöglichkeiten: Mais, Sorghum, Süßkartoffel, Baumwolle, Tabak, Bohnen, Indigo, Erdnüsse und Negerhirse.

ℜ.

$A^2a^2G^3F^2$

Verhältnismäßige Produktivität: Niedrig.

Bodentypus: Graue Sande mit beträchtlicher organischer Substanz. Mäßig ausgelaugt.

Topographie und Klima: Sandige Ebene mit Sommerregenfall und hoher Temperatur. Niederschlag 20—30 Zoll. Trockenperiode über 6 Monate im Winter.

Vegetationstypus: Akazie — Hochgras — Savanne.

Naturprodukte: Weideland.

Landbaumöglichkeiten: Sorghum, Negerhirse, Mais und ähnliche Trockenlandgetreide und Vegetabilien.

𝔖.

$A^1a^1G^3F^1$

Verhältnismäßige Produktivität: Sehr niedrig.

Bodentypus: Graue bis rote Sande, nicht weit ausgelaugt.

Topographie und Klima: Sandige Ebene mit geringem Sommerregenfall, 10—20 Zoll. Hohe Temperatur.

Vegetationstypus: Akazie — Wüstengrassavanne.

Naturprodukte: Gutes Weideland von geringem Ertrag, wo Wasser beschafft werden kann.

Landbaumöglichkeiten: Trockenfarmgetreide nur während günstiger Jahre und auf besseren Böden.

𝔗.

$a^3 G^3 F^2$

Verhältnismäßige Produktivität: Sehr niedrig.

Bodentypus: Graues, nasses Sandalluvium, oft mit Salzen beladen.

Topographie und Klima: Flach und heiß. Regenfall 20—30 Zoll. Während der Regenzeit überschwemmt.

Vegetationstypus: Trockenwald, von unten bewässerte Grasländer und Sumpfgras.

Naturprodukte: Weideland.

Landbaumöglichkeiten: Heu oder Futtergetreide, wo nicht zu salzig.

𝔘.

G^2

Verhältnismäßige Produktivität: Sehr niedrig.

Bodentypus: Braune sandige Lehme oder schwerer; unausgelaugt, hoch an löslichen Bestandteilen. Wahrscheinlich eine chemische Kruste (hardpan).

Topographie und Klima: Wüstentypen: verschiedene Oberflächen. Sehr niedriger Regenfall 5—10 Zoll. Lange, heiße Trockenzeit.

Alpenwiesen: Hochgebirgsformen. Kaltes Klima.

Naturprodukte: Weideland von geringem Ertrag.

Landbaumöglichkeiten: Trockenfarmgetreide: Gerste, Sorghum, Hirse usw. nur während günstiger Jahre. Alpenwiesen keine Möglichkeiten.

𝔙.

F^4

Verhältnismäßige Produktivität: Keine.

Bodentypus: Brackischer Sumpfboden.

Topographie und Klima: Untergetaucht; heiß.

Vegetationstypus: Mangrove.

Naturprodukte: Gerbstoff und Nutzholz.

Landbaumöglichkeiten: Keine.

𝔚.

Keine Stufe.

Verhältnismäßige Produktivität: Keine.

Bodentypus: Graue sandige Wüste. Kalkhaltig, unausgelaugt.

Topographie und Klima: Sanft bis schroff. Trocken und heiß. Niederschlag 2—3 Zoll.

Vegetationstypus: Wüstenstrauch, Wüste.

Naturprodukte: Keine.

Landbaumöglichkeiten: Keine.

Diese verschiedenen Stufen sind mit 23 Farben auf die große Landklassifikationskarte im Maßstabe 1 : 10000000 gebracht. Die Stufen sind unter den Überschriften tropisches Ackerbauland, subtropisches und gemäßigtes Ackerbauland, Weideland, Waldland und Wüste, je nach ihrer Zugehörigkeit zu den verschiedenen Ländereien gruppiert. 𝔄 kommt unter dem tropischen Ackerbauland und Waldland, 𝔅 nur unter dem subtropischen oder gemäßigten Ackerbauland, ℭ nur unter dem Weideland, 𝔚 als einziges bei der Wüste vor. Das Ausmaß und die Verteilung der Ländereien ist sehr verschieden. Im früheren Deutschostafrika sind 𝔄, 𝔅, ℭ, 𝔇, 𝔎, 𝔐, 𝔖 in sehr verschiedenen Anteilen 𝔄 fast nur in einigen Flußtälern (Rovuma, Rufidji usw.) angegeben. Im ehemaligen Deutschsüdwestafrika sind: 𝔊, 𝔐, ℜ, 𝔖, 𝔗, 𝔘, 𝔚, in Kamerun 𝔄, 𝔎, 𝔇, ℑ, 𝔑, 𝔒 aufgeführt. Togo hat fast nur 𝔇, an der Küste ist etwas 𝔙 vorhanden.

Im ganzen ist hier auf moderner bodenkundlicher Grundlage mit Hilfe der Bodentypen eine bemerkenswerte Übersichtsbonitierung Afrikas geschaffen worden.

Am höchsten werden die Flußauen 𝔄 bewertet. Die nächsten entsprechen teils schwachpodsoligem Boden (𝔅, 𝔇, 𝔊), teils Tschernosem (ℭ, 𝔈, 𝔊) oder degradiertem Tschernosem ℌ. Dann kommt stärker podsolierter Boden mit ℑ, trockener Tschernosem mit 𝔍, degradierter Tschernosem mit 𝔎, 𝔏, 𝔐. Bis hierhin besteht von 𝔈 ab eine hohe Produktivität, von 𝔑 ab die mittlere Produktivität, und zwar 𝔑, 𝔒 Laterit und lateritische Roterde entsprechend dem Podsolboden der gemäßigten Gebiete, 𝔓, 𝔔 den trockenen A-C-Böden, wobei 𝔔 von sandigem Charakter ist. Der Boden mit niedriger Produktivität ℜ ist ebenfalls ein Sandboden des Trockengebietes. Die übrigen Stufen enthalten noch trockenere Böden oder schlechte Marschen, darunter befindet sich 𝔙, die Mangrovemarsch.

Von einzelnen Teilen Afrikas sind in G. Murgocis „Etat de l'étude et de la cartographie des sols“: Ägypten durch Mac Taylor[1], Algerien und Tunis durch A. Dalloni[2] ,Eritrea und Somaliland durch Ferrara und Stefanini[3], Marokko durch L. Gentil[4], Rhodesien durch H. B. Maufe[5], Sudan durch A. F. Joseph[6], Westafrika durch G. L. W. Malcolm[7] behandelt.

In Ägypten ist eine besondere Bodenkartierung nicht eingeführt, weil sie nach Ansicht Mac Taylors ohne großen Wert sei, da die Böden alle den gleichen Ursprung hätten. Als die wichtigsten Bodeneigenschaften Ägyptens erweisen sich der Gehalt an löslichen Salzen und die alkalische Reaktion. Nach diesen Gesichtspunkten sind die Flächen kartiert worden, welche die staatliche Domänenverwaltung für sich in Anspruch nahm. Von sonstigen Bodeneigenschaften sind besonders die thermischen der Oberböden studiert worden. Über die Böden Ägyptens im ganzen und die Art ihrer Untersuchung hat W. F. Hume[8] wiederholt berichtet.

Obwohl von Algier und Tunis zahlreiche Arbeiten über die Böden in ihrem Zusammenhange mit der Landwirtschaft, der natürlichen Vegetation, sowie in Hinsicht auf ihre chemische und physikalische Zusammensetzung ausgeführt

[1] MacTaylor, M. S.: Egypt. Mapping of Soils. Etat de l'étude et de la cartographie des sols, S. 279. Bukarest 1924.

[2] Dalloni, A.: Algérie et Tunisie. Etat actuel de nos connaissances sur les sols. Ebenda, S. 1—4.

[3] Stefanini, G.: Somalia italiana. Ebenda S. 70—78. — Stefanini, G. u. A. Ferrara: Stato attuale degli studi sui terreni e della cartografia geoagrologica nell' Eritrea e Somalia. Ebenda, S. 65—73. — Ferrara, A.: Eritrea. S. 65—68.

[4] Gentil, L.: Les sols de Maroco. Ebenda, S. 137—143.

[5] Maufe, H. B.: The present State of Soil Investigation in Southern Rhodesia. Ebenda, S. 175—178.

[6] Joseph, A. F.: Examination of the Soils of the Sudan. Ebenda, S. 301—307.

[7] Malcolm, L. W. G.: Soil and Human Settlement in West Africa. Ebenda, S. 309 bis 312.

[8] Hume, W. F.: The Study of Soils in Egypt. Verh. 2. internat. Agrogeol.konf. Stockholm 1910, 301—319. — Character of the Soils of Egypt. Mémoires sur la nomenclature et la classification des sols. S. 54—70. Helsingfors 1924.

worden sind, sind jedoch nach A. DALLONI Bodenkarten in beiden Ländern nicht vorhanden. Nach ihm sind jedoch in den bodenkundlichen Arbeiten verschiedentlich Ausschnitte aus der geologischen Karte wiedergegeben, auf die die Entnahmestellen der Bodenproben eingetragen sind. Eine von ihm nicht erwähnte Bodenkarte hat E. BERTAINCHAND[1] von Tunis ausgeführt. Die Karte hat den Maßstab 1 : 200000. Darauf sind die Bodenarten (hauptsächlich Sandboden), ihre Zusammensetzung, ihre Eignung zur Olivenpflanzung oder zum Getreidebau und die Entnahmestellen der Bodenproben, deren Analysen am Rande dargestellt sind, unterschieden.

Nach A. FERRARA sind über Eritrea zahlreiche Arbeiten geologischer, landwirtschaftlicher, geobotanischer, klimatologischer und bodenkundlicher Art von italienischen Forschern veröffentlicht worden, woraus eine Anzahl wertvoller Schlüsse auf die Bodeneigenschaften von ihm gezogen werden, jedoch sind keine Bodenkarten erwähnt. Noch eingehender ist G. STEFANINIS Bericht über das italienische Somaliland. Es werden eluviale (Gesteinsböden, Terra rossa, Laterit), alluviale (braune, Sumpfwiesen-, Salzböden), äolische Böden unterschieden, dazu eine reiche Bibliographie mit über 30 Nummern mitgeteilt, dagegen Bodenkarten gleichfalls nicht erwähnt.

L. GENTIL hat in den Jahren 1904—1912 Marokko bereist und einen Bericht über seine bodenkundlichen Feststellungen verfaßt. Besonders ausführlich geht er auf die marokkanische Schwarzerde (tirs) ein, die schon viel beschrieben worden ist. Sie kommt in der Küstenzone sehr verbreitet vor und wird häufig von Roterden (hamri) begleitet. Durch ihre große Fruchtbarkeit hat sie schon oft das Augenmerk mancher Forscher auf sich gezogen. GENTIL hält die marokkanische Schwarzerde für Dekalzifikationsprodukte der Kalksteine. Karten werden auch hier nicht erwähnt.

Auch in Südrhodesien fehlt die systematische Kartierung. Nach H. B. MAUFE kommen alluviale Böden, Rotlehme, Boden auf Granit, regurähnliche Schwarzerde vor, auch 6 Analysen werden mitgeteilt.

A. F. JOSEPH zählt von den Bodentypen des Sudans Flußschwemmland, Flußüberschwemmungsabsätze, „Badobe" (brauner Löß, Baumwollboden), Khorböden (schwarzes Schwemmland), Gozböden (rote Sande bis tonige Sande) und „Blautonböden" auf. Im Bodenverzeichnis sind die Örtlichkeiten, die man auf der topographischen Übersichtskarte finden kann, angegeben, doch fehlen die Bodenbezeichnungen. Auch eine kleine Regenkarte ist abgedruckt.

Aus Westafrika werden von L. W. G. MALCOLM Rot- und Gelberde, Laterit, Putta-putta (lößähnlicher, roter äolischer Staub) und schwarzer feuchter Überschwemmungsboden genannt.

Von deutschen Geologen, Bodenforschern, Forstleuten, Geographen u. a. sind zahlreiche Untersuchungen von Böden aus den früheren deutschen Kolonien und anderen Teilen Afrikas ausgeführt worden. Genannt seien E. STROMER V. REICHENBACH[2], O. LENZ[3], F. HUTTER[4], E. BLANCK u. S. PASSARGE[5],

[1] BERTAINCHAND, E.: Carte agronomique et hydrologique du bassin de l'oued Leben et de l'oued Ran et en particulier des terres de la région de Sfay. Tunis 1896. — Dazu: Note explicative sur la carte usw. Paris 1896. — Zitiert nach M. ECKERT: Die Kartenwissenschaft 2. 1925.

[2] STROMER V. REICHENBACH, E.: Die Geologie der deutschen Schutzgebiete in Afrika. München und Leipzig 1896.

[3] LENZ, O.: Zur Lateritfrage. Verh. 11. intern. Geogr.kongr. Berlin 1901.

[4] HUTTER, F.: Wanderungen und Forschungen im Nordhinterlande von Kamerun. Braunschweig 1902.

[5] BLANCK E., u. S. PASSARGE: Die chemische Verwitterung in der ägyptischen Wüste. Hamburg 1925. — PASSARGE, S.: Adamaua. Berlin 1905.

C. GUILLEMAIN[1], F. JENTSCH[2], P. VAGELER[3], O. MANN[4], J. WALTHER[5], W. KOERT[6] u. v. a. Für Südafrika sind die Forschungen E. KAISERS[7] mit mehreren Karten zu nennen.

Auf dem 2. internationalen Bodenkongreß in Rußland im Jahre 1927 legte H. ERHART[8] eine Bodenkarte von Madagaskar vor, zu welcher eine Erläuterung in der Zeitschrift „Die Ernährung der Pflanze" erschienen ist.

Australien.

Australien ist auf den Bodenkarten der Erde K. GLINKAS und W. HOLLSTEINS in kleinen Maßstäben dargestellt, und zwar auf dieser nach den Angaben W. GEISLERS. Eine ebenfalls noch kleine neue Bodenkarte Australiens von J. PRESCOTT[9] wurde bei einem Vortrage E. J. RUSSELLS[10] auf dem 2. internationalen Bodenkongreß in Moskau gezeigt, die schon etwas mehr ins einzelne als die früheren Karten ging. Einen Ausschnitt daraus bringen W. H. BRYAN und H. J. G. HINES[11] in ihrer Untersuchung über die Entwicklung des Bodenprofils im südlichen Queensland. Es sind die Böden von ganz Queensland auf der Karte im Maßstabe 1:15000000 dargestellt. Sie beginnt im Südwesten mit sandiger Wüste; dann folgen nach Osten Wüstensteppenböden, graue, braune und kastanienfarbige Böden, teils podsolige Böden und dann Schwarzerde, teils direkt Schwarzerde und an der Küste podsolige Böden. Im Norden folgen auf die kastanienfarbigen Böden z. T. direkt die podsoligen bis zum Meere. An einer Stelle der Küste bei Cairns kommen auch Braunerden vor. Zum Vergleich ist eine verallgemeinerte Karte der geologischen Struktur nach W. H. BRYAN danebengesetzt mit der Einteilung präsilurisches Massiv, tasmanische Geosynklinale (Silur bis Perm), mesozoische Meere und Kreidetransgression. Beziehungen zwischen den Böden und den geologischen Feststellungen sind nicht erkennbar.

In Neuseeland[12] sind zwar manche Bodenuntersuchungen vorgenommen worden, aber Bodenkarten sind nicht vorhanden.

---

[1] GUILLEMAIN, C.: Ergebnisse geologischer Forschung im deutschen Schutzgebiet Kamerun. Mitt. Schutzgeb. **21**, 15—35 (1908).

[2] JENTSCH, F. und BÜRGER: Forstwirtschaftliche und forstbotanische Expedition nach Kamerun und Togo. Tropenpfl. **10** (1909).

[3] JENTSCH, F.: Der Urwald Kameruns. Tropenpflanzer **10**, Beih. 12, 1—199. (**1911**). — VAGELER, P.: Ugogo. Ebenda **13**, Beih. 1—2 (1912). — Die Entstehung des Laterits und der sonstigen tropischen Böden. Mitt. dtsch. landw. Ges. **1913**, 387.

[4] MANN, O.: Der Ackerboden in den Bezirken Banjo und Bamenda. Dtsch. Kolonialbl. **24**, 41—45 (1913).

[5] WALTHER, J.: Das geologische Alter und die Bildung des Laterits. Peterm. Mitt. **1916**, 48—53.

[6] KOERT, W.: Der Krusteneisenstein in den deutschafrikanischen Schutzgebieten. Beitr. geolog. Erforschg dtsch. Schutzgeb. Berlin **1916**.

[7] KAISER, E.: Die Diamantenwüste Südwestafrikas. Berlin 1926.

[8] ERHART, H.: Die Böden der Insel Madagaskar. Ern. d. Pflanze **27**, 71—81. Berlin 1931.

[9] PRESCOTT, J. A., u. T. COMMONWEALTH: C. S. I. R. **3**, 123, 1930.

[10] RUSSELL, E. J.: Principles and Methods of Soil Utilisation with Illustrations from the British Empire. Auszüge der Verh. 2. internat. Kongr. Bodenkde **1930**, Komm. 4—6, S. 5—9.

[11] BRYAN, W. H., u. H. J. G. HINES: Factors in the Development of Soil Profiles in Southern Queensland. Bodenkundliche Forschungen. Beih. Mitt. Int. Bodenk. Ges. **2**, Nr. 4, 264—275 (1931).

[12] New Zealand. Etat de l'étude et de la cartographie des sols, S. 325—326. Bukarest 1924.

Gegenwärtiger Stand und Zukunft der Bodenkartierung.

G. MURGOCI[1] hat die Ergebnisse seines Sammelbandes über den Stand des Studiums und der Kartierung der Böden zu einem Bericht verarbeitet, dem das Nachstehende entnommen sei.

„1. Anstalten für Bodenuntersuchungen. Aus den verschiedenen Berichten die aus den einzelnen Ländern zugegangen sind, sieht man klar, daß nicht in allen Staaten Bodenkartierungen organisiert sind. Es gibt Kulturstaaten, wie Frankreich, Belgien, England, die, obwohl sie eine alte und gute geologische Organisation besitzen und manche weltbekannte agrikulturelle Versuchsstation begründet haben, doch keine Organisation für Bodenuntersuchung im Felde haben. Es braucht wohl nicht eigens erklärt zu werden, daß pedologische Feldbeobachtungen und Bodenuntersuchungen im Laboratorium zwei vollkommen verschiedene Dinge sind. Der Boden ist nicht nur ein Gestein, er ist eine geologische Formation, er ist ein Stück der Pedosphäre, dieser komplizierten Bildung, die am Kontakt der Lithosphäre mit der Hydrosphäre und den anderen Hüllen der Erde entsteht; darum soll er in der Natur studiert sein und seine Beziehungen zu allen Bildungsfaktoren klargelegt werden. Dafür braucht man eine besondere Organisation. In manchen industriellen Ländern, wie Frankreich und Belgien, wo man gute geologische Spezialkarten hat, wurde die Frage der Organisation der Bodenkartierung viel diskutiert. Man hat sie gewöhnlich nicht für nötig befunden, und wenn die Frage der Finanzierung aufgerollt wurde, sie ganz abgelehnt. Wenn die Frage auch in den alten Industrieländern vom praktisch-agronomischen Standpunkte aus noch diskutierbar sein könnte, so ist das Fehlen der Organisation dort nicht zu verstehen, wo es sich um ausgesprochene Agrikulturstaaten, wie Spanien, Italien usw., oder um die bedeutendsten Kolonialgebiete in anderen Kontinenten handelt. Die Pedologie ist eine besondere Wissenschaft geworden und ihr Studienobjekt, der Boden, ist ebenso wichtig vom praktischen wie vom wissenschaftlichen Standpunkt.

„2. Die Notwendigkeit der Bodenkarten. Sollen wir über die Nützlichkeit, ja Notwendigkeit von Bodenkarten sprechen? In dem französischen Texte unseres Berichtes ist die Frage weitgehendst behandelt. Der Boden ist der größte Reichtum des Landwirtes und die Bodenkarte das Inventar dieses Reichtums. Eine Bodenkarte kann vielen Arten von Spezialisten dienlich sein. Bei dem heutigen Stande unserer Kenntnis von Boden, Klima und Agrikultur bringt eine Bodenkarte dem Landwirte noch wenig, aber sie ist von größter Bedeutung für andere praktische Zwecke und für die Wissenschaft. Ich gebe nur zwei Beispiele: Eine Bodenkarte kann in der Hand eines gebildeten Agronomen oder Wissenschafters und parallel mit der Statistik vortreffliche Fingerzeige geben, einerseits in betreff der scheinbaren Anomalien der Landwirtschaft und andererseits Hinweise für die Verbesserung und Erhöhung der Agrikultur, wie z. B. das Gewinnen neuer Ländereien zum Ackerbau, für die passendste Kulturform, technische Arbeiten usw. In den Agrikulturländern und Kolonien, wo eine Agrarreform auf der Tagesordnung steht, ist eine agrogeologische Karte sehr notwendig. In manchen Ländern, z. B. Holland, Rumänien, Rußland, Polen, Tschechoslowakei u. a., hat man nach dem Kriege großzügige Agrarreformen durchgeführt, die ausgedehnten Domänen der Großgrundbesitzer wurden an Bauern verteilt, ohne irgend welche pedologische Vorstudien und ohne eine Bodenkarte; und man hat schon in der kurzen Zeit, die seither verflossen ist, einsehen müssen, welch' große Fehler dabei gemacht wurden: Man weiß nicht, was man dem Bauer gegeben hat,

[1] MURGOCI, G.: Etat de l'étude de la cartographie des sols, S. XI—XIV. Bukarest 1924.

der Bauer weiß nicht, was er bekommen hat, und niemand ist da, der die notwendigen fachgemäßen Ratschläge geben würde; so ist z. B. Rumänien dadurch ganz aus seiner Lage als Gerstenland heruntergekommen. Man betrachtet immer die pedologischen Karten, besonders die detaillierten, als Luxus. Es ist wahr, daß sie vom praktischen Standpunkte nach dem heutigen Stande der Wissenschaft zumeist nicht allzuviel enthalten und die agrogeologischen Karten, von besonderen Spezialisten und Professoren abgesehen, sehr wenig gebraucht werden. Hier haben wir aber auch mit dem Empirismus und der Tradition zu kämpfen; es ist gerade dasselbe wieder, wie man früher Petroleumfelder gekauft hat, ohne einen Spezialisten oder eine geologische Karte befragt zu haben. Die Karten werden nicht verstanden und nicht gebraucht, wenn man sie nicht bei der Hand hat. Und hier besteht ein großer Fehler in unserem Unterricht. Die Pedosphäre ist doch ebenso wichtig als Teil unserer Erde für das Leben und den Menschen wie die Hydro- oder Lithosphäre. Warum soll die Bodenkarte in den geophysikalischen Atlanten fehlen? Es ist wohl nicht nötig, daß ich mich hierüber weiter verbreite. Aber wenn die Bodenkarte sich ebenso und überall vorfindet wie die topographischen Karten, in Schulen und Ämtern, dann wird es bald keinen Landwirt geben, der sie nicht ansehen wird, zuerst aus Neugier, wie und wo sein Grund auf der Karte verzeichnet ist, dann aus Interesse, so wie bei anderen Karten; und nicht nur der Landwirt, auch der Statistiker, der Bankmann, der Lehrer und Schüler werden sie ansehen und benutzen.

„3. Die Art der Bodenkarten. Eine große Frage ist noch die Art der Bodenkarten. In der letzten Zeit haben sich, abgesehen vom Maßstabe, zweierlei Formen von Karten herausgebildet: Bodentypen- und Bodenartenkarten. Wenn wir die Frage von dem wissenschaftlichen Standpunkte aus betrachten, so zeigt es sich, daß die Bodentypenkarten die notwendigsten und am leichtesten ausführbaren sind. Diese Karten, die auch Bodenübersichts- oder Generalkarten genannt werden, zeigen nicht nur wissenschaftliche Ergebnisse, z. B. die Typen der Böden, die Beziehungen des Bodens mit der Klimatologie, Geologie, Vegetation usw., sondern sie geben auch praktische Hinweise. Zum Beispiel die kleine Skizze einer Bodenkarte von Rumänien. Sie zeigt die Verbreiterung und Verlängerung der Bodenzonen von Rußland her nach Westen im Donautal und über die Karpathen ins transsylvanische Plateau und die ungarische Ebene; dann eine enge Beziehung mit der Vegetation, das Vordringen des Waldes in die Steppe entlang der Flüsse und großen Täler, und vom praktischen Standpunkt zeigt sie, wo der beste Weizen in Rumänien wächst (humides Tschernosemgebiet), wie die besten Weingärten-, Tabak- und Zuckerrübenkulturen von bestimmten Böden abhängen; die Bewaldung der Steppe und die Nutzung des Überschwemmungsgebietes der Donau; ja es läßt sich an der Hand der Karte sogar nachweisen, daß die Verbreitung der Rumänen nach Süden und Osten im Steppengebiet und über Donau und Dnjestr im engen Zusammenhang mit der Vegetation und dem Boden steht. Das bedeutet nicht, daß wir gegen die Detailkarten sind, aber das, was man zunächst und vor allem machen soll, sind Bodenübersichtskarten, die so wichtig für Wissenschaft und Praxis sind. Wir erinnern daran, daß man schon auf der ersten Agrogeologenkonferenz in Budapest 1909 den Beschluß gefaßt hat, eine solche Übersichtskarte von ganz Europa im Maßstabe 1:500000 auszuarbeiten. Wir glauben, daß man jenen Beschluß neuerdings bekräftigen sollte. Dafür soll man trachten, daß die Regierungen und alle an der Karte interessierten Kreise uns bei der Organisation der Bodenuntersuchungen im Felde behilflich seien. Ob diese Bodenuntersuchungen und -kartierungen als offizielle staatliche Anstalten wie in manchen Ländern (Rumänien, Tschechoslowakei, Preußen, Ungarn) oder als ein wissenschaftlich-ökonomisches Unternehmen von Privatgelehrten (wie in

Rußland) eingeführt wird, ist für die Sache selbst eine Nebenfrage. Es ist richtig, daß manche offizielle Anstalten sehr wenige Karten veröffentlicht haben, während man in Rußland fast alle Gubernien durch Privatpedologen in interessanten Karten publiziert hat.

„4. Organisation der Arbeiten im Felde. Nach der älteren Aufnahmemethode teilte man die Region in kleinere Abschnitte und untersuchte einen Abschnitt nach dem anderen. Wenn das Gebiet von mehreren Beobachtern zu untersuchen war, teilte man es abschnittsweise unter diese, der Direktor hielt alles in seiner Hand und kontrollierte die Ergebnisse. Die neuere Methode läßt das ganze Gebiet von allen Mitarbeitern auf bestimmten, sich kreuzenden Marschruten untersuchen. Die einzelnen Beobachter kontrollieren sich gegenseitig durch Diskussionen und durch die von ihnen erzielten Ergebnisse (nach den Laboratoriumsuntersuchungen usw.). Jede der beiden Methoden hat ihre Vor- und Nachteile. NABOKICH hat eine Kombination von ihnen gebildet. Danach unternimmt man zuerst einige orientierende Untersuchungen, wodurch man die in dem ganzen Gebiete vorkommenden Bodentypen feststellt, sucht dann die Beziehungen zwischen den klimatischen Verhältnissen und diesen Typen, dann den Einfluß der Orographie, Vegetation usw. Wenn möglich, scheidet man die Ergebnisse dieser Beobachtungen auf einer Karte aus und diskutiert sie gründlich. Nachher zeichnet man auf einer Karte großen Maßstabes die Marschroute für jeden Mitarbeiter. Man schickt jeden Mitarbeiter durch das ganze Gebiet. Parallel mit den Terrainstudien arbeitet man die Laboratoriumsanalysen aus, die man fortlaufend mit den Ergebnissen der Felduntersuchungen vergleicht. Während zweier Jahre werden die Untersuchungen in dieser Weise fortgeführt, Karten in kleinem Maßstab und Berichte ausgegeben, alle Ergebnisse möglichst viel erörtert und verglichen und im dritten Jahre die genaue Arbeit durchgeführt. Man bestimmt dann genau und endgültig die Böden des Gebietes, arbeitet eine detaillierte Karte aus, stellt alle Daten der Vegetation, Geologie, Klimatologie und Orographie des Gebietes zusammen und bringt sie auf Kartenskizzen zur Darstellung, vergleicht diese mit der agrogeologischen Karte usw. Wo Unklarheiten oder Unstimmigkeiten übrig bleiben, müssen ergänzende Beobachtungen gemacht werden. Schließlich wird ein Bericht abgefaßt, der alle agrogeologischen und pedologischen Fragen umfaßt und erörtert. Es hat sich erfahrungsgemäß als vorteilhaft herausgestellt, wenn die chemischen und mechanischen Analysen von anderen Personen durchgeführt werden als die Felduntersuchungen. Auch die Zeichnungen und Karten sollen von speziellen Fachmännern ausgeführt werden. Der Grundsatz der Spezialisierung empfiehlt sich überall: bei der botanischen, geologischen, hydrologischen Untersuchung usw. Alle diese Daten werden von dem Direktor der Bodenkartierung zusammengefaßt und dann für wissenschaftliche und praktische Zwecke in entsprechender Form herausgegeben.

„5. Die Kartendarstellung. Es ist heute eine schwierige Frage, wie man die Karte auf Grund der Feld- und Laboratoriumuntersuchungen darstellen soll. Der von B. FROSTERUS herausgegebene Sammelband[1] hat gezeigt, daß wir weder alle Typen und Arten von Böden noch deren Nomenklatur kennen. Es ist gewiß, daß man dann erst genaue und vergleichbare Bodenkarten wird veröffentlichen können, wenn die pedologische Klassifikation ebenso genau wie z. B. die geologische festliegen wird. Darum haben wir diese Frage nicht zu tiefgehend behandelt. Es liegen mehrere Arten vor: z. B. die bekannte preußische, von Tschechoslowaken und Ungarn weiterentwickelt; die ungarischen Pedologen sind sogar in dieser Hinsicht mit dem Beschluß gekommen; es gibt sehr komplizierte

[1] FROSTERUS, B.: Mémoires sur la nomenclature et la classification des sols. Helsingfors 1924.

wie die tschechoslowakische, aber auch einfachere, wie die der Russen, Amerikaner usw. Es liegt ein Vorschlag von G. MURGOCI vor, daß pedologische Karten alles zeigen sollen, was immer möglich, nötigenfalls unter Zuhilfenahme von Nebenblättern zu Vergleichszwecken, wie geologische, geobotanische, hydrologische, klimatologische usw. Karten und Skizzen. Wenn aber eine agrogeologische Karte auf einem einzigen Blatte veröffentlicht wird, soll man die Böden mit Farben drucken und den Untergrund mit Zeichen. Was die Bezeichnung verschiedener Bodentypen und -arten auf der Karte betrifft, empfiehlt er anstatt der bekannten preußischen Methode lateinische Buchstaben für Gesteine und geologische Formationen und griechische (und russische) für die Böden."

Diese offenen und beherzigenswerten Darlegungen von G. MURGOCI vom Jahre 1924 treffen zum Teil heute noch zu. Einzelnes hat sich geändert. Die allgemeine Bodenkarte Europas ist 1927 zunächst im Maßstabe 1 : 10000000 erschienen und wird gegenwärtig im Maßstabe 1 : 2500000 weiter bearbeitet. Nach dem Muster der zu ihrer Herstellung führenden Kommission der Internationalen Bodenkundlichen Gesellschaft sind entsprechende Arbeitsausschüsse für Asien, Afrika, die Mittelmeerländer, Australien, Nordamerika und Südamerika begründet worden, die überall an der Arbeit sind. Alle die hierdurch erzielten Karten sind solche der Bodenentstehungstypen, deren Zahl sich beständig vergrößert. Nach Fertigstellung der Karten wird man eine Übersicht über die auf der ganzen Erde vorkommenden Böden haben. Daraus wird sich eine festbegründete Klassifikation und Benennung ergeben, die bei der genauen Kartierung der einzelnen Länder sich allmählich weiter entwickeln, aber in ihren Grundtypen ein sicheres Gerüst darstellen wird. Schon jetzt wendet sich die bestehende Bodenkartierung vieler Länder mehr und mehr der Kartierung der Bodentypen zu. Bei ihrem innigen Zusammenhange mit den Erscheinungen des Pflanzenwuchses wird auch die praktische Bodenkunde ihr Augenmerk hierauf zu lenken haben, was ihr im ganzen bisher noch fern lag.

Als Beispiel einer Bodenkartierung, die darauf eingestellt ist, unmittelbar der landwirtschaftlichen Praxis zu dienen, möge die nachstehende folgen, welche unter Leitung des Verfassers von der Danziger Geologischen und Bodenkundlichen Landesaufnahme neben der geologischen Kartierung ausgeführt wird. Die Kartierung ist gegliedert in Übersichts- und Sonderkartierung.

Eine Übersichtskarte des ganzen Danziger Gebietes (etwa 1900 km²) gibt Abb. 2 auf Tafel 4[1]. Sie ist nach mehreren früheren Gesamt- und Teilkarten in der gegenwärtigen Form von E. OSTENDORFF zusammengestellt worden. Die Einteilung ist zunächst landschaftlich gegliedert und erstreckt sich auf das Weichseldelta, auf das Höhengelände und den Dünengürtel, das sind drei nach Entstehung, Gestein und Böden grundverschiedene Gebiete.

Im Weichseldelta sind Naßböden (Sumpf- und nasse Wiesenböden, Wiesenböden) und Waldböden (auf Schlick: Bruch- und Auenwaldböden, ferner Übergang zu braunen Waldböden, z. T. durch Grundwasser, z. T. steppenartig verändert; auf Sand: zumeist rostfarbener Waldboden) vorhanden. Auf dem diluvialen Höhengelände, das in geologischer Hinsicht hauptsächlich von der Grundmoräne der letzten Vereisung, in petrographischer von Geschiebemergel gebildet wird, sind Waldböden angegeben, und zwar braune und rostfarbene in eingehender Unterteilung; die Sandablagerungen haben rostfarbene Waldböden. Der Dünengürtel hat ebenfalls hauptsächlich Waldböden, die z. T. mit Rohhumusdecke und Ortstein versehen sind, desgleichen auch nassen Dünensandboden und Dünensand ganz oder fast ohne Bodenbildung.

[1] Aus der Zeitschrift Ernährg. Pflanze 27, H. 10 (1931) übernommen

Bemerkenswert ist die Verteilung der Hauptverbreitungsgebiete dieser verschiedenen Typen. Im Weichseldelta ist der beste Boden, nämlich der steppenartig veränderte Übergang vom Auenwald- zum braunen Waldboden, auf dem mittleren zentralen Schuttkegel in 4—10 m über NN. zu finden, und zwar wird das östliche Gebiet von einer südwestlich anschließenden Zone, die unter starken Grundwassereinflüssen steht, umfaßt, das westliche ist von der Weichsel durchschnitten. Die beiden Gebiete werden von einer schmalen Zone nasser kleiiger Wiesenböden und anmooriger Böden getrennt, die auch weiter nördlich in einem breiten westöstlichen Streifen mit Moorbodengebieten als Kernteilen die Depressionen unter dem Meeresspiegel bedecken. Nördlich schließt sich an die Depressionsgebiete die „Binnennehrung" mit entwässerten Bruchwaldböden an, welche noch nicht lange in Kultur genommen sind und von welchen die Schlicke eine verhältnismäßig schwache, wenig humose Krume besitzen.

Während die Bodengebiete des Weichseldeltas im ganzen ungefähr westöstlich gerichtet sind, weisen diejenigen der diluvialen Hochfläche ebenso wie die sich an sie anschließenden des Weichseldeltas eine mehr nordsüdliche auf. Dem Steilrande am nächsten liegt die Zone der braunen Waldböden, und zwar zunächst mit Grundwassereinfluß. Das Gelände ist flachwellig und liegt zwischen 40—100 m über NN. Von den östlichen, höher gelegenen Teilen und den weiter ostwärts folgenden noch höheren Gebieten drückt viel Grundwasser in die Böden hinein und macht, namentlich die *B*-Horizonte, zählehmig. Es folgen weiter ostwärts zunächst schwach gebleichte lehmige, braune Waldböden mit beginnender Versandung der Krume, dann allmählich immer stärker versandete rostfarbene Waldböden, die auf den Höhen von etwa 200 m und darüber stark gebleicht und stark versandet sind. Die Sande haben im ganzen Höhengebiet rostfarbene Böden, die Senken stets Moore und anmoorige Böden.

Die rostfarbenen Waldböden auf den Dünen unterscheiden sich von denen der Höhe, es fehlt ihnen der untere Krumenteil unter dem Bleichsand, nämlich ein farbloser humusarmer Horizont. Wie bei den Heideböden kommt unter dem Bleichsand gleich der rostfarbene bis schwarze *B*-Horizont, Orterde oder Ortstein, zum Vorschein. Bei den jungen und erst kurze Zeit bewaldeten Dünen ist die Bodenbildung erst im Anfang begriffen, sie wird um so stärker, je älter die Dünen und Dünenwaldböden sind. Sowohl die Mächtigkeit des Bleichsandes als auch die Intensität der Orterdebildung nehmen zu, der Ortstein findet sich hauptsächlich in den ältesten Dünen. Am lichten Südrande des Kiefernwaldes ist diese Bodenbildung unter dem Einfluß von Grasvegetation wieder abgeschwächt. Auf den Dünen sind die verschiedenen Zonen genau wie im Weichseldelta von Norden nach Süden angeordnet.

In allen Fällen sind die genannten Bodentypen auf den Flächen, welche die Karte darstellt, nicht allein vorhanden, sondern neben ihnen kommen stets zahlreiche z. T. je nach den Unterschieden von Gestein und Wasserführung andere vor. Wie stets bei Übersichtskarten muß vieles in der Wiedergabe unterdrückt werden. Dargestellt ist der Typus, welcher dem Kartierenden als häufigster, für die Fläche besonders kennzeichnender erschienen ist. Die folgende Sonderkarte von Pietzkendorf zeigt, wie stark der Wechsel von Bodentyp und Bodenart innerhalb einer kleinen Gemeinde mit noch nicht 200 ha Grundfläche ist.

Der Übergang in die Praxis wird durch die nachstehende Tabelle vermittelt, die den Zusammenhang zwischen den Bodentypen und den darauf produzierten landwirtschaftlichen Gewächsen zeigt. Es sind allerdings nur 14 von den 29 auf der Karte ausgeschiedenen Typen angegeben. Die übrigen stehen z. T. nicht in landwirtschaftlicher Nutzung, z. T. lassen sich von ihnen nur schwer

Bezeichnung	Danziger Name	Durchschnittserträge in Doppelzentnern vom Hektar														Bodenbewertung nach 100 teiliger Skala
		Weizen	Roggen	Gerste	Hafer	Erbsen	Bohnen	Raps und Rübsen	Kartoffeln	Zucker-rüben	Futterrüben	Wrucken	Kleeheu	Luzerneheu	Wiesenheu	
Moorboden	—	13	17	14,5	17,5	—	17,5	—	137	—	350	—	—	—	30,5	42—25
Anmoor. Böden	—	24,5	23	21	26	—	25	—	158	190	400	—	—	—	42	63—50
Nasser Wiesenboden	—	26	23	23,5	26	21	24	18,5	149	248	392	—	40,5	—	34,5	70—55
Bruchwaldboden	Niederungsboden	28	24,5	24	27,5	23	26	18,5	160	258	426	—	—	—	43,5	72—60
Brauner Waldboden mit Grundwasserabsätzen	—	29,5	27	30	28,5	22	27,5	19,5	160	255	360	—	47,5	—	36	85—60
Brauner Waldboden steppenartig verändert	Oberwerderboden	33,5	28	34,5	30,5	23,5	30	24,5	182	300	400	—	47,5	—	40,5	100—80
Brauner Waldboden der Höhe, kaum gebleicht	Niederhöheboden	25	21	26	26,5	20	—	17,5	175	230	440	325	64	145	75	85—65
Desgleichen, schwach gebleicht	Übergangsböden der Mittelhöhe	16,5	14	16	17	—	—	—	140	—	—	210	39	—	32,5	65—45
Rostfarbener Waldboden der Höhe, schwach gebleicht	Übergangsböden der Mittelhöhe	—	12	13,5	14,5	—	—	—	90	—	—	140	37	—	32	45—20 (auf Geschiebelehm)
Desgleichen stark gebleicht	Oberhöheboden	—	10	10,5	11,5	—	—	—	100	—	—	120	34	—	32,5	40—10 bzw. 20—5 bzw. 10—20
Schuttsand und Terrassenböden	Prausterfelderböden	—	24	16	22	—	—	—	160	—	200	—	—	—	30	70—50
Wiesentalböden	—	—	14	—	14,5	—	—	—	115	—	—	150	—	—	40	45—20
Desgleichen in guter Kultur	—	24	21	25	28	—	—	—	165	200	300	325	—	—	—	65—50
Weichselsandboden der Durchbrüche	—	21,5	22,5	20	25,5	15	18,5	—	143	—	300	—	—	—	35	35—18 (einschl. d. Brenner)

Durchschnittserträge ermitteln[1]. Außer den Erträgen zeigt die Tabelle auch die Anbaumöglichkeiten und -arten. Aus den statistischen Daten und der Bearbeitbarkeit der Böden sind Bewertungszahlen nach einer hundertteiligen Skala berechnet worden, wie sie seinerzeit in ähnlicher Weise W. DOKUTSCHAJEFF und N. SIBIRTZEFF[2] bei ihrer grundlegenden Arbeit über die Bodenschätzung im Gouvernement Nishni Nowgorod aufgestellt haben, und wie sie auch bei der gegenwärtigen Einheitsbewertung im Deutschen Reich und in Danzig eingeführt sind. Allerdings ist die Einheitsbewertung im Deutschen Reich nicht grundsätzlich auf die Bodenentstehungstypen eingestellt, wohl aber diejenige in der Freien Stadt Danzig, deren Landessteueramt sich auch dieser wissenschaftlichen Erkenntnisse bedient.

Bei den stark gebleichten, rostfarbenen Waldböden sind 3 Zahlengruppen mitgeteilt. Die Zahlen von 40—10 beziehen sich auf „stärker gebleichten rostfarbenen Waldböden auf stark versandetem Geschiebelehm oder auf Sand", die von 20—5 geben „stark gebleichte, rostfarbene und braune Waldböden auf Geschiebelehm im stark zertalten Gelände" wieder und die von 10—2 „stark gebleichte, rostfarbene Waldböden auf Sand im stark zertalten Gelände". Für die Dünensandböden sind ebenfalls einige Bewertungszahlen ermittelt worden. Sie betragen für alten stark gebleichten Dünensand mit Ortstein 8—1, für jungen Dünensand mit kaum erkennbarer Bodenbildung 2—0.

Für manche der Böden, die einen bestimmten Charakter haben und auf gewissen Flächen besonders auftreten, sind nach amerikanischem Muster Namen eingeführt worden, die ebenso wie in den Vereinigten Staaten die Bodeneigenschaften mit der auf den Böden betriebenen Wirtschaftsweise durch einen Namen wiedergeben, welcher an sich nicht wissenschaftlich ist, aber durch Benutzung landläufiger Vorstellungen dem Landwirt die Verwendung der wissenschaftlichen Begriffe und der Bodenkarten erleichtern soll.

An diese Übersichtskartierung ist eine praktische kartenmäßige Auswertung der wissenschaftlichen Erkenntnisse, ähnlich wie H. L. SHANTZ und C. F. MARBUT an die bodenkundliche Übersichtskarte Afrikas eine solche der Landbaumöglichkeiten angeschlossen haben, angeschlossen worden[3]. Es sind von E. OSTENDORFF zwei Auswertungskarten ausgeführt worden, von welchen die erste die Siedlungsgrößen für Arbeiter- und Bauernfamilien auf den verschiedenen Böden, die zweite die damit vorzunehmenden Entwässerungs-, Bodenbearbeitungs-, Düngemaßnahmen und die anzubauenden Feldfrüchte angibt. Auf dem Oberwerderboden, dem besten des Danziger Gebietes, der ein ausgezeichneter Gerste-, Weizen- und Zuckerrübenboden ist, wird als Siedlungsgröße für die Arbeiterfamilie 1,1 ha, für die Kleinbauernfamilie 5 ha, auf dem Niederhöhenboden, dem besten des Diluvialplateaus, 1,5 bzw. 6,75 ha, auf dem geringen Oberhöhenboden, der für Arbeitersiedlung schon kaum mehr geeignet ist, als bäuerliche Siedlungsgröße 17,5 ha angegeben. Die Entwässerungs-, Bearbeitungs- und Düngemaßnahmen sind sehr detailliert.

Zum Zwecke der wissenschaftlichen und praktischen Verdeutlichung der Sonderkartierung wird das Beispiel der Gemeinde Pietzkendorf bei Danzig wiedergegeben (Tafel 1—4, 1). Die Aufnahme findet gemeindeweise statt. Das Kartenwerk besteht aus 10 einzelnen Stücken im Maßstabe 1 : 10000, und zwar werden eine geologische und eine bodenkundliche Hauptkarte ausgeführt. Zu jeder von ihnen

---

[1] Über die Ermittlung der Erträge vgl. E. OSTENDORFF: Die Grundwasserböden des Weichseldeltas. Danzig 1930.

[2] Vgl. A. YARILOFF: Brief review of the progress of applied soil science in USSR. Ac. Sc. Russ. Ped. Inv. XI Leningrad 1927.

[3] STREMME, H.: Die Bodenkartierung als wichtige Vorarbeit der Generalplanung. Städtebauwoche Dresden 1932.

treten die Nutzungsblätter, und zwar drei zur geologischen, fünf zur bodenkundlichen. Mit ihrer Hilfe wird kartenmäßig die Nutzanwendung der wissenschaftlichen Erkenntnisse für die Praxis gezogen, und zwar bei der geologischen Aufnahme die Gesteinsnutzung, die Wasserversorgung und die Baugrundgüte, bei der bodenkundlichen die der Nutzung und Bearbeitung der Entwässerung, der Humus-, der Kalk-, der Kunstdüngung. Die Gemeinde erhält ein solches Kartenwerk zur beliebigen Verwendung.

Der Ort Pietzkendorf hat eine Gesamtfläche von noch nicht 200 ha. Er ist aus dem Grunde gewählt worden, weil die Karte klein ist und weil der Kartenmaßstab bei der Wiedergabe im Druck nur eine geringe Verkleinerung zu erfahren brauchte. Die Gemeinde grenzt unmittelbar an die Stadtgemeinde Danzig, und zwar an den Stadtteil Langfuhr. Die Gemeinde liegt dort, wo auf der Übersichtskarte der Name des Amtsbezirkes Brentau, zu dem sie gehört, steht.

Bei der Bodenkarte (Tafel 1) ist das folgende Prinzip der Darstellung angewandt worden: Es sind mit Farben in eingehender Unterteilung die Bodentypen, mit schwarzen Schraffuren das Bodenartenprofil, und zwar möglichst nach natürlichen Horizonten angegeben, mit braunen Zeichen ist der Humuszustand der Krume, mit blauen Zeichen „naß" oder „feucht", mit roten schrägen Kreuzen ein etwaiger Eisenschuß dargestellt. Das Bodenartenprofil wird mit waagerechten Reihen der Zeichen wiedergegeben, wenn die Bodenart bis zur Tiefe von 2 m, bis zu welcher die Profile aufgegraben und abgebohrt sind, gleich bleibt. Wechselt die Bodenart innerhalb dieser Tiefe, so erhält nur die Krume waagerechte Zeichen, der nächstfolgende Horizont, in der Regel der B-Horizont, schräge, der C-Horizont senkrechte. Sind zwei B-Horizonte festzustellen, so werden sie mit zwei aufeinander senkrecht stehenden Schrägen ausgedrückt. In der Karte selbst ist außerdem noch mit Ziffern die festgestellte Mächtigkeit der Horizonte angegeben, und zwar verläuft die Ziffer mit der Richtung der Schraffur, also entweder waagerecht oder schräg.

Die Farben und Zeichen sind auf eine möglichst genaue topographische Grundlage mit Höhenschichtlinien gebracht. Höhenziffern stehen aber nur am Rande, wo die wichtigsten Höhenschichtlinien, also die 40-, 60-, 80-, und 100-m-Linien, als solche bezeichnet sind.

Besondere Einzelprofile sind auf dem Rande der Karte nicht dargestellt, da die Profildarstellung durchweg vorhanden ist. Dagegen ist großer Wert auf die genaue Erläuterung der Zeichen gelegt. Links der Sinnbilder in der Zeichenerklärung sind das Bodenkundliche (Bodentypus), das Petrographische (Bodenartenprofil), das Geologische (kurze historisch-geologische Schichtbezeichnung) und die Veränderung des Gesteins infolge der Bodenbildung, d. h. also die wissenschaftlichen Daten angegeben. Rechts der Sinnbilder stehen die praktischen, nämlich die Beschaffenheit der Krume, die Nutzung zur Zeit der Aufnahme, die tatsächliche Eignung des Bodens, die Vergleichsbenennung landwirtschaftlicher Art und die ziffernmäßige Bewertung der Böden nach der hundertteiligen Skala. Angaben, wie die Beschaffenheit der Krume und die gegenwärtige Nutzung, sind an sich Änderungen unterworfen und gehören daher zu den veränderlichen Eigenschaften der Böden, trotzdem sind sie erfolgt, weil sie für die zu ziehenden praktischen Schlußfolgerungen wichtig sind. Demgegenüber sind die links stehenden wissenschaftlichen Eigenschaften in der Hauptsache unveränderlich. Mit der Angabe der tatsächlichen Eignung des Bodens wird schon eine Überleitung zu den Nutzungs- und Meliorationskarten angebahnt.

Auf der Übersichtskarte (Tafel 4, 2) liegt die Gemeinde Pietzkendorf an der Stelle, wo schwach gebleichte, lehmige, braune Waldböden mit beginnender Versandung im flachwelligen Gelände an Geschiebelehm mit rostfarbenen Waldböden in stark zertaltem und geneigtem Gelände, und zwar in der Ausprägung der schluffsandigen, stark versandeten Braunerdereste auf Geschiebelehm, grenzen. Diese Typen sind auf der Sonderkarte in zahlreiche, praktisch z. T. stark von einander unterschiedene Einzeltypen aufgelöst, die jedoch im ganzen sich durchaus den beiden Hauptbezeichnungen der Übersichtskarte einordnen. Der langgestreckte Zug der mineralischen Naßböden im Tal ist auf der Übersichtskarte als „meist nasse und teils gebleichte Wiesentalböden auf diluvialem Talsand und Schotter" angegeben. Der südliche Teil der Flur um die Ortschaft herum hat ein flachwelliges Gelände, das meist mit braunen, z. T. vernäßten Waldböden bedeckt ist. Der nördliche Teil ist in schmale Grate von 50—80 m Höhe über dem Tal aufgelöst und zeigt starke Abschwemmerscheinungen und Abschlämmassen. In ersterem Teil liegen die guten Ackerböden, in letzterem schlechte, den Anbau nicht mehr lohnende Böden.

Für die kartenmäßig praktische Auswertung der Bodenkarte sind hinsichtlich der 5 Meliorationsvorschläge die folgenden Beobachtungen und Überlegungen maßgebend.

In der Tabelle der Roherträge zeigt der „braune Waldboden, steppenartig verändert", bei fast allen aufgeführten Nutzpflanzen die höchsten Erträge. Er ist ein tiefgründiger, gut gekrümelter, gut humoser Boden, der der Steppenschwarzerde nahe steht. Infolgedessen ist das Meliorationsziel die Herstellung eines derartigen Bodens, der zugleich auch in bezug auf die Anbaufähigkeit an erster Stelle steht. Dabei ist jedoch Rücksicht auf den Umfang der zum Erreichen dieses Zieles notwendigen Arbeiten zu nehmen.

An erster Stelle der Meliorationskarten steht die Nutzungs- und Bearbeitungskarte (Tafel 2, 1). Auf dieser sind die Flächen, welche als Ackerland, als Wiesenland und als Waldland geeignet sind, besonders in den Vordergrund gestellt. Grundvorbedingung für das Ackerland ist die leidlich ebene Fläche, die nicht zu sehr unter dem Abgespültwerden der oberen Bodenhorizonte durch Schneeschmelzwässer und Regengüsse leidet. An ihren Grenzen gegen das stark bewegte Land sind die Flächen möglichst durch Raine gegen den Bodenverlust zu schützen. Von diesen Ackerböden sind die feuchteren auch als Grünlandböden anzusprechen. Solche sind ferner auch noch in den Tälern vorhanden, wo teils Abschlämmassen (zusammengeschwemmte Böden) mit Feuchtigkeitseinflüssen, teils Naßböden liegen. Jene sind auch als Ackerböden, diese aber erst nach guter Entwässerung hierzu geeignet, desgleichen kommen beide für feuchtigkeitsliebende Bäume (Eiche, Esche, Ulme bzw. Erle, Esche) in Frage. Die stark hängigen Böden, die gegenwärtig größtenteils Acker, kleinerenteils Hute und Wald sind, werden als reine Waldböden angesehen, wobei die besseren für Misch-, die geringeren für Nadelwald geeignet sind. Wo sie weiterhin auch beackert werden sollen, wird angegeben, wie das Land zu bearbeiten ist, um es zu verbessern oder wenigstens zu erhalten.

Die Entwässerungskarte (Tafel 2, 2) ergänzt die Nutzungs- und Bearbeitungskarte. Es sind die Flächen angegeben, die unbedingt entwässerungsbedürftig, also ohne Entwässerung ziemlich wertlos sind, ferner solche, bei denen Entwässerung notwendig und von großem Erfolg ist, und solche, bei denen Entwässerung von Erfolg, aber nicht notwendig ist. Wenn möglich, ist die Art der Entwässerung kurz skizziert.

Die drei anderen Karten (Tafel 3 und 4, 1) geben Düngungsratschläge, und zwar getrennt nach Humus-, Kalk- und Kunstdünger. Die Humusdüngung (Stallmist oder Gründünger) ist auf die Humusbedürftigkeit in 6 verschiedenen Stufen eingestellt, die durch den Humuszustand und die erfahrungsmäßige Verwendung des Humusdüngers durch den Boden bedingt wird. Das Entsprechende gilt für die Kalk- und Kunstdüngung.

Bei allen Ratschlägen der 5 Karten ist darauf Bedacht genommen, den Boden so weit als möglich gleichmäßig zu gestalten, daß die Oberkrumen wenigstens den Saaten gleichmäßige Ernährungsbedingungen bieten. Bei dieser wie bei den ähnlichen Kartierungen[1] ist von allgemeinen und besonderen landwirtschaftlichen Erfahrungen, sowie an Analysen und Feldversuchen alles herangezogen worden, was nur erreichbar war. Bei der Ausführlichkeit in der Zeichenerklärung auf der Bodenkarte und der der praktischen Ratschläge erübrigte sich die Herausgabe eines Erläuterungsheftes.

---

[1] Vgl. besonders W. TASCHENMACHER: Entwicklung der bodenkundlichen Gutskartierung und die Möglichkeiten ihrer praktischen Leistung. Danzig und Leipzig 1930.

Additional information of this book

(Die Bodenkartierung; 978-3-662-23560-7) is provided:

http://Extras.Springer.com

Handbuch der Bodenlehre

Herausgegeben von

Dr. E. Blanck

o. ö. Professor und Direktor des agrikulturchemischen und bodenkundlichen Instituts der Universität Göttingen.

Inhaltsübersicht des Gesamtwerkes.

Erster Band.

Die naturwissenschaftlichen Grundlagen der Lehre von der Entstehung des Bodens.

Mit 29 Abbildungen. VIII und 335 Seiten. 1929. Geheftet RM 27,—; gebunden RM 29,60.

Einleitung.

Die Bodenlehre oder Bodenkunde als Wissenschaft. Von Prof. Dr. E. Blanck, Göttingen. 1. Begriff und Inhalt der Bodenlehre. — 2. Die Beziehungen der Bodenlehre zur Geologie und Agrikulturchemie. — 3. Begriff und Wesen des Bodens.

Geschichtlicher Überblick über die Entwicklung der Bodenkunde bis zur Wende des 20. Jahrhunderts. Von Privatdozent Dr. F. Giesecke, Göttingen.

Erster Teil: Allgemeine oder wissenschaftliche Bodenlehre.

I. Die Entstehung des Bodens (Bodenbildung).
- A. Ausgangsmaterial.
  - 1. Anorganisches Material.
    - a) Die gesteins- und bodenbildenden Mineralien. Von Privatdozent Dr. F. Heide, Göttingen.
    - b) Die Gesteine bzw. das Gesteinsmaterial. Von Privatdozent Dr. F. Heide, Göttingen.
    - c) Material aus der Atmosphäre. Von Prof. Dr. W. Meigen, Gießen.
  - 2. Organisches Material.
    - d) Pflanzensubstanz und Tiersubstanz. Von Dr. K. Rehorst, Breslau.
- B. Die naturwissenschaftlichen Grundlagen zur Beurteilung der Bodenbildungsvorgänge (Faktoren der Bodenbildung).
  - 1. Die physikalisch wirksamen Kräfte und ihre Gesetzmäßigkeiten. Von Dr. H. Fesefeldt, Göttingen.
  - 2. Die chemisch wirksamen Kräfte und ihre Gesetzmäßigkeiten. Von Dr. G. Hager, Direktor der Landw. Versuchsstat., Bonn.
  - 3. Die geologisch wirksamen Kräfte für die Aufbereitung des Gesteinsmaterials.
    - a) Die Tätigkeit des fließenden Wassers. Von Privatdozent Dr. L. Rüger, Heidelberg.
    - b) Die Tätigkeit des Meeres und der Brandungswelle. Von Privatdozent Dr. L. Rüger, Heidelberg.
    - c) Die Wirkungen des Eises. Von Prof. Dr. H. Philipp, Köln.
    - d) Die Wirkung des Windes. Von Prof. Dr. S. Passarge, Hamburg.
    - e) Die sogenannte trockene Abtragung (subaerische Massenbewegungen). Von Privatdozent Dr. L. Rüger, Heidelberg.

Zweiter Band.

Die Verwitterungslehre und ihre klimatologischen Grundlagen.

Mit 50 Abbildungen. VI und 314 Seiten. 1929. Geheftet RM 29,60; gebunden RM 32,—.

- 4. Klimalehre und Klimaänderung.
  - a) Die Klimafaktoren und Übersicht der Klimazonen der Erde. Von Prof. Dr. K. Knoch, Berlin.
  - b) Das Klima der Bodenoberfläche und der unteren Luftschicht in Mitteleuropa. Von Prof. Dr. J. Schubert, Eberswalde.
  - c) Klimaschwankungen in jüngerer geologischer Zeit. Von Dr. E. Wasmund, Langenargen am Bodensee.
  - d) Die Pollenanalyse, ein Hilfsmittel zum Nachweis der Klimaverhältnisse der jüngsten Vorzeit und des Alters der Humusablagerungen. Von Prof. Dr. G. Schellenberg, Göttingen.

C. Der Einfluß und die Wirkung der physikalischen, chemischen, geologischen, biologischen und sonstigen Faktoren auf das Ausgangsmaterial.
- 1. Allgemeine Verwitterungslehre. Begriff, Wesen und Umfang der Verwitterung. Von Prof. Dr. E. Blanck, Göttingen.
- 2. Physikalische Verwitterung. Von Prof. Dr. E. Blanck, Göttingen.
- 3. Chemische Verwitterung. Von Prof. Dr. E. Blanck, Göttingen.
- 4. Zersetzung der organischen Substanz. Von Dr. K. Rehorst, Breslau.
- 5. Biologische Verwitterung durch lebende Organismen.
  - a) Niedere Pflanzen. Von Prof. Dr. G. Schellenberg, Göttingen.
  - b) Höhere Pflanzen. Von Prof. Dr. E. Blanck, Göttingen.
- 6. Die biologische Verwitterung als Ausfluß der in Zersetzung begriffenen organischen Substanz. Von Prof. Dr. E. Blanck, Göttingen.

SONDERABDRUCK AUS

HANDBUCH DER BODENLEHRE

HERAUSGEGEBEN VON E. BLANCK

O. Ö. PROFESSOR UND DIREKTOR DES AGRIKULTURCHEMISCHEN UND BODENKUNDLICHEN INSTITUTS DER UNIVERSITÄT GÖTTINGEN

ZEHNTER BAND

DIE TECHNISCHE AUSNUTZUNG DES BODENS · SEINE BONITIERUNG UND KARTOGRAPHISCHE DARSTELLUNG. MIT GENERALREGISTER ZU BAND I–X.

(SPRINGER-VERLAG BERLIN HEIDELBERG GMBH 1932)

H. STREMME

DIE BODENKARTIERUNG

MIT 7 KARTEN AUF 4 TAFELN

NICHT IM HANDEL